Heinrich Rottmann

Warum ausgerechnet .NET?

Heinrich Rottmann

Warum ausgerechnet .NET?

Fakten und Vergleiche mit Java und C++ – Beispielprogramme – Glasklare Entscheidungshilfen

Bibliografische Information Der Deutschen Bibliothek
Die Deutsche Bibliothek verzeichnet diese Publikation in der Deutschen Nationalbibliografie;
detaillierte bibliografische Daten sind im Internet über <http://dnb.ddb.de> abrufbar.

1. Auflage Juli 2004

Alle Rechte vorbehalten
© Friedr. Vieweg & Sohn Verlag / GWV Fachverlage GmbH, Wiesbaden 2003

Der Vieweg Verlag ist ein Unternehmen von Springer Science+Business Media.
www.vieweg-it.de

Umschlaggestaltung: Ulrike Weigel, www.CorporateDesignGroup.de

Gedruckt auf säurefreiem und chlorfrei gebleichtem Papier.

ISBN-13: 978-3-528-05885-2   e-ISBN-13: 978-3-322-87252-4
DOI: 10.1007/978-3-322-87252-4

Vorwort

Das .NET Framework ist auf Plattform- und Sprachunabhängigkeit ausgelegt. Eine Klassenbibliothek, die in ihrem Umfang und in ihrer Übersichtlichkeit neue Maßstäbe setzt, unterstützt und entlastet den Programmierer ebenso wie den Programmplaner. Die integrierte Entwicklungsumgebung, Visual Studio .NET, deckt den gesamten Bereich von der Programmplanung über die Codierung bis zur Weitergabe der Programme ab. Es unterstützt die Zusammenarbeit im Team, verringert die Tipparbeit und verbessert die Übersicht über das Projekt. Die saubere Struktur der Klassenbibliothek und die Unterstützung durch Visual Studio .NET erleichtern die Einarbeitung in .NET und führen zu einer erheblichen Steigerung der Produktivität.

Das Buch gibt einen Überblick über das .NET Framework, durchleuchtet wichtige Gesichtspunkte und stellt anhand von Beispielen das Ganze möglichst anschaulich und nicht zuletzt nachvollziehbar dar. Es berichtet über Standards, auf die das .NET Framework aufbaut. Es berichtet ebenso über Initiativen und Projekte und über Firmen und Organisationen, die an der .NET Entwicklung beteiligt sind. Es vermittelt grundlegende Kenntnisse der Common Intermediate Language und der .NET Sprachen C#, Visual Basic .NET, J#, JScript .NET und C++ .NET. Ein Überblick über die Namensräume der .NET Klassenbibliothek und ein Einblick in ausgewählte Bereiche der Klassenbibliothek führen die saubere Konstruktion und die Leistungsfähigkeit der .NET Plattform vor Augen. Auch über Visual Studio .NET., Migration, Performance, Interoperabilität, Versioning und DirectX 9.0 for managed Code wird berichtet. Das Buch endet mit Hinweisen zu neuen Versionen und einem Fazit, das die Frage stellt, ob und wann es sinnvoll ist in .NET einzusteigen oder auf .NET umzusteigen. Das Ziel dieses Buches ist es, sowohl dem IT-Verantwortlichen als auch dem Programmierer Informationen mitzugeben, die es ihm ermöglichen, Wert und Nutzen der .NET Plattform einzuschätzen.

Wie auch immer Sie sich entscheiden, hält der Online-Service zum Buch, `http://www.rottmann.de`, Sie über die Weiterentwicklung der .NET Plattform, auch über .NET 2.0 hinaus, auf dem Laufenden. Im Online-Service sind auch Ergänzungen zum Inhalt und die Quelltexte der Beispielprogramme zu finden. Ein Forum gibt Ihnen die Gelegenheit, Fragen zu stellen und Ihr Wissen als Experte einzubringen. Ich freue mich über eine rege Beteiligung und wünsche Ihnen viel Erfolg mit .NET.

Wuppertal, im April 2004   Heinrich Rottmann

Online-Service

Der Online-Service zu diesem Buch ist unter folgenden Internetadressen zu erreichen:

```
http://www.rottmann.de
```

```
http://www.csharp-dotnet.de
```

```
http://www.dotnet-buecher.de
```

Inhaltsverzeichnis

Was ist .NET?

Das erste Kapitel vermittelt einen Eindruck davon, wie die .NET Plattform im Vergleich zu Java und C++ einzuordnen ist. Es stellt die Frage, ob man sich mit .NET in die Hand eines Quasi-Monopolisten begibt, und es beschreibt die wesentlichen Merkmale der Common Language Infrastructure und der Common Intermediate Language.

1.1 .NET und Java

Die .NET Plattform besitzt viel Ähnlichkeit mit der Java Plattform. Die Java Plattform bietet aber nur eine Sprache, während die .NET Plattform eine ganze Palette von Sprachen bietet. Die .NET Compiler erzeugen in erster Linie Code in einer plattformunabhängigen Zwischensprache, der Intermediate Language (CIL, MSIL oder kurz IL). Die CIL ist das Gegenstück zum Java Bytecode.

Eine weitere Parallele zur Java Plattform bildet die Common Language Runtime (CLR). Sie ist das Gegenstück zur Java Virtual Machine (JVM). Nun hängt Java der Ruf an, Code zu erzeugen, der nicht gerade effizient läuft. Dieser Ruf stammt aus der Anfangszeit der Java Entwicklung. Er hat heute weitgehend an Berechtigung verloren. Das Zauberwort, das die Situation verändert hat, heißt Jit. Die CLR enthält, wie die JVM, einen Just in Time Compiler (Jit), der den IL Code zu effizient ablaufendem Maschinencode kompiliert. Das System ist so weit entwickelt, dass Lade- und Übersetzungszeiten kaum noch in Erscheinung treten. In die Performancebetrachtungen des Kapitels 6 ist auch Java einbezogen.

Java Bytecode wird in Dateien mit der Endung .class gespeichert. Das Programm `xyz.class` wird als Konsolenanwendung mit `java xyz` oder als Windows-Anwendung mit `javaw xyz` gestartet. Belegt das Programm sehr viel Speicher, so muss durch eine Zusatzoption, z. B. `javaw -Xmx256M xyz`, Speicher reseviert werden. Andernfalls ist das Java-Programm nicht lauffähig. Das ist ein alter Zopf, der längst hätte abgeschnitten werden müssen.

Das .NET Framework kennt derartige alte Zöpfe nicht. .NET Anwendungen werden als Konsolenanwendung oder Windowsanwendung kompiliert. Der vom Compiler generierte IL Code wird in einer Datei mit der Endung .exe gespeichert. Die Handhabung unterscheidet sich nicht von der Handhabung herkömmlicher .exe Dateien.

Die Java Klassenbibliothek ist durch Packages gegliedert. Das .NET Gegenstück nennt sich Namensraum, englisch Namespace. .NET Programme können zu Bibliotheksdateien mit der Endung .dll kompiliert und in Namensräume eingeordnet werden. Dabei dürfen unterschiedliche .NET Sprachen verwendet werden. Jedes .NET Programm kann Dlls einbinden, die mit unterschiedlichen .NET Sprachen erzeugt worden sind. Darüber hinaus ist das Einbinden von nicht gemanagten Dlls, die unter Umständen lange vor der .NET Zeit entstanden sind, ebenfalls möglich. Diese Eigenschaft wird Interoperabilität genannt.

Sowohl die CLR als auch die JVM verwalten Objekte im Speicher und geben den von einem Objekt belegten Speicher frei, sobald das Objekt nicht mehr referenziert wird. Um der Fragmentierung entgegen zu wirken, werden Objekte im Speicher verschoben. Der Vorgang des Freigebens und Verschiebens von Objekten nennt sich Garbage Collection. Auch die Garbage Collection ist so optimal organisiert, dass die effiziente Codeausführung dadurch nicht beeinträchtigt wird. Die CLR erfüllt darüber hinaus noch zahlreiche weitere Aufgaben. Sie stellt unter anderem Bibliotheken zur Verfügung, kümmert sich um Ausnahmebehandlungen und überprüft Ausführungsberechtigungen.

Ein Unterschied zwischen der CLR und der JVM ist von großer Bedeutung. Während beim Erscheinen einer neuen Version der JVM die alte Version vollständig durch die neue ersetzt werden muss, dürfen mehrere Versionen der CLR gleichzeitig installiert werden. Durch das System des Versioning werden diese Versionen voneinander unterschieden, und Programme können mit der Version der CLR zusammenarbeiten, für die sie generiert worden sind. Kompatibilitätsprobleme treten daher bei .NET nicht in dem Maße auf, wie sie von Java bekannt sind. Um die wirkliche Position und Bedeutung der .NET Plattform zu ergründen, reicht der Vergleich mit Java nicht aus.

1.2   .NET und C++

Der C++ .NET Compiler bietet eine Weiterentwicklung des Leistungsumfangs von Visual C++ 6.0 mit nicht gemanagtem, auf Maschinenebene durchkompiliertem Code, und er bietet gemanagten Code mit Zugriff auf die .NET Klassenbibliothek, die die Windows GUI Programmierung, das Event- und Exceptionhandling, Streams und Sockets, das Multithreading, Webservices und andere Formen des Remotings und vieles andere mehr vorbildlich unterstützt. Dadurch wird einerseits die schnelle Migration von herkömmlichem C++ zu C++ .NET ermöglicht. Andererseits können die neuen Möglichkeiten der .NET Plattform genutzt werden. C++ .NET verbindet zwei Welten miteinander. Dank der oben bereits erwähnten Interoperabilität kann diese Verbindung auf alle .NET Sprachen ausgedehnt werden. Da alle .NET Sprachen nach unterschiedlichen Gesichtspunkten ausgelegt sind, wird auf das Kapitel 2 verwiesen, das die .NET Sprachen behandelt, und besonders auf den Abschnitt 2.5, der die Eigenschaften und Möglichkeiten von C++ .NET darlegt. Eine weitere Positionsbestimmung ergibt sich aus den Performancevergleichen des Kapitels 6. Dort zeigt sich, dass die Performance von gemanagtem Code der Performance von durchkompiliertem Code in nichts nachsteht. Es wird dort auch deutlich, dass die Verbindung von gemanagtem und nicht gemanagtem Code oder die Verwendung von C++ Pointern in gemanagtem Code deutliche Vorteile hinsichtlich der Performance bringt. Der C++ Programmierer braucht also auf nichts zu verzichten. Er kann neue Möglichkeiten ausschöpfen, und er kann robusten, stabil laufenden Code mit hoher Performance generieren.

1.3 Begibt man sich mit .NET in die Hand eines Quasi-Monopolisten?

Anfang 1960 haben auf Einladung von Bull, IBM und ICL die damals bekannten Computerhersteller Europas ein Treffen in Brüssel veranstaltet, auf dem sie die Gründung einer Organisation mit dem Namen `ECMA - European Computer Manufacturers Association` beschlossen haben. Diese Organisation ist 1961 mit Sitz in Genf gegründet und 1994 in `Ecma International - European association for standardizing information and communication systems` umbenannt worden. ECMA ist eng mit ISO, ISO/IEC, ETSI und weiteren Organisationen verbunden.

Die Weblinks der genannten Organisationen:

```
http://www.ecma-international.org
http://www.iso.ch/
http://www.iec.ch/
http://www.etsi.org/
```

Die folgenden Standards, die ECMA zum Download zur Verfügung stellt, sind im Zusammenhang mit .NET von Bedeutung:

```
Standard ECMA-262
ECMAScript Language
Specification
3r d Edition - December 1999

Standard ECMA-290
ECMAScript Components
Specification
June 1999
```

```
Standard ECMA-327
ECMAScript 3rd Edition
Compact Profile
June 2001

Standard Ecma-334
C# Language Specification
2nd edition (December 2002)

Standard ECMA-335
Common Language Infrastructure (CLI)
Partitions I to V
2nd edition - December 2002

Standard ECMA-348
Web Services Description Language (WSDL) for CSTA Phase III
June 2003
```

Microsoft hat sich in Zusammenarbeit mit zahlreichen Firmen und Organisationen um eine Standardisierung bemüht, die es ermöglicht, Programme in unterschiedlichen Systemumgebungen ohne Anpassung des Quelltextes lauffähig zu machen. Einige, den folgenden Quellen

```
http://msdn.microsoft.com/net/ecma/
http://www.adtools.com/CLI/
http://devresource.hp.com/drc/specifications/ecma/index.jsp
http://www.intel.com/cd/ids/developer/asmo-na/eng/44022.htm
http://www.dotnetexperts.com/ecma/
```

entnommene Fakten geben Auskunft über die Breite der Akzeptanz und der Zusammenarbeit bezüglich der genannten Standards.

Die Entstehung der ECMA-Standards 334 und 335 ist auf eine Initiative und das Sponsoring von Microsoft, Hewlett-Packard und Intel zurückzuführen. Die Standards sind ISO ratifiziert. An der Ausarbeitung und Weiterentwicklung dieser Standards sind unter anderem IBM, Fujitsu Software, Plum Hall, Monash University, ISE, Hewlett-Packard, Intel Corporation, Microsoft Corporation, Netscape, OpenWave und Sun Microsystems beteiligt.

Das Microsoft .NET Framework implementiert die ECMA-Standards und geht in einigen Bereichen über diese hinaus. Da die Standardisierung die `Common Language Infrastructure` und die Sprache `C#` zum Allgemeingut macht, sind auch andere Entwickler berechtigt, diese zu implementieren, ohne Lizenzgebühren entrichten zu müssen. Infolgedessen haben sich etliche Initiativen gebildet.

Das Mono Projekt: `http://www.go-mono.com`

Betriebssysteme: `Linux, Windows, Mac OS X und FreeBSD`
Compiler: `C# und VB.NET`
Download: `Binaries und Sourcecode`

Das DotGNU Projekt: `http://www.dotgnu.org`

Betriebssysteme: `Linux, Windows, Mac OS X und FreeBSD`
Compiler: `C# und C, Java und VB.NET sind in Entwicklung`
Download: `Binaries und Sourcecode`

IBM Rational XDE Developer .NET Edition
`http://www.ibm.com/software/rational/dotnet/`
Betriebssystem: `Windows`

Borland C# Builder und

Delphi 8 for the Microsoft .NET Framework

`http://www.borland.com/`
Betriebssystem: `Windows`

Fujitsu NetCOBOL for .NET:

`http://www.netcobol.com/products/windows/netcobol.html`
Betriebssysteme: `Linux, Windows, Sun Sparc, Solaris und HP-UX`

EIFFEL.NET:

`http://msdn.microsoft.com/library/default.asp?url=/library/`
`en-us/dndotnet/html/pdc_eiffel.asp`
`http://www.eiffel.com`
Betriebssysteme: `Linux, Windows, Solaris und FreeBSD`
Compiler: `Eiffel`
Download: `Binaries`

SharpDevelop:

`http://www.icsharpcode.net/OpenSource/SD/Default.aspx`
`Sharp Develop ist eine frei verfügbare Nachbildung von Visual Studio .NET.`
Projekte: `C# und Visual Basic .NET`
Download: `Binaries und Sourcecode`

Die Standardisierung eröffnet jedem Anbieter, auch wenn dazu sehr viel Power nötig ist, die Möglichkeit mit Microsoft gleichzuziehen. Die oben erwähnten Projekte haben zwar überwiegend noch einige wesentliche Entwicklungsschritte vor sich. Sie haben aber immerhin, mit dem erklärten Ziel, dem Monopolismus entgegenzuwirken, einen beachtenswerten Stand erreicht. Die Liste der Projekte ist bei weitem nicht vollständig. Es gibt etliche Pascal Varianten, Smalltalk, Oberon und eine Vielzahl weiterer Sprachen. Die Liste lässt sich praktisch täglich erweitern. Selbst Sun Microsystems sitzt, obwohl .NET in Konkurrenz zu Java steht, mit im .NET Boot. Die .NET Technologie hat einen regelrechten Schub an Entwicklertätigkeit ausgelöst. Das Bestreben nach Standardisierung und Offenheit zahlt sich aus.

Ohne die mit Java verbundenen Ideen und die großartige Entwicklungsarbeit schmälern zu wollen, sollte man erkennen, dass die Java Technologie in der Hand einer einzigen Firma liegt. Sun Microsystems bietet zwar die Java 2 Plattform frei zum Download an, und es gibt auch eine Java Community und einige freie Initiativen wie z. B. das Java-Gnu-Projekt. Wer jedoch sein Produkt Java nennen möchte, der ist von den Vorgaben und der Lizenzierung durch Sun Microsystems abhängig. Aus diesem Grund sind schon etliche Prozesse geführt worden.

Begibt man sich nun mit .NET oder mit Java oder etwa mit einer anderen Entwicklungsumgebung, die überwiegend auf firmenspezifische Bibliotheken setzt, in eine einseitige Abhängigkeit? Diese Frage möge jeder für sich beantworten.

1.4 Die Common Language Infrastructure (CLI)

1.4.1 Begriffsbestimmungen

Der ECMA-Standard 335 beschreibt auf über 500 Seiten ausführlich die CLI mit einer enormen Zahl teils ungewohnter Begriffe und vielen Abkürzungen. Von .NET ist in diesem Standard nicht die Rede. Das Microsoft .NET Framework ist also nicht Gegenstand des Standards, sondern es implementiert den Standard. Zunächst wird versucht, etwas Licht in das Dickicht der Begriffe und Abkürzungen zu bringen.

Common Type System (CTS)

Das CTS wird als Zentrum der CLI bezeichnet. Es ist das Typsystem, das allen .NET Sprachen zugrunde liegt, und es definiert die Regeln, der die CLI bei der Deklaration, der Benutzung und dem Managen von Typen folgt.

Common Language Specification (CLS)

Die CLS ist ein Satz von Vereinbarungen, der die Zusammenarbeit, Interoperabilität, von Programmiersprachen gewährleistet.

Common Intermediate Language (CIL)

Die CIL ist die virtuelle Mascinensprache der CLI. Die MSIL oder kurz IL implementiert die CIL. Ilasm ist die Assemblersprache der CIL.

Virtual Execution System (VES)

Das Virtual Execution System stellt eine Umgebung zur Ausführung gemanagten Codes zur Verfügung. Es definiert eine virtuelle Maschine, Konstrukte zur Ablaufsteuerung, das Modell zur Ausnahmebehandlung und ein Typsystem.

CLS Frameworks

Bibliotheken, die Code enthalten, der die Vorgaben der CLS erfüllt, werden CLS Frameworks genannt.

CLS Consumer

Ein CLS Consumer ist eine Sprache oder ein Tool. Der Consumer kann auf CLS Frameworks zugreifen. Er muss aber nicht in der Lage sein CLS Frameworks zu erzeugen oder zu erweitern. Er kann unter anderem Methoden, Eigenschaften, Delegates und Events aufrufen bzw verarbeiten. Er kann Instanzen bilden, lesen und modifizieren. Er muss aber nicht in der Lage sein, neue Typen oder Interfaces zu kreieren.

CLS Extender

Ein CLS Extender ist eine Sprache oder ein Tool. Der Extender kann auf CLS Frameworks zugreifen und CLS Frameworks erzeugen und erweitern. Der Extender ist in seinem Verhalten eine Erweiterung des Consumers. Ein Extender kann alles, was ein Consumer kann und einiges darüber hinaus. Der Extender kann Typen und Interfaces kreieren. Er kann nicht versiegelte Klassen erweitern, und er kann Interfaces beliebig oft unabhängig voneinander implementieren.

Die .NET Sprachen sind weder reine Consumer noch reine Extender. Sie verhalten sich in mancher Hinsicht wie Consumer und trotzdem in anderer Hinsicht wie Extender.

Assembly

Eine Assembly ist ein konfigurierter Satz von ladbarem Code, von Modulen und anderen Ressourcen, die zusammen eine funktionale Einheit implementieren. Jede .NET .exe Datei ist eine Assembly, die wiederum Assemblies, für gewöhnlich .dll Dateien, einbindet.

Modul

Ein Modul besteht aus einer einzigen Datei mit ausführbarem Inhalt.

Manifest

Eine Assembly enthält ein Manifest, das den Namen der Assembly und gegebenen Falls Zusatzangaben wie die Version oder einen Schlüssel enthält. Daneben sind externe Assemblies, die eingebunden werden, im Manifest verzeichnet.

Managed Code

Gemanagter Code enthält Informationen, durch die die CLI in die Lage versetzt wird, den Code zu verwalten.

Managed Data

Gemanagte Daten werden durch die CLI in den Speicher übertragen und durch die Garbage Collection gegebenen Falls verschoben oder gelöscht.

Box

Die Box Operation konvertiert die Kopie der Instanz eines Werttyps in System.Object. Zu jedem Werttyp gibt es einen korrespondierenden Verweistyp, der boxed type genannt wird.

1.4.2 Das Common Type System (CTS)

Das Common Type System stellt allen Sprachen ein einheitliches Typsystem zur Verfügung. Darüber hinaus trifft die Common Language Specification eine Auswahl an Typen, die als CLS Typen in Tabelle 1_1 verzeichnet sind. Die Spalte CIL dieser Tabelle enthält die Assemblerdarstellung der Typen der Common Intermediate Language. Die ersten drei Spalten der Tabelle 1_1 definieren das Common Type System und sind Bestandteil des ECMA Standards 335. Die weiteren Spalten enthalten die integrierten Typen der .NET Hochsprachen. Die Tabelle 1_1 stellt daher die CTS Typen, die CLS Typen und die implementierten .NET Typen gegenüber.

Klassen-bibliothek	CLS Type	CIL	C#	Visual Basic .NET	J#	JScript .NET	managed C++ .NET
System.Boolean	ja	bool	bool	Boolean	boolean	boolean	bool
System.Char	ja	char	char	Char	char	char	wchar_t
System.Object	ja	object	object	Object			Object*
System.String	ja	string	string	String		String	String*
System.Single	ja	float32	float	Single	float	float	float
System.Double	ja	float64	double	Double	double	double, number	double
System.SByte	nein	int8	sbyte			sbyte	signed char
System.Int16	ja	int16	short	Short	short	short	short
System.Int32	ja	int32	int	Integer	int	int	int, long
System.Int64	ja	int64	long	Long	long	long	__int64
System.IntPtr	ja	native int					
System.UIntPtr	nein	unsigned native int					
System.TypedReference	nein	typedref					
System.Byte	ja	unsigned int8	byte	Byte	byte	byte	char
System.UInt16	nein	unsigned int16	ushort			ushort	unsigned short
System.UInt32	nein	unsigned int32	uint			uint	unsigned int, unsigned long
System.UInt64	nein	unsigned int64	ulong			ulong	unsigned __int64
System.Decimal (nur .NET)	nein		decimal	Decimal		decimal	Decimal

Tabelle 1_1

Das Common Type System unterscheidet zwischen Werttypen (value type) und Verweistypen (reference type). System.String und System.Object sind Verweistypen. Eine besondere Stellung im Typsystem nimmt System.Object ein. Es ist der Basistyp für alle weiteren Typen. Durch Boxing können Typen in System.Object umgewandelt werden, und durch Unboxing kann System.Object wieder in den ursprünglichen Typ zurück konvertiert werden. C++ .NET kennt keine integrierten Verweistypen. Stattdessen gibt es in C++ .NET Zeiger auf Typen. Der Verweistyp System.Object wird in C++ .NET als Zeiger System::Object* dargestellt. Boxing und Unboxing sind bei C++ .NET nur mit Hilfe spezieller Schlüsselwörter möglich. Die J# Typen sind von Java übernommen. Boxing und Unboxing ist auf diese Typen nicht direkt anwendbar. Es ist jedoch möglich, z. B. den Typ long in System.In64 umzuwandeln. Boxing und Unboxing ist daher auf dem Umweg über Typkonvertierungen möglich.

Einige Felder der Tabelle 1_1 sind nicht ausgefüllt, weil es zu diesen Typen in der jeweiligen Sprache keinen korrespondierenden integrierten Typ gibt. In diesen Fällen können die Typen der Klassenbibliothek verwendet werden. Man muss aber bedenken, dass man mit einer Klasse oder Struktur arbeitet, für die nicht die üblichen Operatoren der integrierten Typen definiert sind. Einige .NET Sprachen kennen keine vorzeichenlosen Ganzzahlen. Benutzt man z. B. System.UInt32 mit Visual Basic .NET oder J#, so kann man die mit diesem Typ definierten Variablen nicht ohne weiteres in arithmetischen Ausdrücken verwenden.

Microsoft .NET erweitert das Common Type System. Die .NET Klassenbibliothek enthält zusätzliche Typen wie z. B. System.Decimal. Dieser Typ ist in Tabelle 1_1 aufgeführt, weil es in einigen .NET Sprachen korrespondierende integrierte Typen gibt. Weitere Angaben zu den Typen der .NET Sprachen und auch zum Boxing und Unboxing sind im Kapitel 2 zu finden.

1.4.3   Die CLS Frameworks

Die Common Language Specification schafft einheitliche Voraussetzungen für alle Sprachen. Der Begriff Framework bezeichnet in diesem Zusammenhang eine Bibliothek. Die CLS Frameworks dienen daher dem Ziel, unterschiedlichen Sprachen einheitliche Bibliotheken zur Verfügung zu Stellen. Sie gliedern sich in Profiles und Libraries. Profiles können wiederum Profiles und Libraries umfassen. Die CLS Frameworks enthalten die Extended Array Library, die Extended Numerics Library und das Compact Profile. Das Compact Profile umfasst die XML Library, die Network Library, die Reflection Library und das Kernel Profile. Das Kernel Profile umfasst die Runtime Infrastructure Library und die Base Class Library. Abbildung 1_1 stellt diesen Zusammenhang anschaulich dar.

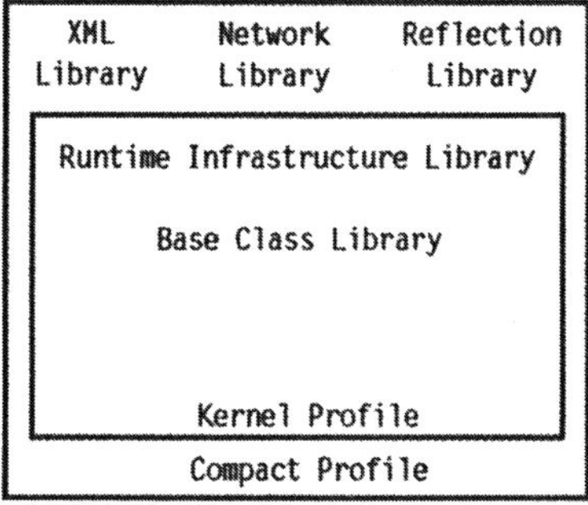

Abbildung 1_1: CLS Frameworks

Extended Array Library

Die Extended Array Library unterstützt mehrdimensionale Arrays und Index Laufgrenzen, die nicht notwendigerweise bei 0 beginnen müssen.

Extended Numerics Library

Die Extended Numerics Library unterstützt Gleitkomma-Typen wie System.Single und System.Double.

XML Library

Die XML Library stellt Klassen und sonstige Elemente zur Verfügung, die dem Konvertieren, dem Formatieren, dem Abbilden im Speicher und weiteren Gegebenheiten im Zusammenhang mit XML dienen.

Network Library

Die Network Library unterstützt einfache Netzwerkdienste wie den direkten Zugriff auf Netzwerkports und das HTTP Protokoll.

Reflection Library

Die Reflection Library unterstützt unter anderem die Instanzbildung und die Untersuchung der Struktur von Typen, und sie enthält Methoden die auf Typen angewendet werden können.

Runtime Infrastructure Library

Die Runtime Infrastructure Library unterstützt unter anderem Compiler Services, die Interoperabilität und das Remoting.

Base Class Library

Die Base Class Library beinhaltet unter anderem die Datentypen der CLI, Attribute, Streams und Kollektionen.

1.4.4 Crashkurs - Common Intermediate Language (CIL)

Die MSIL oder kurz IL des Microsoft .NET Frameworks implementiert die CIL des ECMA Standards 335. Sie ist dem Sinn nach eine virtuelle Maschinensprache. Die CIL hat in mancher Hinsicht Ähnlichkeit mit Maschinensprachen, die den Befehlssätzen realer Prozessoren entsprechen. Sie hat aber auch Elemente, die sonst nur bei Hochsprachen zu finden sind. Dieser Abschnitt vermittelt einen kurz gefassten Überblick über die Assembler-Darstellung der CIL. Da Datentypen eine zentrale Rolle spielen und die CIL einige Besonderheiten im Umgang mit Datentypen aufweist, beginnt der Crashkurs mit den Datentypen und deren Handhabung. Anschließend werden der Befehlssatz, Modifikatoren, Direktiven und weitere Gegebenheiten erläutert und anhand einiger Beispiele veranschaulicht.

Numerische Datentypen

Auf dem Stack können 4 Byte- (`int32`) und 8 Byte-Integer-Zahlen (`int64`) gespeichert werden. An anderen Stellen sind auch weitere Integer-Typen zulässig. Das ist der Implementierung überlassen. Es gibt also weder 1 Byte- und 2 Byte-Integer noch vorzeichenlose Zahlen. Diese Unterschiede stellen sich erst durch die Interpretation ein. Darüber hinaus gibt es Native-Size-Interger-Zahlen (`native int`), die mit `int32` kombiniert werden können, und Gleitkommazahlen vom Typ `float32` und `float64`. Was es mit `int8`, `int16` und den vorzeichenlosen Typen auf sich hat, wird im Zusammenhang mit dem Befehlssatz erläutert.

Der Datentyp Boolean (bool)

Dieser Datentyp kann die Werte `true` und `false` annehmen, die durch ein Byte repräsentiert werden.

Objektreferenzen

Auf Objektreferenzen können weder arithmetische Operationen noch Konvertierungsoperationen angewendet werden. Das Prüfen der Gleichheit zweier Objektreferenzen ist zulässig. Außerdem können Objektreferenzen in lokalen Variablen und in Arrays gespeichert werden, und sie sind als Funktionsargumente und Rückgabewerte zulässig.

Pointer

Es gibt gemanagte und nicht gemanagte Pointer. Bei beiden Typen umfasst die Pointerarithmetik das Addieren und das Subtrahieren von Integer-Zahlen und das Berechnen der Differenz der Adressen. Während nicht gemanagte Pointer auf beliebige Adressen im Speicher zeigen dürfen, müssen gemanagte Pointer auf gemanagte Objekte (Variablen, Array-Elemente usw.) zeigen.

Befehlssatz und Beispiele

Schon in den fünfziger Jahren, als die Zuse KG in Zusammenarbeit mit dem mathematischen Institut der Uni Freiburg den Freiburger Code entwickelte, gab es spezielle Speicherstellen, die Register genannt wurden. Der Additionsbefehl des Freiburger Codes addiert den Inhalt des ersten Registers, des Akkumulators, zum Inhalt des zweiten Registers und schreibt das Ergebnis in beide Register zurück. Bei heutigen PC-Prozessoren gibt es einen Satz von Registern, die A, B, C, D usw. genannt werden. Das Register A entspricht dem Akkumulator.

Die prinzipielle Befehlssequenz der Addition bei heutigen Prozessoren:

```
Lade eine Zahl in den Akkumulator
Lade eine zweite Zahl ins Register B
addiere - Das Ergebnis steht im Akkumulator
```

Die CIL kennt keine direkte Benutzung der Prozessor-Register. Das zentrale Register der CIL ist der Stack bzw. Stapelspeicher. Daten können nur oben auf den Stapel gelegt und auch nur von oben wieder entnommen werden.

Die prinzipielle Befehlssequenz der Addition mit der CIL:

```
Lade eine Zahl auf den Stack
Lade eine zweite Zahl auf den Stack
addiere - Das Ergebnis steht auf dem Stack
```

Intern werden beide Werte vom Stack in den Akkumulator und das Register B geholt und dort addiert. Anschließend wird der Inhalt des Akkumulators auf den Stack zurückgespeichert. Der interne Vorgang ist durch die Architektur des Prozessors bestimmt und wird erst durch die Interpretation bzw. Jit-Kompilierung generiert.

Die Ladeoperationen der CIL: (ld entspricht load)

```
ldarg.<length>      lade Argument auf den Stack
ldarga.<length>     lade Argumentadresse auf den Stack
ldc.<type>          lade numerische Konstante auf den Stack
ldftn               lade Methoden-Pointer auf den Stack
ldvirtftn           lade virtuellen Methoden-Pointer auf den Stack
ldind.<type>        lade Wert indirekt auf den Stack
ldloc               lade lokale Variabel auf den Stack
ldloca              lade Adresse einer lokalen Variable auf den Stack
ldnull              lade Null-Pointer auf den Stack
ldobj               lade Werttyp auf den Stack
ldstr               lade String auf den Stack
ldfld               lade Feld eines Objekts auf den Stack
ldflda              lade Adresse eines Feldes auf den Stack
ldsfld              lade statisches Feld einer Klasse auf den Stack
ldsflda             lade Adresse eines statischen Feldes auf den Stack
```

```
ldelem.<type>       lade Array-Element auf den Stack
ldelema             lade Adresse eines Array-Elements auf den Stack
```

Die Speicheroperationen der CIL: (st entspricht store)

```
starg.<length>      speichere Wert vom Stack als Argument
stind.<type>        speichere Wert vom Stack indirekt
stloc               speichere Wert vom Stack als lokale Variable
stfld               speichere Wert vom Stack in das Feld eines Objekts
stsfld              speichere Wert vom Stack in das statische Feld einer Klasse
stelem              speichere Wert vom Stack als Array-Element
```

Argumente sind mit 0 beginnend nummeriert. Der Befehl ldarg 7 lädt das Argument 7 auf den Stack. Die 7 wird als unsigned int16 interpretiert. Die short Version mit dem Zusatz .<length> lautet ldarg.s 7. Die 7 wird jetzt als unsigned int8 interpretiert. Für die Argumente 0 bis 3 existieren Abkürzungen ldarg.0 bis ldarg.3. Für ldarga, starg und starga gelten die gleichen Regeln.

Der Zusatz .<type>:

```
.i1                 int8
.i2                 int16
.i4                 int32
.i8                 int64
.u1                 unsigned int8
.u2                 unsigned int16
.u4                 unsigned int32
.u8                 unsigned int64
.r4                 float32
.r8                 float64
.i                  native int
.u                  native unsigned int
.ref                object ref
```

Mit ldc können .i4, .i8, .r4 und .r8 verwendet werden. ldc.i8 123 lädt die Zahl 123 als int64. Für int32 Zahlen von 1 bis 8 gibt es Abkürzungen. ldc.i4.5 lädt die 5. Mit ldind können alle Typen außer unsigned native int verwendet werden, und mit stind können keinerlei unsigned Typen verwendet werden.

Lokale Variablen werden in der Reihenfolge, in der sie vereinbart sind, mit 0 beginnend nummeriert. Die erste Variable mit dem Index 0 wird mit ldloc 0 geladen. Die lokale Variable mit dem Index 25 wird entsprechend mit ldloc 25 geladen. Der Index ist vom Typ int16. Bei der short Version, ldloc.s index, ist der Index vom Typ int8. Für die ersten 4 lokalen Variablen existieren die Abkürzungen ldloc.0 bis ldloc.3. Für stloc gelten die gleichen Regeln.

Daneben gibt es noch die Stack-Operationen dup und pop. Der oberste Wert des Stacks wird mit dup dupliziert. Er sitzt dann auf der obersten und der zweit obersten Position. Mit pop wird der oberste Wert vom Stack entfernt.

Die arithmetischen Operationen add, sub, mul, div und rem (Remainder, Divisonsrest), die bitweise logischen Operationen and, or und xor und die Vergleichsoperationen ceq (gleich), cgt (größer) und clt (kleiner) benutzen die beiden obersten Werte des Stacks und speichern das Ergebnis auf den Stack zurück.

Das bitweise Komplement not und die arithmetische Negation neg benutzen den obersten Wert des Stacks und speichern das Ergebnis auf den Stack zurück.

Die Links- und Rechtsschiebeoperationen shl und shr verschieben den an zweit oberster Position im Stack stehenden Integerwert um die an oberster Stelle im Stack stehende Zahl von Bits nach links bzw. rechts.

Die Konvertierungsoperation conv kann mit den Typen .i1 bis .i8, .r4, .r8, .u1 bis .u8, .i und .u verwendet werden. Die Operation conv.r4 konvertiert z. B. den obersten Wert des Stacks in float32. Wird von einem längeren in einen kürzeren Typ konvertiert, so wird der überlaufende Teil des Wertes abgeschnitten. Es wird keine OverflowException ausgelöst. Im umgekehrten Fall wird mit Nullen aufgefüllt. Im Gegensatz dazu löst conv.ovf bei einem Überlauf eine OverflowException aus. Die Operation conv.ovf.i1 konvertiert den obersten Wert des Stacks in int8 und löst gegebenenfalls eine Overflow-Exception aus.

Die einfachste Operation soll auch erwähnt werden. Die Operation nop (no operation) bewirkt nichts. Sie setzt lediglich den Adresszeiger auf die Nachfolgeoperation.

Verzweigungen: (branch)

```
br.<length>        Verzweigung (ohne Bedingung)
brfalse.<length>   bedingte Verzweigung, wenn false
brtrue.<length>    bedingte Verzweigung, wenn true
beq.<length>       bedingte Verzweigung, wenn gleich
bge.<length>       bedingte Verzweigung, wenn größer oder gleich
bge.un.<length>    bedingte Verzweigung, wenn größer oder gleich (unsigned)
bgt.<length>       bedingte Verzweigung, wenn größer
bgt.un.<length>    bedingte Verzweigung, wenn größer (unsigned)
ble.<length>       bedingte Verzweigung, wenn kleiner oder gleich
ble.un.<length>    bedingte Verzweigung, wenn kleiner oder gleich (unsigned)
blt.<length>       bedingte Verzweigung, wenn kleiner
blt.un.<length>    bedingte Verzweigung, wenn kleiner (unsigned)
bne.un<length>     bedingte Verzweigung, wenn nicht gleich (unsigned)
```

Bei der Operation br *Sprungziel* ist das Sprungziel vom Typ int32. Bei der short Version br.s *Sprungziel* ist das Sprungziel vom Typ int8. Das gilt für alle mit .<length> gekennzeichneten Operationen. Bei den bedingten Verzweigungen brfalse und brtrue ist der oberste Wert des Stacks die Bedingung. Ist also der oberste Wert des Stacks false, so verzweigt brfalse, und ist er true, so verzweigt brtrue. Die Operationen beq, bge, bgt, ble, blt und bne vergleichen die beiden obersten Werte des Stacks und verzweigen, wenn das Ergebnis des Vergleichs die jeweilige Bedingung erfüllt. Die Operation blt *Sprungziel* verzweigt, wenn der zweit oberste Wert des Stacks kleiner ist als der oberste. Ist der Zusatz .un vorhanden, so wird der Vergleich bei Integer-Zahlen unsigned oder bei Float-Zahlen unordered ausgeführt. Unordered bedeutet, dass mindestens einer der verglichenen Werte ungültig ist. Weitere Einzelheiten der CIL werden anhand einiger Beispiele erläutert.

Das kürzest mögliche CIL Programm besteht aus einer Methode. Die mit einem Punkt beginnenden Bezeichnungen .assembly und .method sind Direktiven. Beispiel 1.4_1 definiert die Assembly mit dem Namen Das_erste_IL_Programm. Anschließend wird die statische Methode test mit dem Rückgabetyp void definiert. Die Methode test lädt die int32 Zahl 123 auf den Stack und ruft danach die Methode WriteLine auf. WriteLine entnimmt den obersten Wert vom Stack und gibt ihn im Konsolenfenster (Eingabeaufforderung) aus.

Methoden werden mit call aufgerufen. Daneben gibt es noch calli für indirekte Aufrufe und callvirt für den Aufruf virtueller Methoden. Die aufgerufene Methode muss vollständig klassifiziert werden. Daher folgt nach call der Rückgabetyp void. Handelt es sich um eine externe Methode, so muss auch die Assembly angegeben werden, der die Methode angehört. Ein Beispiel hierzu ist die Methode WriteLine, die der Klasse Console im Namensraum System und der Assembly [mscorlib] angehört.

```
// 1.4_1.IL

// Dieses Programm ist die Assembly mit dem Namen
// Das_erste_IL_Programm.
.assembly Das_erste_IL_Programm
{
  // weitere Angaben zur Assembly
}

.method static void test()
{
  // lade 123 auf den Stack. Datentyp int32
  ldc.i4 123

  // Aufruf der Methode WriteLine mit Parametertyp int32
```

```
    // Der Parameter wird vom Stack geholt.
    call void [mscorlib]System.Console::WriteLine(int32)

    // Return
    ret

    // Einstiegsmethode des Programms
    .entrypoint
}
```

Ausgabe: 123

Jede Methode endet mit einem Rücksprungbefehl. Die Methode test endet daher mit der Operation ret. Jede lauffähige Anwendung benötigt einen Einstiegspunkt. Die Direktive .entrypoint kennzeichnet diesen Einstiegspunkt. Die Abarbeitung des Codes beginnt jedoch nicht bei der Direktive .entrypoint sondern am Anfang der Methode, die mit .entrypoint als Einstiegsroutine gekennzeichnet ist. Die Einstiegsroutine wird in vielen Sprachen Main genannt. Der Bezeichner Main hat jedoch in der CIL keinerlei Bedeutung. Alle Beispielprogramme werden mit ilasm Dateiname.IL übersetzt bzw. assembliert. Beispiel 1.4_1 wird daher mit

```
ilasm 1.4_1.IL
```

assembliert. Dadurch wird die Datei 1.4_1.exe erzeugt. Falls der Intermediate Language Assembler ilasm.exe nicht auffindbar ist, muss ein Pfad (Path) zum entsprechenden Verzeichnis gesetzt werden.

```
z. B.: C:\WINDOWS\Microsoft.NET\Framework\v1.1.4322
```

Beispiel 1.4_2 hat im Prinzip den gleichen Ablauf wie Beispiel 1.4_1. Diesmal wird jedoch ein String auf den Stack geladen und mit WriteLine ausgegeben. Außerdem sind die .assembly Direktiven ergänzt worden.

```
// 1.4_2.IL

// Für die Lauffähigkeit erforderliche Bibliothek
.assembly extern mscorlib
{
  // Public Key
  .publickeytoken = (B7 7A 5C 56 19 34 E0 89 )
  // Version
  .ver 1:0:5000:0
  // Im Global Assembly Cache
  // z. B. "C:\windows\assembly" nachschlagen.
```

```
}

// Dieses Programm
.assembly '1.4_2'
{
  // Version 1:0:0:0
  .ver 1:0:0:0
}

// Definition der Methode test
.method static void test()
{
  // Einstiegsmethode des Programms
  .entrypoint

  // lade String auf den Stack
  ldstr "Das zweite IL-Programm"

  // WriteLine nimmt den String vom Stack
  // und gibt ihn aus.
  call void [mscorlib]System.Console::WriteLine(
                      class System.String)
  // Return
  ret
}
```

Ausgabe: `Das zweite IL-Programm`

Zu einer Assembly gehört ein Manifest. Das Manifest enthält den Namen, die Merkmale und die Zusammensetzung der Assembly. Der Intermediate Language Assembler generiert das Manifest. Dazu verwendet er Angaben, die im Quelltext enthalten sind. Er ist auch in der Lage, fehlende Angaben zu ergänzen. Die Beispiele 1.4_1 und 1.4_2 benutzen die externe Assembly `mscorlib`. Da mehrere Assemblies mit gleichem Namen vorhanden sein dürfen (Versioning), überlässt Beispiel 1.4_1 die Auswahl dem Zufall, während Beispiel 1.4_2 mit den Direktiven `.publickeytoken` und `.ver` festlegt, welche der vorhandenen Assemblies benutzt wird. Die zweite `.assembly` Direktive besagt, dass die assemblierte Datei 1.4_2.exe die Version `1:0:0:0` der Assembly 1.4_2 ist. Der Intermediate Language Assembler übernimmt diese Angaben in das Manifest, und er ergänzt fehlende Angaben. Eine Assembly kann aus mehreren Dateien bestehen. Ein Modul ist dagegen genau eine Datei mit ausführbarem Code. Die Assembly 1.4_2 enthält das Modul 1.4_2.exe. Hinter der Direktive `.subsystem` steht der hexadezimal geschriebene Wert 3. Das bedeutet, dass es sich bei diesem Programm um eine Konsolenanwendung handelt. Die Direktive `.subsystem 0x00000002` würde eine Windowsanwendung kennzeichnen. Der Intermediate Language Disassembler `ildasm.exe` kann die Datei 1.4_2.exe laden und disassemblieren. Durch einen Doppelklick auf `MANIFEST` wird das Manifest der Assembly 1.4_2 angezeigt.

```
/ MANIFEST                                    _ □ X
.assembly extern mscorlib
{
  .publickeytoken = (B7 7A 5C 56 19 34 E0 89 )
  .ver 1:0:5000:0
}
.assembly '1.4_2'
{
  .ver 1:0:0:0
}
.module '1.4_2.EXE'
// MVID: {02AE295C-7E9A-46A4-B5C7-2A39C5CFCD12}
.imagebase 0x00400000
.subsystem 0x00000003
.file alignment 512
.corflags 0x00000001
// Image base: 0x06e50000
```

Abbildung 1_2: Manifest

Die CIL ist objektorientiert. Mithilfe der Direktive `.class` definiert Beispiel 1.4_3 die Klasse `test` mit der Methode `Main`, die s.o. auch anders genannt werden darf, als Einstiegsroutine des Programms. Es zeigt sich jetzt, dass die CIL Möglichkeiten in sich birgt, die weit über das von herkömmlichen Maschinensprachen bzw. Assemblern Gewohnte hinausgehen.

```
// 1.4_3.IL

// Für die Lauffähigkeit erforderliche Bibliothek
.assembly extern mscorlib
{
  // Im Global Assembly Cache nachschlagen
  .publickeytoken = (B7 7A 5C 56 19 34 E0 89 )
  .ver 1:0:5000:0
}

// Dieses Programm
.assembly '1.4_3'
{
  .ver 1:0:0:0
}
```

```
// Klasse test
.class test
{
  // Methode Main
  .method static void  Main() cil managed
  {
    // Einstiegsmethode des Programms
    .entrypoint

    // lade String auf den Stack
    ldstr "Ein objektorientiertes CIL-Programm"

    // Ausgabe des Strings mit WriteLine
    call void [mscorlib]System.Console::WriteLine(class System.String)

    // Return
    ret
  }
}
```

Ausgabe: `Ein objektorientiertes CIL-Programm`

Ein wesentlicher Bestandteil einer Klasse ist der Konstruktor. Beispiel 1.4_4 definiert die Klasse test mit dem Konstruktor .ctor( ). Die Klasse test ist von System.Object abgeleitet. Die Einstiegsroutine Main bildet eine Instanz der Klasse test und ruft dabei den Konstruktor der Klasse test auf, welcher zunächst den Konstruktor der übergeordneten Klasse System.Object aufruft, und anschließend wieder einen String ausgibt. Die Methode Main ist, wie z. B. bei Java, ein statisches Mitglied der Klasse test. Die CIL lässt aber auch globale Methoden außerhalb von Klassen zu. Daher kann auch die Methode Main, wie bei C++, außerhalb der Klasse test stehen. Der Konstruktor der Klasse test muss dann natürlich public vereinbart werden.

```
// 1.4_4.IL

// Für die Lauffähigkeit erforderliche Bibliothek
.assembly extern mscorlib
{
  // Im Global Assembly Cache nachschlagen
  .publickeytoken = (B7 7A 5C 56 19 34 E0 89 )
  .ver 1:0:5000:0
}

// Dieses Programm
.assembly '1.4_4'
{
  .ver 1:0:0:0
}
```

```
// Klasse test
.class private auto ansi beforefieldinit test
   extends [mscorlib]System.Object
{
  // Der Konstruktor
  .method public hidebysig specialname rtspecialname
        instance void  .ctor() cil managed
  {
     // Der Konstruktor der Klasse System.Object wird aufgerufen.
     ldarg.0
     call        instance void [mscorlib]System.Object::.ctor()

     // Der String wird ausgegeben.
     ldstr       "Ein objektorientiertes IL-Programm mit Konstruktor"
     call        void [mscorlib]System.Console::WriteLine(string)

     // Return
     ret
  }

  // Methode Main
  .method private hidebysig static void  Main() cil managed
  {
     // Einstiegsmethode des Programms
     .entrypoint

     // Es wird eine Instanz der Klasse test gebildet
     // und der Konstruktor aufgerufen.
     newobj      instance void test::.ctor()
     // Die Instanz der Klasse test wird vom Stack entfernt
     pop
     // Return
     ret
  }
}
```

Mit der Direktive .class können die folgenden Schlüsselwörter verwendet
werden:

Layout

auto	Das Layout wird zur Laufzeit festgelegt.
explicit	Jedes Mitglied bekommt einen Offset zugeteilt.
sequential	Die Reihenfolge im Quelltext wird übernommen.

Schnittstelle

interface	Wird in der Deklaration einer Schnittstelle verwendet.

Vererbung

abstract	Es kann keine Instanz gebildet werden.
sealed	Es kann keine Ableitung gebildet werden.

Interoperation mit nicht gemanagtem Code

ansi	Interpretation als ANSI-Zeichen
autochar	Plattformabhängige Interpretation von Zeichen
unicode	Interpretation als Unicode-Zeichen

Handling

beforefieldinit	Die Initialisierung des Typs ist hinsichtlich des Timings unkritisch.
serializable	Das Objekt kann serialisiert (z. B. in einen Stream geschrieben) werden.
specialname	Name mit spezieller Bedeutung außerhalb der CLI
rtspecialname	Name mit spezieller Bedeutung in der CLI

Sichtbarkeit

nested assembly	innere Klasse mit Sictbarkeit Assembly
nested famandassem	innere Klasse mit Sictbarkeit Family und Assembly
nested family	innere Klasse mit Sictbarkeit Family
nested famorassem	innere Klasse mit Sictbarkeit Family oder Assembly
nested private	innere Klasse mit Sictbarkeit
nested public	innere Klasse mit Sictbarkeit
private	Assembly intern sichtbar
public	überall sichtbar, exportiert

Sichtbarkeit der Mitglieder von Klassen

compilercontrolled	sichtbar innerhalb einer Kompilationseinheit
private	sichtbar inner halb der Klasse
family	sichtbar im exakt gleichen Typ, z. B. abgeleitete Klasse
assembly	sichtbar innerhalb der Assembly
famandassem	Sichtbarkeit Family und Assembly
famorassem	Sichtbarkeit Family oder Assembly
public	überall sichtbar

Mit der Direktive .class werden Klassen, Strukturen, Interfaces und Enumerationen deklariert. Klassen brauchen nicht von einer übergeordneten Klasse abgeleitet zu werden. In .NET Programmen ist es aber üblich, Klassen von System.Object abzuleiten. Strukturen erhalten das Kennzeichen sealed und sind von System.ValueType abgeleitet. Schnittstellen sind abstrakte Klaseen mit dem Kennzeichen interface. Enumerationen sind versiegelte Klassen, die von System.Enum abgeleitet sind.

Beispiele:

```
.class public auto ansi beforefieldinit abc
        extends [mscorlib]System.Object
        implements xyz
```

Die Klasse abc ist von System.Object abgeleitet und implementiert das Interface xyz.

```
.class public sequential ansi sealed beforefieldinit abc
       extends [mscorlib]System.ValueType
```

Die Struktur (structure) abc ist eine versiegelte (sealed) Klasse, die von System.ValueType abgeleitet ist.

```
.class interface public abstract auto ansi abc
```

Die Schnittstelle (Interface) abc ist eine abstrakte Klasse, die mit dem Schlüsselwort interface gekennzeichnet ist. Sie ist von keiner übergeordneten Klasse abgeleitet.

```
.class public auto ansi sealed abc
       extends [mscorlib]System.Enum
```

Die Aufzählung (Enumeration) abc ist eine versiegelte Klasse, die von System.Enum abgeleitet ist.

Vor dem Aufruf von Methoden werden die Parameter bzw. Argumente auf dem Stack abgelegt. Klassen können statische (static) und nicht statische Mitglieder besitzen. Bei nicht statischen Methoden kommt zu den expliziten Argumenten noch ein impizites Argument hinzu, das nicht in der Parameterliste verzeichnet ist. Dieses implizite Argument muss als erstes auf den Stack geschoben werden. Es referenziert die Instanz, auf der die Methode ausgeführt wird. Im Beispiel 1.4_4 sieht der Aufruf des (nicht statischen) Konstruktors der Klasse System.Object folgendermaßen aus:

```
ldarg.0
call instance void [mscorlib]System.Object::.ctor()
```

Im Zuge der Instanzbildung ist dem Konstruktor der Klasse test der this Pointer dieser Klasse als implizites Argument bzw. Argument 0 übergeben worden. Die Operation ldarg.0 lädt das Argument 0 auf den Stack. Dieses Argument wird bei dem anschließenden mit instance gekennzeicheten Aufruf des Konstruktors der Klasse System.Object übergeben. Aufrufe statischer Methoden werden nicht mit instance gekennzeichnet, und es wird kein implizites Argument übergeben.

Beispiel 1.4_5 deklariert die Membervariable member und die lokale Variable V_0. Es setzt member = 20 und V_0 = 30. Die Summe beider Werte wird mit

WriteLine ausgegeben. Die Argumente der statischen Methode WriteLine sind der Formatstring "member + lokal = {0}" und die durch Boxing in System.Int32 umgewandelte Summe member + V_0. Der Formatstring enthält den Platzhalter {0} für das zweite Argument. Das ist die Stelle, an der das zweite Argument ausgegeben wird. Das zweite Argument muss vom Typ System.Object oder von einem davon abgeleiteten Typ sein. Das ist der Grund für das oben erwähnte Boxing.

```
// 1.4_5.IL

// Für die Lauffähigkeit erforderliche Bibliothek
.assembly extern mscorlib
{
  // Im Global Assembly Cache nachschlagen
  .publickeytoken = (B7 7A 5C 56 19 34 E0 89 )
  .ver 1:0:5000:0
}

// Dieses Programm
.assembly '1.4_5'
{
  .ver 1:0:0:0
}

// Klasse test
.class private auto ansi beforefieldinit test
  extends [mscorlib]System.Object
{
  // Die Integervariable member
  .field private int32 member

  // Der Konstruktor
  .method public hidebysig specialname rtspecialname
    instance void  .ctor() cil managed
  {
    // Die lokale Integervariable V_0
    .locals init (int32 V_0)

    // Argument 0 - this Pointer
    // wird auf den Stack geladen
    ldarg.0
    // Der Konstruktor der Klasse System.Object wird aufgerufen.
    call        instance void [mscorlib]System.Object::.ctor()

    // Der this Pointer wird auf den Stack geladen
    ldarg.0
    // Die Integerzahl 20 wird auf den Stack geladen
    ldc.i4.s    20
    stfld       int32 test::member // member = 20
```

```
    // Die Integerzahl 30 wird auf den Stack geladen
    ldc.i4.s    30
    stloc.0        // V_0 = 30

    // Der String "member + lokal = {0}"
    // wird auf den Stack geladen
    ldstr      "member + lokal = {0}"
    // Der this Pointer wird auf den Stack geladen
    ldarg.0
    // member wird auf den Stack geladen
    ldfld      int32 test::member
    // V_0 wird auf den Stack geladen
    ldloc.0
    add    // member + V_0 ist jetzt oben auf dem Stack
    // boxing: Der oberste Wert des Stacks wird zu System.Int32
    box        [mscorlib]System.Int32
    // Aufruf WriteLine mit den Argumenten
    // "member + lokal = {0}", box(member + V_0)
    call       void [mscorlib]System.Console::WriteLine(string,
                                                 object)
    // Return
    ret
}


// Methode Main
.method private hidebysig static void  Main() cil managed
{
    // Einstiegsmethode des Programms
    .entrypoint

    // Instanz der Klasse test
    newobj     instance void test::.ctor()
    // Die Instanz der Klasse test wird vom Stack entfernt
    pop

    // Return
    ret
  }
}
```

Ausgabe:

Beispiel 1.4_6 beschreibt den Zugriff auf Arrays. Die Membervariable member und die lokale Variable V_0 sind Arrays vom Typ int32[]. Das Programm führt sinngemäß die folgenden Operationen aus:

```
member[0] = 1
V_0[0] = member[0]
V_0[1] = 25
```

```
member[1] = V_0[1] -1
WriteLine(member[0] - V_0[0])
WriteLine(member[1] - V_0[1])


// 1.4_6.IL

// Für die Lauffähigkeit erforderliche Bibliothek
.assembly extern mscorlib
{
  .publickeytoken = (B7 7A 5C 56 19 34 E0 89 )
  .ver 1:0:5000:0
}

// Dieses Programm
.assembly '1.4_6'
{
  .ver 1:0:0:0
}

// Klasse test
.class private auto ansi beforefieldinit test
  extends [mscorlib]System.Object
{
  // Der Array member vom Typ int32[]
  .field private int32[] member

  .method public hidebysig specialname rtspecialname
    instance void  .ctor() cil managed
  {
    ldarg.0
    call        instance void [mscorlib]System.Object::.ctor()

    // Der lokale Array V_0 vom Typ int32[]
    .locals init (int32[] V_0)

    // member wird mit 2 Elementen instanziiert
    ldarg.0
    ldc.i4.2
    newarr      [mscorlib]System.Int32
    stfld       int32[] test::member

    // V_0 wird mit 2 Elementen instanziiert
    ldc.i4.2
    newarr      [mscorlib]System.Int32
    stloc.0

    ldarg.0
    ldfld       int32[] test::member
    ldc.i4.0
    ldc.i4.1
    stelem.i4
```

```
// member[0] = 1

ldloc.0
ldc.i4.0
ldarg.0
ldfld       int32[] test::member
ldc.i4.0
ldelem.i4
stelem.i4
// V_0[0] = member[0] (= 1)

ldloc.0
ldc.i4.1
ldc.i4.s    25
stelem.i4
// V_0[1] = 25

ldarg.0
ldfld       int32[] test::member
ldc.i4.1
ldloc.0
ldc.i4.1
ldelem.i4
ldc.i4.1
sub
stelem.i4 // member[1] = V_0[1] -1 (= 24)

// member[0] - V_0[0] (1 - 1 = 0)
// wird ausgegeben
ldstr       "member[0] - V_0[0] = {0}"
ldarg.0
ldfld       int32[] test::member
ldc.i4.0
ldelem.i4
ldloc.0
ldc.i4.0
ldelem.i4
sub
box         [mscorlib]System.Int32
call        void [mscorlib]System.Console::WriteLine(string, object)

// member[1] - V_0[1] (24 - 25 = -1)
// wird ausgegeben
ldstr       "member[1] - V_0[1] = {0}"
ldarg.0
ldfld       int32[] test::member
ldc.i4.1
ldelem.i4
ldloc.0
ldc.i4.1
ldelem.i4
```

```
        sub
        box         [mscorlib]System.Int32
        call        void [mscorlib]System.Console::WriteLine(string, object)

     // Return
     ret
  }

  // Methode Main
  .method private hidebysig static void  Main() cil managed
  {
     // Einstiegsmethode des Programms
     .entrypoint

     // Instanz der Klasse test
     newobj      instance void test::.ctor()
     // Die Instanz der Klasse test wird vom Stack entfernt
     pop

     // Return
     ret
  }
}
```

Ausgabe:

```
member[0] - V_0[0] = 0
member[1] - V_0[1] = -1
```

Membervariablen werden mit

```
.field Attribute Datentyp Name
```

deklariert. Die private Variable `member` vom Typ `int32` wird mit

```
.field private int32 member
```

deklariert. Bei öffentlichen Variablen ist `private` durch `public` zu ersetzen. Die Operationen

```
ldarg.0
ldc.i4.s    20
stfld       int32 test::member
```

aus Beispiel 1.4_5 weisen der Variablen `member` den Wert 20 zu. Zuerst wird der `this` Pointer und anschließend der Wert 20 auf den Stack geladen. Die Operation `stfld` entnimmt beide Werte vom Stack und Speichert den obersten Wert 20 in der Variablen `member`, die sich in der Instanz befindet, auf die der zweitoberste Wert (`ldarg.0`) verweist. Da von einer Klasse mehrere Instanzen gebildet werden können, ist es wichtig, das auseinander zu halten. Wäre z. B. die Variable `xyz` in der Klasse `abc` vereinbart und der Verweis auf die Instanz der Klasse `abc` in der 5. lokalen Variablen gespeichert, so würden die Operationen

```
ldloc.5
ldc.i4.s    20
stfld       int32 abc::xyz
```

den Wert 20 in der Variablen `xyz` der angegebenen Instanz der Klasse `abc` speichern. Die Operationen

```
ldarg.0
ldfld       int32 test::member
```

laden den Wert der Variablen `member` auf den Stack. Ist die Variable, die geladen werden soll, in einer anderen Klasse vereinbart, so gelten die gleichen Gesichtspunkte wie bei `stfld`. Nun ist die Variable `member` des Beispiels 1.4_6 ein Array, und Arrays sind Verweistypen. Das bringt einige neue Gesichtspunkte. Ein Array vom Typ `int32[]` wird mit

```
.field private int32[] member
```

deklariert. Die eckigen Klammern kennzeichnen den Arraytyp.

Die Operationen

```
ldc.i4.2
newarr      [mscorlib]System.Int32
```

instanziieren einen Array mit zwei Elementen. Der Verweis auf die Instanz befindet sich auf dem Stack. Die Operationsfolge

```
ldarg.0
ldc.i4.2
newarr      [mscorlib]System.Int32
stfld       int32[] test::member
```

speichert den Verweis auf die Instanz des Arrays in der Variablen `member`. Die Operationen

```
ldarg.0
ldfld       int32[] test::member
```

laden den Wert der Variablen `member`, der ein Verweis auf den Array ist, auf den Stack. Zum Laden und Speichern einzelner Arrayelemente stehen die Operationen `ldelem` und `stelem` zur Verfügung. Mit

```
ldarg.0
ldfld       int32[] test::member
ldc.i4.0
ldc.i4.1
stelem.i4
```

wird dem Element mit dem Index 0 der Wert 1 zugewiesen. Das entspricht der Anweisung member[0] = 1.

Die Stackbelegung nach dem Ausführen von ldfld ist:

```
Wert 1
Index 0
Verweis auf den Array
```

stelem nimmt diese drei Werte vom Stack und führt die beschriebene Speicheroperation aus. Mit

```
ldarg.0
ldfld       int32[] test::member
ldc.i4.0
ldelem.i4
```

wird member[0] auf den Stack geladen. Neben dem Array member gibt es im Beispiel 1.4_6 noch den lokal vereinbarten Array V_0. Auch hier ist, strenger ausgedrückt, der Wert der lokalen Variablen V_0 ein Verweis auf einen Array vom Typ int32[]. Lokale Variablen werden mit

```
.locals init ( Typ Name, Typ Name, . . . . )
```

vereinbart.

Die lokale Variable V_0 vom Typ int32[] wird mit

```
.locals init (int32[] V_0)
```

vereinbart. Die Operationen

```
ldc.i4.2
newarr      [mscorlib]System.Int32
stloc.0
```

instanziieren einen Array mit zwei Elementen und speichern den Verweis auf den Array in der lokalen Variablen V_0.

Die Operationsfolge

```
ldloc.0
ldc.i4.1
ldc.i4.s    25
stelem.i4
```

entspricht der Anweisung V_0[1] = 25. Mit

```
ldloc.0
ldc.i4.1
ldelem.i4
```

wird V_0[1] auf den Stack geladen.

Beispiel 1.4_7 instanziiert die Arrays member und V_0 mit je 10 Elementen. In einer Schleife mit 10 Durchläufen und der Laufvariablen V_1 werden den Arrays die Werte

```
member[V_1] = V_1
V_0[V_1] = member[V_1] + 241
```

zugewiesen. Anschließend wird die Differenz lokal[V_1] - member[V_1] ausgegeben. Die Formulierung der Schleife mit Branch-Operationen ist im Quelltext kommentiert.

```
// 1.4_7.IL

// Für die Lauffähigkeit erforderliche Bibliothek
.assembly extern mscorlib
{
  .publickeytoken = (B7 7A 5C 56 19 34 E0 89 )
  .ver 1:0:5000:0
}

// Dieses Programm
.assembly '1.4_7'
{
  .ver 1:0:0:0
}

// Klasse test
.class private auto ansi beforefieldinit test
  extends [mscorlib]System.Object
{
  // Der Array member vom Typ int32[]
  .field private int32[] member

  .method public hidebysig specialname rtspecialname
    instance void   .ctor() cil managed
  {
    ldarg.0
    call        instance void [mscorlib]System.Object::.ctor()

    // Die lokalen Variablen
    .locals init (int32[] V_0, int32 V_1)

    // member wird mit 10 Elementen instanziiert
    ldarg.0
    ldc.i4.s    10
    newarr      [mscorlib]System.Int32
    stfld       int32[] test::member

    // V_0 wird mit 10 Elementen instanziiert
```

```
ldc.i4.s    10
newarr      [mscorlib]System.Int32
stloc.0

ldc.i4.0
stloc.1  // V_1 = 0

// springe zur Marke i_kleiner_Grenze
br.s        i_kleiner_Grenze


// Sprungmarke Anfang_for_i
Anfang_for_i:

ldarg.0
ldfld       int32[] test::member
ldloc.1
ldloc.1
stelem.i4 // member[V_1] = V_1

ldloc.0
ldloc.1
ldarg.0
ldfld       int32[] test::member
ldloc.1
ldelem.i4
ldc.i4      0xf1 // 241
add
stelem.i4   // V_0[V_1] = member[V_1] + 241

ldstr       "lokal[{0}] - member[{0}] = {1}"
ldloc.1
box         [mscorlib]System.Int32
ldloc.0
ldloc.1
ldelem.i4
ldarg.0
ldfld       int32[] test::member
ldloc.1
ldelem.i4
sub
box         [mscorlib]System.Int32

// WriteLine("lokal[{0}] - member[{0}] = {1}",
//           box(V_1), box(lokal[V_1] - member[V_1]))
call        void [mscorlib]System.Console::WriteLine(string, object, object)

ldloc.1
ldc.i4.1
add
stloc.1 //  V_1 = V_1 + 1
```

```
        // Sprungmarke i_kleiner_Grenze
        i_kleiner_Grenze:

        ldloc.1
        ldc.i4.s    10
        // springe, wenn V_1 < 10, nach Anfang_for_i
        blt.s       Anfang_for_i

        // Return
        ret
    }

    // Methode Main
    .method private hidebysig static void  Main() cil managed
    {
        // Einstiegsmethode des Programms
        .entrypoint

        // Instanz der Klasse test
        newobj      instance void test::.ctor()
        // Die Instanz der Klasse test wird vom Stack entfernt
        pop

        // Return
        ret
    }
}
```

Ausgabe:

```
lokal[0] - member[0] = 241
lokal[1] - member[1] = 241
lokal[2] - member[2] = 241
lokal[3] - member[3] = 241
lokal[4] - member[4] = 241
lokal[5] - member[5] = 241
lokal[6] - member[6] = 241
lokal[7] - member[7] = 241
lokal[8] - member[8] = 241
lokal[9] - member[9] = 241
```

Beispiel 1.4_8 wird mit zwei Kommandozeilen-Argumenten

1.4_8 *a   b*

gestartet. Für *a* und *b* können beliebige Integerzahlen eingesetzt werden.
Das Programm untersucht, ob *a* kleiner, gleich oder größer *b* ist, und es
protokolliert das Ergebnis. Die Fallunterscheidung wird durch bedingte

Verzweigungen mit Branch-Operationen erreicht. Der Ablauf ist im Quelltext kommentiert.

```
// 1.4_8.IL

// Für die Lauffähigkeit erforderliche Bibliothek
.assembly extern mscorlib
{
  .publickeytoken = (B7 7A 5C 56 19 34 E0 89 )
  .ver 1:0:5000:0
}

// Dieses Programm
.assembly '1.4_8'
{
  .ver 1:0:0:0
}

// Klasse test
.class private auto ansi beforefieldinit test
  extends [mscorlib]System.Object
{
  .method public hidebysig specialname rtspecialname
    instance void   .ctor(int32 a, int32 b) cil managed
  {
    ldarg.0
    call        instance void [mscorlib]System.Object::.ctor()

    ldarg.1 // a
    ldarg.2 // b

    // springe zur Marke gleich, wenn a >= b
    bge.s       gleich

    // Ausgabe a kleiner b
    ldstr       "a kleiner b"
    call        void [mscorlib]System.Console::WriteLine(string)

    // springe zur Marke Ende
    br.s        Ende

    // Sprungmarke gleich
    gleich:
    ldarg.1 // a
    ldarg.2 // b

    // springe zur Marke groesser, wenn a != b
    bne.un.s    groesser

    // Ausgabe a gleich b
```

```
    ldstr      "a gleich b"
    call       void [mscorlib]System.Console::WriteLine(string)

    // springe zur Marke Ende
    br.s       Ende

    // Sprungmarke groesser
  groesser:
    // Ausgabe a größer b
    ldstr      bytearray (61 00 20 00 67 00 72 00 F6 00 DF 00 65 00
                          72 00 20 00 62 00 ) // a größer b
    call       void [mscorlib]System.Console::WriteLine(string)

    // Sprungmarke Ende
  Ende:

    // Return
    ret
  }

  // Methode Main mit Stringarray für Kommandozeilen-Argumente
  .method private hidebysig static void  Main(string[] p) cil managed
  {
    // Einstiegsmethode des Programms
    .entrypoint

    // p[0] wird abgefragt und in System.Int32 umgewandelt
    ldarg.0
    ldc.i4.0
    ldelem.ref
    call       int32 [mscorlib]System.Int32::Parse(string)

    // p[1] wird abgefragt und in System.Int32 umgewandelt
    ldarg.0
    ldc.i4.1
    ldelem.ref
    call       int32 [mscorlib]System.Int32::Parse(string)

    // Instanz der Klasse test mit Übergabe der
    // Argumente an den Konstruktor
    newobj     instance void test::.ctor(int32, int32)
    // Die Instanz der Klasse test wird vom Stack entfernt
    pop

    // Return
    ret
  }
}
```

Ausgabe: a kleiner b, a gleich b oder a größer b

Beispiel 1.4_9 erläutert Ausnahmebehandlungen mit `.try`, `catch` und `finally`. Wenn in einem `.try` Block eine Ausnahme (Exception) auftritt, so wird der `catch` Block ausgeführt. Andernfalls springt `leave` oder `leave.s` zu der angegebenen Sprungmarke. Diese Operationen sorgen dafür, dass der `finally` Block, falls vorhanden, immer ausgeführt wird. Sie können daher nicht durch `br` oder `br.s` ersetzt werden.

Die Struktur der `.try` - `catch` Folge:

```
.try
{
  . . .

  leave.s    Ende_try_catch
}
catch [mscorlib]System.Exception
{
  . . .

  leave.s    Ende_try_catch
}
Ende_try_catch:
```

Ein `finally` Block kann nicht, wie in einigen Hochsprachen, direkt dem `catch` Block folgen. Die `.try` - `catch` - `finally` Folge erfordert das Zusammenwirken einer äußeren `.try` - `finally` und einer inneren `.try` - `catch` Folge.

Die Struktur der `.try` - `catch` - `finally` Folge:

```
.try
{
  .try
  {
    . . .

    leave.s    Ende_try_catch
  }
  catch [mscorlib]System.Exception
  {
    . . .

    leave.s    Ende_try_catch
  }
  Ende_try_catch:
  leave.s    Ende
}
```

```
finally
{
  . . .
  endfinally
}
```

Ende:

Beispiel 1.4_9 erwartet eine Integerzahl als Kommandozeilen-Argument. Ist das Argument gleich 0, so wird die Ausnahmebehandlung wegen einer Division durch 0 durchgeführt.

```
// 1.4_9.IL

// Für die Lauffähigkeit erforderliche Bibliothek
.assembly extern mscorlib
{
  .publickeytoken = (B7 7A 5C 56 19 34 E0 89 )
  .ver 1:0:5000:0
}
// Dieses Programm
.assembly '1.4_9'
{
  .ver 1:0:0:0
}
// Klasse test
.class private auto ansi beforefieldinit test
  extends [mscorlib]System.Object
{
  .method public hidebysig specialname rtspecialname
          instance void   .ctor(int32 b) cil managed
  {
    ldarg.0
    call          instance void [mscorlib]System.Object::.ctor()

    // lokale Variablen
    // V_0 und V_1 sind vom Typ int32
    // V_2 ist vom Typ System.Exception
    .locals init (int32 V_0. int32 V_1.
          class [mscorlib]System.Exception V_2)

    ldc.i4.s   10
    stloc.0 // V_0 = 10

    .try
    {
      .try
      {
        ldloc.0 // V_0
        ldarg.1 // b
```

```
    div     // V_0 / b
    stloc.1 // V_1 = V_0 / b

    // arbeite Im Fall einer Exception den catch Block ab
    // springe andernfalls zur Marke Ende_try_catch
    leave.s    Ende_try_catch
  }
  catch [mscorlib]System.Exception
  {
    // speichere die Exception in V_2
    stloc.2
    // lade V_2 auf den Stack
    ldloc.2
    // frage den Message-String der Exception ab
    callvirt   instance string [mscorlib]System.Exception::get_Message()
    // Ausgabe: Message-String
    call       void [mscorlib]System.Console::WriteLine(string)

    // springe zur Marke Ende_try_catch
    leave.s    Ende_try_catch
  }
  // Sprungmarke Ende_try_catch
  Ende_try_catch:

    // führe den finally Block aus und springe
    // von endfinally zur Marke Ende
    leave.s    Ende
  }
  finally
  {
    // Der finally Block wird immer ausgeführt
    // Dieser String wird immer ausgegeben
    ldstr      "Ende des Programms"
    call       void [mscorlib]System.Console::WriteLine(string)
    endfinally
  }
  // Dieser String wird nie ausgegeben
  ldstr      "erscheint nicht"
    call       void [mscorlib]System.Console::WriteLine(string)

  // Sprungmarke Ende und Return
  Ende: ret
}

.method private hidebysig static void  Main(string[] p) cil managed
{
  // Einstiegsmethode des Programms
  .entrypoint

  // p[0] wird abgefragt und in System.Int32 umgewandelt
  ldarg.0
```

```
ldc.i4.0
ldelem.ref
call        int32 [mscorlib]System.Int32::Parse(string)

// Instanz der Klasse test mit Übergabe des
// Arguments an den Konstruktor
newobj      instance void test::.ctor(int32)

// Die Instanz der Klasse test wird vom Stack entfernt
pop
// Return
ret
  }
}
```

Start: 1.4_9 0

Ausgabe:

```
Es wurde versucht, durch null zu teilen.
Ende des Programms
```

Start: 1.4_9 25

Ausgabe: `Ende des Programms`

Beispiel 1.4_10 ist eine Windows-Anwendung. Die Klasse `win` ist von der Klasse `System.Windows.Forms.Form` abgeleitet. Im Konstruktor der Klasse `win` werden die Membervariablen x und y mit x = 90 und y = 40 initialisiert. Anschließend wird der Titel, `Beispiel 1.4_10`, des Fensters gesetzt. Der Klientbereich des Fensters wird auf 200 zu 100 Pixel festgelegt. Der Hintergrund wird weiß eingefärbt, und das Fenster wird mit dem Icon `Application` versehen. Die Klasse `Form` vererbt der Klasse `win` Methoden, mit deren Hilfe die aufgezählten Einstellungen rationell zu erreichen sind. Windows-Anwendungen werden durch Ereignisse gesteuert. Die Ereignisbehandlungsroutinen (Eventhandler) `OnPaint` und `OnMouseMove` wirken zusammen. Dadurch heftet sich der Kreis, siehe Abbildung 1_3, an den Mauspfeil.

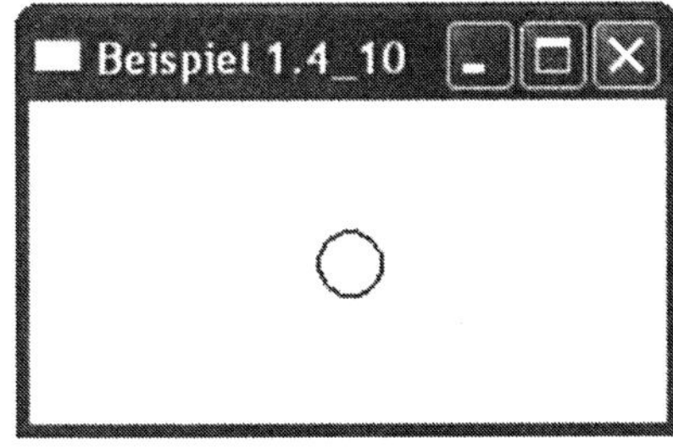

Abbildung 1_3: Windows-Anwendung mit CIL erstellt

```
// 1.4_10.IL

// Für die Lauffähigkeit erforderliche Bibliotheken
.assembly extern System.Windows.Forms
{
  .publickeytoken = (B7 7A 5C 56 19 34 E0 89 )
  .ver 1:0:5000:0
}
.assembly extern System.Drawing
{
  .publickeytoken = (B0 3F 5F 7F 11 D5 0A 3A )
  .ver 1:0:5000:0
}
.assembly extern mscorlib
{
  .publickeytoken = (B7 7A 5C 56 19 34 E0 89 )
  .ver 1:0:5000:0
}
// Dieses Programm
.assembly '1.4_10'
{
  // Version 1:0:0:0
  .ver 1:0:0:0
}
// Windowsanwendung
.subsystem 2

// Konsolenanwendung
// .subsystem 3

// Die Klasse win ist von der Klasse Form abgeleitet.
.class public auto ansi beforefieldinit win
  extends [System.Windows.Forms]System.Windows.Forms.Form
{
  // Vereinbarung der Membervariablen x und y
  .field private int32 x
  .field private int32 y

  // Der Konstruktor der Klasse win
  .method public hidebysig specialname rtspecialname
       instance void   .ctor() cil managed
  {
    ldarg.0
    ldc.i4    90
    stfld       int32 win::x    // x = 90

    ldarg.0
    ldc.i4    40
    stfld       int32 win::y    // y = 40

    // Der Konstruktor der Klasse Form wird aufgerufen.
```

```
  ldarg.0
  call instance void [System.Windows.Forms]
    System.Windows.Forms.Form::.ctor()

  // Der Titel des Fensters wird gesetzt.
  ldarg.0
  ldstr      "Beispiel 1.4_10"
  callvirt instance void [System.Windows.Forms]
    System.Windows.Forms.Control::set_Text(string)

  ldarg.0
  ldc.i4     200
  ldc.i4     100
  // Eine Instanz der Klasse Size wird gebildet.
  newobj instance void [System.Drawing]
    System.Drawing.Size::.ctor(int32, int32)

  // Der Klientbereich des Fensters wird auf
  // 200, 100 gesetzt.
  call instance void [System.Windows.Forms]
    System.Windows.Forms.Control::set_ClientSize(
      valuetype [System.Drawing]System.Drawing.Size)

  // Die Hintergrundfarbe Weiß wird gesetzt.
  ldarg.0
  call valuetype [System.Drawing]System.Drawing.Color
    [System.Drawing]System.Drawing.Color::get_White()
  callvirt instance void [System.Windows.Forms]
    System.Windows.Forms.Control::set_BackColor(
      valuetype [System.Drawing]System.Drawing.Color)

  // Das Icon "Application" erscheint links oben im Fenster.
  ldarg.0
  call class [System.Drawing]System.Drawing.Icon
    [System.Drawing]System.Drawing.SystemIcons::get_Application()
  call instance void [System.Windows.Forms]
    System.Windows.Forms.Form::set_Icon(
      class [System.Drawing]System.Drawing.Icon)

  // Return
  ret
}


// Die Methode OnPaint
.method family hidebysig virtual instance
  void OnPaint(class [System.Windows.Forms]
  System.Windows.Forms.PaintEventArgs e) cil managed
{
  // Der Parameter e vom Typ PaintEventArgs
  // wird auf den Stack geschoben.
```

```
ldarg.1
// get_Graphics wird mit dem Parameter e aufgerufen
callvirt instance class [System.Drawing]
   System.Drawing.Graphics [System.Windows.Forms]
   System.Windows.Forms.PaintEventArgs::get_Graphics()
// Der Rückgabewert vom Typ Graphics ist auf dem Stack

// schwarzer Stift
call class [System.Drawing]System.Drawing.Pen
   [System.Drawing]System.Drawing.Pens::get_Black()

// DrawEllipse wird mit den Parametern
// schwarzer Stift, x, y, 20, 20 aufgerufen.
ldarg.0
ldfld       int32 win::x
ldarg.0
ldfld       int32 win::y
ldc.i4.s    20
ldc.i4.s    20
callvirt    instance void [System.Drawing]
   System.Drawing.Graphics::DrawEllipse(class [System.Drawing]
   System.Drawing.Pen, int32, int32, int32, int32)

// Return
ret
}

// Die Methode OnMouseMove
.method family hidebysig virtual instance
   void OnMouseMove(class [System.Windows.Forms]
   System.Windows.Forms.MouseEventArgs e) cil managed
{
  ldarg.0
  // Der Parameter e vom Typ MouseEventArgs
  // wird auf den Stack geschoben.
  ldarg.1
  // get_X wird aufgerufen
  callvirt instance int32 [System.Windows.Forms]
     System.Windows.Forms.MouseEventArgs::get_X()
  ldc.i4.s    10
  sub
  stfld       int32 win::x    // x = get_X() - 10

  ldarg.0
  // Der Parameter e vom Typ MouseEventArgs
  // wird auf den Stack geschoben.
  ldarg.1
  // get_Y wird aufgerufen
  callvirt instance int32 [System.Windows.Forms]
     System.Windows.Forms.MouseEventArgs::get_Y()
  ldc.i4.s    10
```

```
    sub
    stfld     int32 win::y   // y = get_Y() - 10

    // Invalidate löst ein Paint-Ereignis aus.
    // Dadurch wird OnPaint aufgerufen.
    ldarg.0
    call instance void [System.Windows.Forms]
      System.Windows.Forms.Control::Invalidate()

    // Return
    ret
  }
}

.method public hidebysig static void  Main() cil managed
{
  // Einstiegsmethode des Programms
  .entrypoint

  // Die Zahl der Stackeinheiten wird beim
  // Kompilieren automatisch ermittelt.
  //.maxstack  8

  // Eine Instanz der Klasse win wird
  // auf den Stack geschoben
  newobj instance void win::.ctor()

  // Die Methode Run der Klasse Application wird aufgerufen.
  // Damit startet die Windowsanwendung
  call void [System.Windows.Forms]
    System.Windows.Forms.Application::Run(
      class [System.Windows.Forms]System.Windows.Forms.Form)

  // Return
  ret
}
```

Die Eventhandler `OnPaint` und `OnMouseMove` sind virtuelle Methoden der Klasse `Form`, die in diesem Programm überschrieben werden. Die Argumente vom Typ `PaintEventArgs` und `MouseEventArgs` sind Strukturen. Die Struktur `PaintEventArgs` enthält unter anderem eine Instanz der Klasse `Graphics`, die mit `get_Graphics` abgefragt wird. In der Klasse `Graphics` gibt es die Methode `DrawEllipse`, die benutzt wird, den Kreis zu zeichnen. Der Bezugspunkt der Ellipse ist die linke obere Ecke des umhüllenden Rechtecks. Der Kreis mit dem Radius 10 Pixel ist eine Ellipse mit gleichen Hauptachsen der Länge 20 Pixel. Beim Aufruf von `DrawEllipse` werden der zuvor generierte Stift (Pen), die Koordinaten des Bezugspunktes und die Längen der Hauptachsen übergeben. Zusammengefasst zeichnet `OnPaint` lediglich bei jedem Aufruf den Kreis neu. Nun heftet sich der Kreis, sobald der Mauszeiger im

Klientbereich des Fensters ist, an dessen Spitze, und er bewegt sich mit, sobald die Maus bewegt wird. Die Verantwortung für diesen Vorgang liegt bei der Methode `OnMouseMove`, die der Struktur `MouseEventArgs` mit `get_X` und `get_Y` die Mauskoordinaten entnimmt. Da der Bezugspunkt des Kreises nicht im Zentrum liegt, werden die Koordinaten durch `x = get_X() - 10` und `y = get_Y() - 10` korrigiert. `OnMouseMove` wird aufgerufen, sobald ein `MouseMove` Ereignis auftritt. Am Ende der Methode `OnMouseMove` wird `Invalidate` aufgerufen. Dadurch wird ein Paint Ereignis ausgelöst, das den Aufruf von `OnPaint` veranlasst. Der Klientbereich des Fensters wird daher bei jeder Bewegung der Maus neu gezeichnet.

Wer beim Lesen der obigen Beschreibung nicht den Faden verlieren möchte, muss sich schon konzentrieren. Das zeigt, wie komplex die Vorgänge in diesem kurzen und kompakten Programm sind. Die wenigen Programmzeilen des Beispiel 1.4_10 vermitteln einen nachhaltigen Eindruck von der Leistungsfähigkeit der CIL.

1.5 Was ist erreicht, und was ist von den anschließenden Kapiteln zu erwarten?

Die .NET Plattform lässt sich mit einem Behälter vergleichen, der zunächst noch geschlossen ist. Kapitel 1 berichtet über den Inhalt des noch geschlossenen Behälters. Die ersten drei Abschnitte vergleichen .NET mit Java und C++, berichten von der Standardisierung und den daran beteiligten Firmen und Organisationen, nennen Initiativen und Projekte und geben Hinweise auf zusätzliche Informationsquellen. Dadurch wird schon ein recht klares Bild von der Position und den Zielen der .NET Plattform gezeichnet. Im Abschnitt 1.4 wird der Behälter, nach der Erläuterung grundlegender Begriffe, geöffnet. Dabei steht die Beschreibung der Standardisierung im Vordergrund. Das Common Type System, die Common Intermediate Language und die CLS Frameworks bilden die Basis der .NET Sprachen und der .NET Klassenbibliothek. In den anschließenden Kapiteln werden weitere Bereiche des Behälters detaillierter durchleuchtet, wobei nicht der zu Grunde liegende Standard sondern die Implementierung, das Microsoft .NET Framework, im Vordergrund steht. Am Ende des Buches werden Hinweise zu neuen .NET Versionen, zum SQL-Server Yukon und zum neuen Windows-Betriebssystem Longhorn gegeben.

Die .NET Sprachen - Vielfalt auf gemeinsamer Basis nutzen

In diesem Kapitel geht es um die .NET Hochsprachen, die auf der CIL aufsetzen. Die Sprachen C#, Visual Basic .NET, J#, JScript .NET und C++ .NET werden vorgestellt. Das Charakteristische jeder Sprache wird herausgearbeitet.

2.1 C# - Das Flaggschiff der .NET Sprachen

2.1.1 C# ist die erste komponentenorientierte Sprache in der C/C++ Familie

Anders Hejlsberg, der an der Technischen Universität von Dänemark Engineering studierte, war 13 Jahre lang Chefentwickler bei Borland. Er entwickelte Turbo Pascal und leitete die Entwicklung von Delphi. Seit seinem Wechsel zu Microsoft im Jahr 1996 ist er maßgeblich an der Entwicklung des .NET Frameworks, insbesondere COM+ [1] und C# [6], beteiligt.

Der Titel dieses Abschnitts ist die Übersetzung eines Satzes von Anders Hejlsberg, dessen Präsentation "Introduction to C#" im PDF-Format und im Powerpoint-Format unter

```
http://www.ecma-international.org/activities/Languages/Introduction to Csharp.pdf
http://www.ecma-international.org/activities/Languages/Introduction to Csharp.ppt
```

zum Download zur Verfügung steht. Hejlsberg fasst die wesentlichen Merkmale, die C# zu einer komponentenorientierten Sprache machen, folgendermaßen zusammen:

- Properties, methods, events
- Design-time and run-time attributes
- Integrated documentation using XML
- No header files, IDL, etc.
- Can be embedded in web pages

Die oben genannten Begriffe werden im weiteren Verlauf des Kapitels erläutert. Über Eigenschaften (properties) und Methoden (methods) wird im Abschnitt 2.1.5 im Zusammenhang mit Klassen, Schnittstellen, Strukturen und Enumerationen berichtet. Ereignisse (events) und Delegates werden im Abschnitt 2.1.6 erläutert. Der Abschnitt 2.1.8 behandelt Attribute und den Zugriff auf Attribute zur Laufzeit mit Reflection. Anhand der Beispiele in diesem und weiteren Kapiteln wird deutlich, dass C# ohne Header-Dateien und IDL (Interface Definition Language) auskommt. Die integrierte Dokumentation wird im Abschnitt 2.1.9 behandelt.

2.1.2   Operatoren, Datentypen und Literale

Operatoren

```
Arithmetische Operatoren: +   -   *   /   %
Inkrement und Dekrement: ++   --
Bitweise und logische Operatoren: &   |   ^   !   ~   &&   ||
Bitverschiebung: <<   >>
Verketten von Zeichenfolgen: +
Vergleichsoperatoren: ==   !=   <   >   <=   >=
Zuweisungsoperatoren: =   +=   -=   *=   /=   %=   &=   |=   ^=   <<=   >>=
Memberzugriff: .   z. B.: System.Console.WriteLine();
Indizierung: [ ]   z. B.: p[i]
Typkonvertierung: ( )   z. B.: (int) (long) (double)
Bedingung: ?:   z. B.: int a= 5<2 ? 5 : 2;
Delegates verketten und entfernen: +   -
Instanziierungsoperator: new
Typinformationen: as   is   sizeof   typeof
Überlaufausnahmesteuerung: checked   unchecked
Dereferenzierung und Adresse: *   ->   []   &
```

Die Auswahl der Operatoren entspricht überwiegend der Auswahl, die von C, C++ und davon abgeleiteten Sprachen bekannt ist. Doch Gleiches ist nicht immer gleich. Während C normalerweise keine Typprüfungen durchführt, unterwirft C# [4] den Gebrauch von Operatoren wesentlich strengeren Regeln. Es werden, ganz im Sinne einer besseren Programmiersicherheit, umfangreiche Typprüfungen durchgeführt. Implizite Typkonvertierungen werden nur in begründeten Fällen akzeptiert. So kann z. B. implizit von `int` nach `long` konvertiert werden.

Es gibt darüber hinaus weitere wesentliche Unterschiede zu C und C++. Der `new` Operator erzeugt verwaltete, durch die .NET CLR gemanagte Objekte. Nicht oder nicht mehr referenzierte Objekte werden bei der nächsten Garbage Collection automatisch aus dem Speicher entfernt. Es gibt daher auch keinen `delete` Operator, und Destruktoren haben bei C# eine ganz andere Bedeutung als bei C und C++. Trotzdem ist es möglich, Objekte gezielt aus dem Speicher zu entfernen, indem man allen auf diese Objekte verweisenden Variablen den Wert null zuweist und anschließend die Garbage Collection aufruft. Im Gegensatz zum C++ Programmierer ist dem Java Programmierer das alles nicht fremd. In jedem Fall ist diese Art der Objektverwaltung bequem und sicher. Die von C++ bekannten Speicherlecks gehören bei gemanagtem Code der Vergangenheit an.

Bei allen Zugriffen auf Namensräume, auf Objekte in Namensräumen und auf Mitglieder von Objekten wird einheitlich der Punkt als Operator verwendet. Die Dereferenzierungsoperatoren * und -> und der Adressoperator & können nur unter den im Abschnitt 2.1.7 erläuterten Voraussetzungen verwendet werden.

Datentypen

class/struct	integrierter C# Datentyp	
Byte	byte	8-bit ganze Zahl ohne Vorzeichen
SByte	sbyte	8-bit ganze Zahl mit Vorzeichen
Int16	short	16-bit ganze Zahl mit Vorzeichen
Int32	int	32-bit ganze Zahl mit Vorzeichen
Int64	long	64-bit ganze Zahl mit Vorzeichen
UInt16	ushort	16-bit ganze Zahl ohne Vorzeichen
UInt32	uint	32-bit ganze Zahl ohne Vorzeichen
UInt64	ulong	64-bit ganze Zahl ohne Vorzeichen
Single	float	32-bit Gleitkommazahl
Double	double	64-bit Gleitkommazahl
Boolean	bool	logisch. true (richtig). false (falsch)
Char	char	16-bit Unicode Schriftzeichen
Decimal	decimal	96-bit Dezimalzahl
IntPtr		ganze Zahl mit Vorzeichen
UIntPtr		ganze Zahl ohne Vorzeichen
String	string	Zeichenkette
Object	object	Die Wurzel der Objekthierarchie

Hinter allen integrierten Datentypen stehen im Namensraum System definierte Objekte. String und Object sind als class vereinbart. Alle anderen Typen sind als struct vereinbart. Es kann sowohl der Objektname als auch der C# Datentyp verwendet werden. Zu den Strukturen IntPtr und UIntPtr gibt es keine korrespondierenden integrierten Datentypen. Auf die spezielle Bedeutung der Klasse Object bzw. des Datentyps object wird am Ende dieses Abschnitts eingegangen.

Literale

Zeichen-Literale werden in Apostroph eingeschlossen. So bezeichnet 'a' den Buchstaben a. Der Wert dieses Literals ist vom Typ char. Daneben gibt es eine ganze Reihe von Zeichen mit besonderer Bedeutung. Diese Literale sind durch einen Rückstrich gekennzeichnet. Sie können als einzelne Zeichen oder als Teil von Zeichenketten verwendet werden.

Zeichenketten-Literale (String-Literale) werden in Anführungszeichen eingeschlossen. Das Stringliteral `"Jetzt folgt ein\nZeilenwechsel"` enthält das Steuerzeichen \n, das einen Zeilenvorschub repräsentiert.

Literale mit \

```
\a      Alarm, Signalton
\t      Tabulator
\v      vertikaler Tabulator
\b      Rückschritt
\r      Wagenrücklauf
\n      neue Zeile
\f      Seitenvorschub
\x      Hexadezimalzahl z. B.: \x0A entspricht der dezimalen 10
\0      Null
\       Steht hinter dem Rückstrich ein Zeichen, das keine spezielle
        Bedeutung im Zusammenhang mit dem Rückstrich hat, so wird dieses
        Zeichen ausgegeben und nicht als Steuerzeichen interpretiert.
\"      gibt " aus
\'      gibt ' aus
\\      gibt \ aus
```

In C# gibt es zwei Typen von Stringliteralen. Der erste Typ kann, wie oben zu sehen ist, Steuerzeichen enthalten. Der zweite Typ wird Verbatim-String genannt. Alle darin enthaltenen Zeichen werden buchstabengetreu interpretiert. Der \ wird nicht als Escape-Zeichen erkannt. Ein Verbatim-String ist durch @ vor dem führenden Anführungszeichen gekennzeichnet. Das Stringliteral `@"Jetzt folgt kein\nZeilenwechsel"` enthält die Zeichen \n, die als zwei einzelne Zeichen und nicht als Zeilenvorschub interpretiert werden.

Boolean-Literale

```
true    wahr, richtig
false   nicht wahr, falsch
```

Numerische Literale

```
125       ganze Zahl 8, 16 oder 32 bit (sbyte, short, int)
3465L     ganze Zahl 64 bit (long)
125U      vorzeichenlose ganze Zahl 8, 16 oder 32 bit
          (byte, ushort, uint)
3465UL    vorzeichenlose ganze Zahl 64 bit (ulong)
15.33F    Gleitkommazahl 32 bit (float)
346.38    Gleitkommazahl 64 bit (double)
```

```
346.38D     Gleitkommazahl 64 bit (double)
1.234M      Dezimalzahl 96 bit (decimal)
```

Mathematische Funktionen und Konstanten sind in der Klasse `System.Math` enthalten. Sie sind Bestandteil der Klassenbibliothek und stehen daher allen .NET Sprachen gleichermaßen zur Verfügung.

Mathematische Funktionen

Abs	Absolutwert. Abs(a) entspricht a = a wenn a >=0 und a = -a wenn a < 0
Sqrt	Quadratwurzel
Pow	Pow(x.y) entspricht x^y
Exp	Exp(x) entspricht e^x. wobei e die Basis der natürlichen Logarithmen ist
Log	natürlicher Logarithmus. Logarithmus zur Basis e
Log10	Logarithmus zur Basis 10
Sin	Sinus
Asin	Arcussinus
Sinh	Sinushyperbolicus
Cos	Cosinus
Acos	Arcuscosinus
Cosh	Cosinushyperbolicus
Tan	Tangens
Atan	Arcustangens
Tanh	Tangenshyperbolicus
Round	Runden. die Ziffern 1 bis 4 werden abgerundet. darüber wird aufgerundet
Ceiling	Aufrunden
Floor	Abrunden
Max	Max(a.b) ist der größere der Werte a und b
Min	Min(a.b) ist der kleinere der Werte a und b
Sign	Vorzeichen. Sign(a) ist 1 wenn a >= 0 und -1 wenn a < 0

Mathematische Konstanten

E	e. die Basis der natürlichen Logarithmen. 2.71828
PI	π.das Verhältnis von Umfang zu Durchmesser beim Kreis. 3.14159265

Die Umwandlung eines Typs in einen String und umgekehrt ist kulturabhängig. Die Klasse `System.Globalization.CultureInfo` kann auf unterschiedliche Kulturkreise eingestellt werden. Das `CultureInfo` kann bei verschiedenen Typen, bei der Umwandlung von Typen in Strings und bei der Ein- und Ausgabe verwendet werden.

Einige Beispiele aus der großen Zahl von Kulturkreisen

```
de-DE     Deutsch-Deutschland
de-CH     Deutsch-Schweiz
en-GB     Englisch-Großbritannien
en-US     Englisch-USA
```

Numerische Literale werden im Programmquelltext immer mit Dezimalpunkt geschrieben. z. B.: d = 6.421;

Anders ist es mit der Darstellung als String. Die Programmzeile

```
CultureInfo kult = new CultureInfo("en-US");
```

definiert ein `CultureInfo` für Englisch-USA. Die Programmzeilen

```
d = Double.Parse("6.421", kult);
```

und

```
d = Double.Parse("6,421");
```

weisen der Variablen d den gleichen Wert zu. Die erste Anweisung benutzt das `CultureInfo` `kult` mit dem Kulturkreis `en-US`. Demzufolge muss der String "6.421" mit Dezimalpunkt geschrieben werden. Die zweite Anweisung benutzt automatisch das voreingestellte `CultureInfo` mit dem Kulturkreis `de-DE`. Demzufolge muss der String "6.421" mit Dezimalkomma geschrieben werden.

Typumwandlung

C# kennt die implizite und die explizite Typumwandlung bzw. Konvertierung.

Implizite Konvertierung

Implizite numerische Konvertierungen setzen voraus, dass der umzuwandelnde Typ vom umgewandelten Typ vollständig dargestellt werden kann. Ganzzahltypen können in längere Ganzzahltypen und auch in `float`, `double` oder `decimal` konvertiert werden. Es kann z. B. `uint` in `long` konvertiert werden. Es kann aber nicht `ulong` in `long` konvertiert werden, und vorzeichenbehaftete Typen können generell nicht implizit in `unsigned` Typen umgewandelt werden.

Explizite Konvertierung

Konvertierungen, die implizit ausgeführt werden können, dürfen auch explizit ausgeführt werden. Zu den expliziten Konvertierungen zählen das Typecasting, das gleich im Anschluß erläutert wird, die oben beschriebene Umwandlung von Strings in numerische oder andere Typen mit `Parse` und weiteren Methoden und das Boxing und Unboxing.

Typecasting

Beim Typecasting wird, abgesehen vom Verlängern oder Verkürzen, nicht die Codierung des umgewandelten Wertes geändert. Die Konvertierung

```
short s = -1;
ushort u = (ushort)s;
```

hat zur Folge, dass u anders interpretiert wird als s. Bedenkt man, dass das Bit mit der höchsten Wertigkeit der unsigned Darstellung in der signed Darstellung als Vorzeichenbit interpretiert wird, so erkennt man, dass dem short Wert -1 der ushort Wert 65535 entspricht. Die oben dargestellte Konvertierung und die jetzt folgende unchecked Konvertierung lösen keine Ausnahme aus.

```
short s = -1;
ushort v = unchecked((ushort)s);
```

Die checked Konvertierung löst eine OverflowException aus.

```
short s = -1;
ushort w = checked((ushort)s);
```

Boxing und Unboxing

Boxing und Unboxing stellen eine Verbindung zwischen Werttypen und Referenztypen her. Die Zuweisung box = i, bei der box vom Typ object und i vom Typ int ist, nennt man Boxing. Einer Variablen von einem Referenztyp wird eine Variable von einem Werttyp zugewiesen. Das Boxing wird bei C# implizit ausgeführt. Das Unboxing j = (int)box erfordert eine explizite Typkonvertierung.

```
// 2.1_1.cs

using System;

class Haupt
{
  public static void Main( )
  {
    int i, j;
    i = 95;

    // Boxing
    object box = i;
```

```
    // Unboxing
    j = (int)box;

    Console.WriteLine(j);
  }
}
```

2.1.3   Kontrollstrukturen

if und else

Es gibt die einfache if-Anweisung und die vollständige Alternative mit `if` und `else`.

```
if ( Bedingung ) Anweisung; else Anweisung;
```

oder

```
if ( Bedingung ) { Block } else { Block }
```

switch

Mit `switch` kann mehrfach verzweigt werden. Mit `break` wird der switch-Block verlassen. Wird keine Übereinstimmung gefunden, so werden die Anweisungen hinter `default` ausgeführt.

```
switch( Ausdruck ){
  case Ausdruck:
    Anweisungen . . .
    break;

  case Ausdruck:
    Anweisungen . . .
    break;

  default:
    Anweisungen . . .
    break;
}
```

Der Bedingungsoperator ?

```
( Bedingung ) ? Ausdruck : Ausdruck
```

Wenn die Bedingung `true` ist, wird der erste Ausdruck verwendet, andernfalls der zweite.

goto

Die goto-Anweisung führt einen unbedingten Sprung zu einer Sprungmarke aus. Die Sprungmarke ist durch einen Doppelpunkt gekennzeichnet.

```
Marke:

. . .

goto Marke;
```

for-Schleife

```
for( Initialisierung ; Bedingung ; Aktualisierung ) Anweisung;
```
oder
```
for( Initialisierung ; Bedingung ; Aktualisierung ) { Block }
```

while-Schleife

```
while( Bedingung ) Anweisung;
```
oder
```
while( Bedingung ) { Block }
```

do-while-Schleife

```
do Anweisung; while( Bedingung );
```
oder
```
do { Block } while( Bedingung );
```

foreach-Schleife

```
foreach( Typ Variable in Array ) Anweisung;
```
oder
```
foreach( Typ Variable in Array ) { Block }
```

Die foreach-Schleife durchläuft den gesamten Array. Der Typ der Variablen muss mit dem des Arrays übereinstimmen. Der Variablen werden die Werte der Arraykomponenten zugewiesen.

Zur Beeinflussung des Ablaufs von Schleifen können `break` und `continue` verwendet werden.

Ausnahmebehandlung

Die Ausnahmebehandlung wird von der Klasse `System.Exception` und von davon abgeleiteten Klassen unterstützt. Wegen der großen Zahl von Exceptions wird hier nur eine kleine Auswahl vorgestellt.

```
System.NullReferenceException
fehlende Initialisierung mit new

System.DivideByZeroException
Division durch Null

System.OverflowException
Überschreitung des Wertebereichs einer arithmetischen Operation

System.IO.IOException
Fehler bei der Ein- Ausgabe
```

Mit try-catch-Blöcken können Exceptions abgefangen und Ausnahmebehandlungen durchgeführt werden.

```
try{ . . .}
catch(Exception e){ . . . }
finally{ . . . }
```

Der catch-Block wird nur dann ausgeführt, wenn eine Exception auftritt, die er abfangen kann. Der finally-Block wird dagegen immer ausgeführt. Mit `throw` können eigene Exceptions erzeugt oder Exceptions weitergeleitet werden.

2.1.4 Datenstrukturen

Der Programmierer kann mit Klassen, Strukturen und Enumerationen selbst kreierte Datenstrukturen realisieren. Daneben werden durch C# und durch die Klassenbibliothek zahlreiche Datenstrukturen zur Verfügung gestellt.

Strings

Auf den Datentyp `string` können alle Eigenschaften und Methoden der Klasse `System.String` angewendet werden. In diesem Fall findet ein implizites Boxing statt. Beispiel 2.1_2 benutzt den Datentyp `string` und den Stringarray `string[]`. Die Eigenschaft `Length` gibt die Anzahl der Zeichen eines Strings oder auch die Anzahl der Elemente eines Arrays zurück. Die Methode `Split` teilt einen String an einem Zeichen und gibt einen Stringarray zurück.

```
// 2.1_2.cs

using System;

class Haupt
{
  static void Main( )
  {
    string s = "Artikel:Lüfter&Spannung:12V&Preis:24,--";
    string[] spl  = s.Split('&');
    string[] key  = new string[spl.Length];
    string[] wert = new string[spl.Length];
    string[] h;
    int i;

    for(i=0; i<spl.Length; i++)
    {
      h = spl[i].Split(':');
      key[i]  = h[0];
      wert[i] = h[1];
    }

    for(i=0; i<spl.Length; i++)
    {
      if(i>0)Console.WriteLine( );
      Console.WriteLine("Schlüssel {0} = {1}", i, key[i]);
      Console.WriteLine("Wert {0}      = {1}", i, wert[i]);
    }
  }
}

Ausgabe:

Schlüssel 0 = Artikel
Wert 0      = Lüfter

Schlüssel 1 = Spannung
Wert 1      = 12V

Schlüssel 2 = Preis
Wert 2      = 24,--
```

Arrays

Ein Array speichert einen oder mehrere Werte gleichen Datentyps. Der in eckigen Klammern stehende Index beginnt bei 0. Der höchste Index ist daher um 1 kleiner als die Länge des Arrays. Zur vollständigen Definition eines Arrays gehört einerseits die Vereinbarung der Arrayvariablen und andererseits die Instanziierung des Arrays.

Eindimensionale Arrays

Der Integerarray a wird mit

```
int[] a;
```

vereinbart. Die Anweisung

```
a = new int[3];
```

bildet eine Instanz des Arrays a mit 3 Elementen von 0 bis 2. Jetzt kann z. B. mit

```
a[0] = 25;
```

auf den Array zugegriffen werden. Vereinbarung und Instanziierung des Arrays dürfen in einer Zeile geschrieben werden.

```
object[] o = new object[n];
```

Arrays können bei der Instanziierung initialisiert werden.

```
string[] lauferk = new string[]{@"A:\", @"C:\", @"D:\", @"E:\"};
```

Mehrdimensionale Arrays

Bei mehrdimensionalen Arrays werden die Indizes durch Kommata getrennt. Ein mehrdimensionaler Array kann bei der Instanziierung initialisiert werden.

```
int[,] a = new int[2,3] {{1, 2, 3}, {4, 5, 6}};
```

Auch beim Zugriff auf einen mehrdimensionalen Array werden die Indizes durch Kommata getrennt.

```
int i = a[1,2];
```

Ungleichförmige Arrays

Ein ungleichförmiger Array ist ein Array von Arrays. Da die Elemente eines ungleichförmigen Arrays ebenfalls Arrays sind, müssen auch die Elemente instanziiert werden.

```
double[][] a = new double[3][];
a[0] = new double[3] {0.0, 0.1, 0.2};
a[1] = new double[2] {1.0, 1.1};
a[2] = new double[4] {2.0, 2.1, 2.2, 2.3};
```

Die Elemente können bei der Instanziierung initialisiert werden. Auf den so definierten ungleichförmigen Array wird mit

```
double b = a[i][j];
```

zugegriffen.

Kollektionen

Kollektionen können mithilfe von Klassen und Strukturen formuliert werden. Kollektionen werden aber auch von der Klassenbibliothek zur Verfügung gestellt. Der Namensraum `System.Collections` enthält unter anderem die Klassen `ArrayList`, `BitArray`, `Queue`, `SortedList` und `Stack`, und der Namensraum `System.Collections.Specialized` enthält unter anderem die Klassen `HybridDictionary`, `ListDictionary`, `StringDictionary` und `StringCollection`.

2.1.5 Klassen, Schnittstellen, Strukturen und Enumerationen

Klassen sind Verweistypen (Referenztypen), die `public` oder `internal` vereinbart werden können. Die `internal` Vereinbarung entspricht der `private` Vereinbarung der CIL (Assembly intern sichtbar). Klassen können geschachtelt (`nested`) werden. Bei einer Schachtelung gelten für die inneren Klassen erweiterte Zugriffsregeln mit fünf Zugriffsebenen. Diese fünf Zugriffsebenen gelten auch für andere Mitglieder von Klassen. Sie werden jedoch anders als bei inneren Klassen in CIL Code umgesetzt.

Zugriffsmodifizierer der inneren Klassen

C#	CIL	
`public`	`nested public`	öffentlich
`protected`	`nested family`	sichtbar im gleichen Typ
`internal`	`nested assembly`	sictbar in Assembly
`private`	`nested private`	sichtbar innerhalb der Klasse
`protected internal`	`nested famorassem`	Family oder Assembly

Zugriffsmodifizierer anderer Mitglieder

C#	CIL	
`public`	`public`	öffentlich
`protected`	`family`	sichtbar im gleichen Typ
`internal`	`assembly`	sictbar in Assembly
`private`	`private`	sichtbar innerhalb der Klasse
`protected internal`	`famorassem`	Family oder Assembly

Interfaces, abstrakte und versiegelte Klassen

Interfaces können wie Klassen `public` oder `internal` vereinbart werden.

```
public interface abc
{
  int uvw(long x);
  void xyz();
}
```

Ein Interface darf jedoch weder Feld- noch Typdefinitionen enthalten. Daher können in einem Interface einerseits keine Variablen vereinbart werden, und andererseits können Interfaces nicht geschachtelt werden. Methoden können definiert, aber nicht implementiert werden. Methoden in Interfaces sind `public`. Es darf jedoch kein Zugriffsmodifizierer verwendet werden. In einem Interface definierte Methoden sind abstrakte Methoden. Trotzdem darf das Schlüsselwort `abstract` nicht verwendet werden. Von einem Interface können keine Instanzen, sondern nur Ableitungen gebildet werden. Von einem Interface abgeleitete Klassen müssen alle Methoden, die im Basis-Interface definiert sind, implementieren.

In abstrakten Klassen können sowohl Felder als auch Typen vereinbart werden. Es dürfen implementierte und abstrakte Methoden definiert werden. Abstrakte Methoden müssen `abstract` gekennzeichnet sein. Von einer abstrakten Klasse können keine Instanzen, sondern nur Ableitungen gebildet werden. Abgeleitete nicht abstrakte Klassen müssen alle abstrakten Methoden der abstrakten Basisklasse implementieren.

```
abstract class abc
{
  public static int i;
  public double x;

  public static long lang(int x)
  {
    return x;
  }

  public abstract void xyz();
}
```

Der Zugriff auf Mitglieder von Typen erfolgt mit dem Punkt als Zugriffsoperator. Das gilt für alle Arten von Klassen, Strukturen und Enumerationen und für alle Arten von Mitgliedern. Auf statische (`static`) Mitglieder wird mit dem Klassennamen zugegriffen.

```
int k = abc.i;
long n = abc.lang(k);
```

Auf nicht statische Mitglieder wird über eine Instanz zugegriffen. Methoden, die abstrakte Methoden implementieren werden mit `override` gekennzeichnet.

```
class def : abc
{
  public override void xyz(){ . . . }
}
```

```
class test
{
  public test()
  {
    def instanz = new def();
    instanz.x = 33.456;
    instanz.xyz();
  }
}
```

Von versiegelten, `sealed` gekennzeichneten, Klassen

```
sealed class abc
{
  // Mitglieder
}
```

können zwar Instanzen `abc instanz = new abc();`, aber keine Ableitungen gebildet werden.

Strukturen

Strukturen sind Werttypen. Von Strukturen werden in der gleichen Weise Instanzen gebildet wie von Klassen. Instanzen von Klassen werden jedoch auf dem Heap abgelegt, während Instanzen von Strukturen in-line gespeichert werden. Dadurch sind Strukturen besonders zur Definition einfacher Objekte geeignet. Strukturen dürfen aber auch andere Elemente wie z. B. Methoden und Eigenschaften enthalten.

Definition:

```
struct Punkt
{
  public double x, y, z;
}
```

Instanziierung:

```
Punkt p = new Punkt();
```

Zugriff:

```
p.x = 13.4;
```

Enumerationen

Enumerationen bzw. Aufzählungen sind Werttypen, die mit

```
Modifikator enum Name : Typ
```

definiert werden. Modifikator und Typ brauchen nicht zwingend vorhanden zu sein. Wird kein Typ vereinbart, so sind die Werte vom Typ Integer.

```
enum abc : byte
{
  a, b, c
}
```

Die Werte von a, b und c sind 0, 1 und 2 vom Typ byte.

```
enum def : int
{
  d=3, e, f
}
```

Die Werte von d, e und f sind 3, 4 und 5 vom Typ int.

```
enum Farbe
{
  Rot   = 10,
  Gruen = 20,
  Blau  = 30
}
```

Alle Werte sind explizit zugewiesene Integerwerte.

Kapselung, Vererbung und Polymorphie

Klassen, Strukturen, Interfaces und Enumerationen kapseln ihre Mitglieder.
Der Zugriff auf Mitglieder ist nur, wie oben erläutert, mit dem Punktopera-
tor möglich. C# kennt wie Java keine globalen Variablen und Methoden.
C# läßt die Einfachvererbung bei Klassen und die Mehrfachvererbung bei
Interfaces zu. Diese Regel gilt nicht nur für C#, sondern generell für gema-
nagten Code. Strukturen und Enumerationen sind im CIL Code versiegelte
Klassen (siehe Crashkurs CIL im Kapitel 1). Daher kann von Strukturen
und Enumerationen nicht geerbt werden. Methoden können in der Klasse,
in der sie definiert sind, und in abgeleiteten Klassen überladen werden.
Überladen heißt, mehrere Versionen einer Methode mit unterschiedlichen
Parameterlisten zu definieren. Das Überladen wird oft bei Konstruktoren
angewendet.

```
class abc
{
  public int x, y;
  public abc(){ . . . }
  public abc(int x){ . . . }
  public abc(int x, int y){ . . . }
}
```

Die Klasse abc definiert drei Überladungen des Konstuktors.

Beim Überschreiben wird eine Methode der Basisklasse durch eine gleich lautende Methode der abgeleiteten Klasse ersetzt. Die überschreibende Methode verdeckt die überschriebene Methode. Virtuelle, `virtual` gekennzeichnete, Methoden werden polymorph überschrieben, wenn die überschreibende Methode mit `override` gekennzeichnet ist. Dadurch wird zur Laufzeit die Methode aus einer Ableitungshierarchie ausgewählt, die der aktuell benutzten Instanz angehört.

```
class abc
{
  public virtual void xyz(){ . . . }
}
class def : abc
{
  public override void xyz(){ . . . }
}
```

Ist die überschreibende Methode mit `new` gekennzeichnet, so wird nicht polymorph überschrieben.

Konstruktoren und Destruktoren

Konstruktoren und Destruktoren haben den gleichen Namen wie die Klasse, der sie angehören. Der Konstruktor darf Parameter besitzen. Der Destruktor ist durch ~ gekennzeichnet und darf keine Parameter besitzen. Der Konstruktor hilft beim Aufbau der Klasse, während der Destruktor beim Entfernen hilft. Konstruktoren und Destruktoren werden nicht vererbt.

```
Konstruktor:   Modifizierer Name( Parameterliste ){ Block }
Destruktor:    Modifizierer ~Name( ){ Block }
```

Beim Instanziieren

```
abc instanz = new abc( Parameterliste )
```

wird der Konstruktor der Klasse `abc` aufgerufen. Anhand der Parameterliste wird entschieden, welche Überladung des Konstruktors aufgerufen wird.

Der Destruktor wird bei gemanagtem .NET Code, wenn die Instanz einer Klasse ihre Gültigkeit verliert, nicht unmittelbar aufgerufen. Er wird erst bei der nächsten Garbage Collection aufgerufen. Da man nicht weiß, wann die Garbage Collection stattfindet, ist bei der Verwendung von Destruktoren Vorsicht geboten.

Parameterübergabe

C# kennt Wert- und Referenztypen, die als Wert- und Referenzparameter übergeben werden können. Deshalb müssen die folgenden Fälle unterschieden werden.

```
void xyz(int i)
```

Es wird ein Werttyp als Wertparameter übergeben. Auf diese Weise können Werte in die Methode hinein- aber nicht wieder heraustransportiert werden.

```
void xyz(object o)
```

Es wird ein Referenztyp als Wertparameter übergeben. Auf diese Weise können Werte in die Methode hinein- und wieder heraustransportiert werden.

```
void xyz(ref int i)
```

Es wird ein Werttyp als Referenzparameter übergeben. Auf diese Weise können ebenfalls Werte in die Methode hinein- und wieder heraustransportiert werden.

```
void xyz(ref object o)
```

Es wird ein Referenztyp als Referenzparameter übergeben. Man könnte meinen, dass es gleich ist, ob ein Referenztyp als Wert- oder Referenzparameter übergeben wird. Es macht aber einen Unterschied. Die Klasse

```
class Punkt
{
  public int X, Y;
}
```

ist ein Referenztyp. Nun wird eine Instanz

```
Punkt pu = new Punkt();
```

gebildet. Die Zuweisungen

```
pu.X = 10;
pu.Y = 20;
```

legen den Punkt mit den Koordinaten 10, 20 fest. Wird die Methode

```
void xyz(Punkt pkt)
{
  pkt.X = 90;
  pkt.Y = 100;
}
```

aufgerufen, so werden die Koordinaten in 90, 100 geändert. Da pkt auf den gleichen Punkt verweist wie pu, ist jetzt auch pu.X=90 und pu.Y=100. Wird der Methode

```
void xyz(Punkt pkt)
{
  pkt = new Punkt();
  pkt.X = 90;
  pkt.Y = 100;
}
```

eine Zeile hinzugefügt, in der eine neue Instanz gebildet wird, so verweist pkt auf den neu gebildeten Punkt, während pu immer noch auf den zuerst gebildeten Punkt mit den Koordinaten 10, 20 verweist. Die nochmals geänderte Methode

```
void xyz(ref Punkt pkt)
{
  pkt = new Punkt();
  pkt.X = 90;
  pkt.Y = 100;
}
```

hat den Referenzparameter ref Punkt pkt. Die Variable pkt klont jetzt die Variable pu. Dadurch verweist auch pu nach dem Abarbeiten der Methode xyz auf den Punkt 90,100.

Eigenschaften und Indexer

Beispiel 2.1_3 besteht aus zwei Teilen. Die Datei 2.1_3a.cs definiert den Namensraum eigeneKollektionen mit der Klasse Liste, die eine einfach verkettete Liste aufbaut. Um das Programm kurz zu halten, wird auf Methoden wie Add, Remove, usw. verzichtet. Die Länge der Liste wird dem Konstruktor angegeben. Die Eigenschaft Length gibt die Länge der Liste zurück, und der Indexer ermöglicht einen Zugriff mit Array-Indizierung.

```
// 2.1_3a.cs

// Namensraum
namespace eigeneKollektionen
{
  using System;

  // Klasse
  public class Liste
  {
    private liste Anfang;
    private int length = 0;

    // innere Klasse: Knoten der Liste
    private class liste
    {
      public object wert;
      public liste next;
    }

    // Konstruktor: n ist die Länge der Liste
    public Liste(int n)
    {
      // Der erste Knoten
      Anfang = new liste();
      Anfang.next = null;
      length++;

      // Die weiteren Knoten
      liste l1 = Anfang, l2;
      for(int i = 1; i<n; i++)
      {
        l2 = new liste();
        l2.next = null;
        l1.next = l2;
        length++;
        l1 = l1.next;
      }
    }

    // Eigenschaft Length
    public int Length
    {
      get{return length;}
    }
```

```
// Indexer
public object this [int index]
{
  get
  {
    if(index >= 0 && index < length)
    {
      liste l = Anfang;
      for(int i=0; i<index; i++)l=l.next;
      return l.wert;
    }
    else return null;
  }
  set
  {
    if(index >= 0 && index < length)
    {
      liste l = Anfang;
      for(int i=0; i<index; i++)l=l.next;
      l.wert = value;
    }
  }
}
}
}
```

Kompilieren : `csc /t:library 2.1_3a.cs`

Die Datei 2.1_3b.cs ist eine Windows-Anwendung, mit der die Liste getestet wird. Sobald die Länge der Liste festgelegt ist, wird der Button Instanz bilden angeklickt. Anschließend wird zu jedem eingegebenen Index der entsprechende Wert, das Quadrat des Indexes, angezeigt.

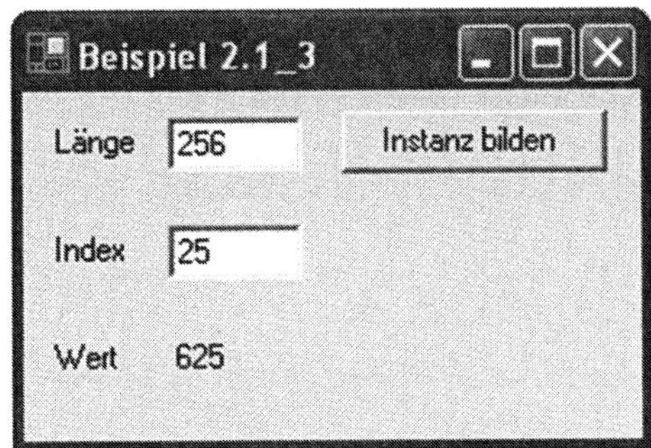

Abbildung 2_1: Test des Indexers

```csharp
// 2.1_3b.cs

using System;
using System.Drawing;
using System.Windows.Forms;
using eigeneKollektionen;

// von Form abgeleitete Klasse
class IndexApp : Form
{
  Label lang = new Label();
  TextBox length = new TextBox();
  Button instanz = new Button();
  Label Index = new Label();
  TextBox index = new TextBox();
  Label Wert = new Label();
  Label wert = new Label();
  Liste list = null;

  // Konstruktor
  public IndexApp()
  {
    Text = "Beispiel 2.1_3";
    ClientSize = new Size(233, 130);

    length.Location = new Point(55, 10);
    length.Width = 50;
    Controls.Add(length);

    lang.Text = "Länge";
    lang.Location = new Point(10, 12);
    Controls.Add(lang);

    instanz.Text = "Instanz bilden";
    instanz.Location = new Point(120, 8);
    instanz.Width = 100;
    instanz.Click += new EventHandler(instanz_Click);
    Controls.Add(instanz);

    index.Location = new Point(55, 50);
    index.Width = 50;
    index.TextChanged += new EventHandler(index_changed);
    Controls.Add(index);

    Index.Text = "Index";
    Index.Location = new Point(10, 52);
    Controls.Add(Index);

    wert.Location = new Point(55, 92);
    wert.Width = 165;
    Controls.Add(wert);
```

```csharp
      Wert.Text = "Wert";
      Wert.Location = new Point(10, 92);
      Controls.Add(Wert);
  }

  // Eventhandler: Instanz bilden
  protected void instanz_Click(object o, EventArgs e)
  {
    int n = 0;
    try
    {
      n = int.Parse(length.Text);
    }
    catch(Exception){}
    if(n > 0)
    {
      // Instanz der Klasse Liste
      list = new Liste(n);
      // Die gespeicherten Werte sind die Quadrate der Indizes.
      for(int i=0; i<n; i++)list[i] = (long)i*i;
    }
  }

  // Eventhandler: Der Index hat sich geändert.
  protected void index_changed(object o, EventArgs e)
  {
    if(list != null)
    {
      // Der Index wird abgefragt.
      int ind = 0;
      try
      {
        ind = int.Parse(index.Text);
      }
      catch(Exception){}

      // Der unter dem Index gespeicherte Wert wird abgefragt.
      object ob;
      if(index.Text != "" && ind >= 0 && ind < list.Length)
        // Zugriff mit Array-Indizierung
        ob = list[ind];
      else
        ob = null;

      // Der Wert wird angezeigt.
      if(ob !=null)
      {
        long w = (long)ob;
        wert.Text = w.ToString();
      }
```

```
      else wert.Text = "";
    }
  }

  static void Main()
  {
    Application.Run(new IndexApp());
  }
}
```

Kompilieren: `csc /t:winexe /r:2.1_3a.dll 2.1_3b.cs`

Im Programmcode sehen sich Eigenschaften und Indexer sehr ähnlich. Daher kann man einen Indexer als Eigenschaft mit Array-Charakter ansehen. Sowohl Eigenschaften als auch Indexer enthalten `get` und `set` oder zumindest eins von beidem. Mit `get` wird ein Wert zurückgegeben. Es muss darum eine `return` Anweisung enthalten. Mit `set` wird ein Wert gesetzt. Dabei repräsentiert `value` den übergebenen Wert. Bei einem Indexer wird zusätzlich der Index als Auswahlkriterium übergeben.

Überladen von Operatoren

Die überladbaren unären Operatoren sind:

`+  -  !  ~  ++  --  true  false`

Die überladbaren binären Operatoren sind:

`+  -  *  /  %  &  |  ^  <<  >>  ==  !=  >  <  >=  <=`

Eine Methode, die einen Operator überlädt, sieht formal so aus:

```
public static Datentyp operator operator( Parameterliste )
```

Beispiel für das Überladen des Operators + zur Addition komplexer Zahlen:

```
class Komplex
{
  public double i, r;
  public static Komplex operator +(Komplex a, Komplex b)
  {
    return (new Komplex(a.i + b.i, a.r + b.r));
  }
  . . .
}
```

Wenn a, b und c Instanzen der Klasse Komplex sind, so kann die komplexe Addition a = b + c; ausgeführt werden.

2.1.6   Delegates und Events

Ein Delegate ist ein Prototyp einer Methode, der durch das Schlüsselwort delegate gekennzeichnet ist. Die Vereinbarung public delegate void Aus( ) in Beispiel 2.1_4 deklariert einen Delegate mit dem Namen Aus. Diesen Delegate kann man benutzen, um auf eine Methode gleichen Typs zu verweisen. Er lässt sich beispielsweise als Verweis auf die Methode Ausgabe verwenden. Die Anweisung Aus a = new Aus(Ausgabe); definiert die Instanz a des Delegates Aus. Wobei a auf die Methode Ausgabe verweist. Die Ausgabe des Wortes Hallo kann jetzt nicht nur durch den Aufruf Ausgabe( );, sondern auch durch den Aufruf a( ); erreicht werden.

```
// 2.1_4.cs

using System;

class delegateTest
{
  // Ein Delegate wird definiert.
  public delegate void Aus();

  public void Ausgabe()
  {
    Console.WriteLine("Hallo");
  }

  public delegateTest()
  {
    // a ist eine Instanz des Delegates Aus,
    // die auf die Methode Ausgabe verweist.
    Aus a = new Aus(Ausgabe);
    // Aufruf der Methode Ausgabe
    Ausgabe();
    // Aufruf der Methode Ausgabe
    a();
  }

  static void Main()
  {
    new delegateTest();
  }
}
```

Ausgabe:

```
Hallo
Hallo
```

Ein Ereignis (Event) wird folgendermaßen definiert:

```
public event EventHandler EventName;
```

EventName bezeichnet den Namen des Ereignisses, z. B.: Mausklick oder Tastendruck.

EventHandler ist ein Delegate.

Der Delegate verweist auf den Eventhandler, der automatisch aufgerufen wird, sobald das entsprechende Ereignis eintritt. Ein solcher Delegate muss folgenden Regeln entsprechen:

```
public delegate void EventHandler(object o, EventArgs e);
```

Der erste Parameter ist vom Typ `object` und bezeichnet normalerweise das Objekt, das das Ereignis ausgesendet hat. Der zweite Parameter ist vom Typ `EventArgs`. Er übergibt die Argumente des Ereignisses.

Zur Definition der Argumente muss eine Klasse definiert werden, die von der Klasse `EventArgs` abgeleitet ist. Beispiel 2.1_5 löst zehn Ereignisse aus, die als Argument die Zahlen von 1 bis 10 übergeben. Dazu werden zunächst der Delegate `numHandler` und die Klasse `Argumente` definiert. Anschließend wird das Ereignis `numEvent` mit dem Delegate `numHandler` definiert. Mit

```
numEvent += new numHandler(OnNumEvent);
```

wird dem Event `numEvent` eine Instanz des Delegates `numHandler` zugewiesen, die auf die Methode `OnNumEvent` verweist. Die Anweisungen

```
Argumente a = new Argumente(i);
numEvent(new object(), a);
```

bilden eine Instanz der Klasse `Argumente` und lösen den Event `numEvent` aus.

```
// 2.1_5.cs

using System;

// Delegate numHandler
public delegate void numHandler(object o, Argumente e);
```

```csharp
// Die Argumente des Events
public class Argumente : EventArgs
{
  private int nummer;

  // Eigenschaft Nummer
  public int Nummer
  {
    get{ return nummer; }
  }

  // Konstruktor
  public Argumente(int nummer)
  {
    this.nummer = nummer;
  }
}

class eventTest
{
  // Event numEvent
  public event numHandler numEvent;

  // Eventhandler OnNumEvent
  public void OnNumEvent(Object o, Argumente e)
  {
    Console.WriteLine("Ereignis {0}", e.Nummer);
  }

  // Konstruktor
  public eventTest()
  {
    // Der Eventhandler wird zugeordnaet
    numEvent += new numHandler(OnNumEvent);

    for(int i=1; i<=10; i++)
    {
      // Instanz der Klasse Argumente
      Argumente a = new Argumente(i);
      // Der Event wird ausgelöst.
      numEvent(new object(), a);
    }
  }

  static void Main()
  {
    new eventTest();
  }
}
```

Ausgabe:

```
Ereignis 1
Ereignis 2
Ereignis 3
Ereignis 4
Ereignis 5
Ereignis 6
Ereignis 7
Ereignis 8
Ereignis 9
Ereignis 10
```

2.1.7 C++ Pointer und unsafe

C# bietet die Möglichkeit Klassen, Methoden und auch Bereiche innerhalb von Methoden unsafe zu kennzeichnen. In so gekennzeichneten Bereichen ist es erlaubt, Pointer und Adressoperatoren zu verwenden.

In Beispiel 2.1_6 ist die Methode Main() unsafe gekennzeichnet. Die Variable i ist mit dem Wert 10 initialisiert. Mit int* j wird j als Zeiger auf einen Integerwert vereinbart. Die Adresse der Variablen i ist &i. Diese Adresse wird mit j = &i; dem Zeiger j zugewiesen. Ändert man den Wert *j, so ändert sich auch der Wert der Variablen i.

```
// 2.1_6.cs

using System;

class Zeiger
{
  unsafe static void Main()
  {
    int i = 10;

    // Ein Pointer wird vereinbart
    int* j;

    // Dem Pointer wird die Adresse der
    // Variablen i zugewiesen.
    j = &i;

    // Der Wert, auf den der Pointer zeigt,
    // wird um 1 erhöht.
    *j = *j + 1;

    // Ausgabe von i
    Console.WriteLine("i = {0}", i);
  }
}
```

Kompilieren: `csc /unsafe 2.1_6.cs`

Ausgabe:

`i = 11`

Arrays kann man mit

`fixed(Datentyp* Pointervariable = Arrayvariable)`

auf ihrer Speicheradresse fixieren. Das Verschieben des Arrays bei der Garbage Collection wird dadurch verhindert.

```
fixed(char* p = c)
{
    . . .
}
```

2.1.8 Attribute und Reflection

Attribute enthalten Metadaten. Das sind Daten, die etwas über Daten aussagen. Ein Attribut wird durch eine von `System.Attribute` abgeleitete Klasse definiert. Selbst definierte Attribute nennt man Custom Attribute. Im .NET Framework bereits fest definierte Attribute werden Intrinsic Attribute genannt. Es existiert eine große Zahl solcher Attribute. Hier einige Beispiele:

```
AttributeUsageAttribute
gibt an, wie ein Attribut verwendet werden kann.

STAThreadAttribute
legt das  Threading Model fest.

MTAThreadAttribute
legt das  Threading Model fest.

SerializableAttribute
macht das Speichern möglich.

BrowsableAttribute
legt fest, ob die Eigenschaft oder das Ereignis im Eigenschaftenfenster er-
scheint.
```

Ein Attribut wird verwendet, in dem man es in eckigen Klammern direkt vor das Element setzt, auf das es angewendet wird.

```
[serializable]
public class xyz
{
   . . .
}
```

Durch das `SerializableAttribute` wird festgelegt, dass die Klasse `xyz` serialisiert werden kann.

Vor der Definition eines Custom Attributs steht das `AttributeUsageAttribute`. Die `AttributeTargets` geben an, auf welche Elemente das definierte Attribut angewendet werden darf.

```
[AttributeUsage(
   AttributeTargets.All,
   AllowMultiple = true)]
public class Versionsdaten : System.Attribute
{
   . . .
}
```

AttributeTargets:

```
All          Das Attribut kann auf jedes Element angewendet werden.
Assembly     Das Attribut kann auf ein Assembly angewendet werden.
Class        Das Attribut kann auf eine Klasse angewendet werden.
Constructor  Das Attribut kann auf einen Konstruktor angewendet wer-
             den.
Delegate     Das Attribut kann auf einen Delegate angewendet werden.
Enum         Das Attribut kann auf eine Aufzählung angewendet werden.
Event        Das Attribut kann auf ein Ereignis angewendet werden.
Field        Das Attribut kann auf ein Feld angewendet werden.
Interface    Das Attribut kann auf ein Interface angewendet werden.
Method       Das Attribut kann auf eine Methode angewendet werden.
Module       Das Attribut kann auf ein Modul angewendet werden.
Parameter    Das Attribut kann auf einen Parameter angewendet werden.
Property     Das Attribut kann auf eine Eigenschaft angewendet wer-
             den.
ReturnValue  Das Attribut kann auf einen Rückgabewert angewendet wer-
             den.
Struct       Das Attribut kann auf Wertetypen angewendet werden.
```

Ist `AllowMultiple` gleich `true`, so dürfen mehrere Instanzen des Attributs auf ein Element angewendet werden. Ist `Inherited` gleich `true`, so wird das Attribut an abgeleitete Klassen oder überschriebene Mitglieder vererbt. `AttributeTargets` können bitweise oder verknüpft werden.

```
[AttributeUsage(
  AttributeTargets.Class |
  AttributeTargets.Method,
  AllowMultiple = true,
  Inherited = true)]
public class abcAttribut : Attribute
{
  . . .

}
```

Die in den Attributen vorhandenen Informationen werden mit Hilfe der im Namensraum `System.Reflection` enthaltenen Klassen gelesen. Die Methode `GetCustomAttributes` der Klasse `MemberInfo` liefert einen Array von Attributen. Als erster Parameter wird der Typ des Attributs übergeben. Der zweite Parameter gibt an, ob eine Vererbungskette durchsucht werden soll.

```
// 2.1_7.cs

using System;
using System.Reflection;

// Definition: Custom Attribut, Versionsdaten
[AttributeUsage(
  AttributeTargets.All,
  AllowMultiple = true)]
public class Versionsdaten : Attribute
{
  private string datum;
  private string programmierer;
  private string version;
  private string kommentar;

  public Versionsdaten(
    string datum, string programmierer, string version)
  {
    this.datum = datum;
    this.programmierer = programmierer;
    this.version = version;
  }
  public string Datum
  {
    get{ return datum; }
  }
```

```
      public string Programmierer
      {
        get{ return programmierer; }
      }
      public string Version
      {
        get{ return version; }
      }
      public string Kommentar
      {
        get{ return kommentar; }
        set{ kommentar = value; }
      }
    }


    // Anwendung des Attributs Versionsdaten
    // auf die Klasse pidecimal
    [Versionsdaten("01.07.02","Otto Meier","V1.0")]
    [Versionsdaten("02.08.02","Otto Meier","V1.1",
      Kommentar="noch 3 Stellen ergänzt")]
    public class pidecimal
    {
      public decimal GetPi( )
      {
        return 3.1415926535897932384626433383M;
      }
    }


    class attributTest
    {
      static void Main( )
      {
        pidecimal p = new pidecimal( );
        Console.WriteLine("pi = {0}", p.GetPi( ));

        // Die Attribute der Klasse pidecimal
        // werden abgefragt und protokolliert.
        MemberInfo info = typeof(pidecimal);
        object[] attr =
          info.GetCustomAttributes(typeof(Versionsdaten),false);

        foreach(object a in attr)
        {
          Versionsdaten vd = (Versionsdaten) a;
          Console.WriteLine("\n{0} {1} {2} {3}",
            vd.Datum, vd.Programmierer, vd.Version, vd.Kommentar);
        }
      }
    }
```

Ausgabe:

```
pi = 3.1415926535897793238462643383

01.07.02 Otto Meier V1.0

02.08.02 Otto Meier V1.1 noch 3 Stellen ergänzt
```

2.1.9 Die integrierte Dokumentation

Der C# Compiler ist in der Lage, eine in den Quelltext integrierte XML-Dokumentation auszuwerten und in eine XML-Datei zu schreiben. Dazu stehen folgende Tags zur Verfügung:

```
<c>            Code. einzeilig
<code>         Code. ein oder mehrzeilig
<example>      leitet ein Code-Beispiel ein
<exception>    Beschreibung von Ausnahmen
<include>      verweist auf Kommentare in anderen Dateien
<list>         leitet Tabellen oder Aufzählungen ein
<para>         Absatz
<param>        Parameter einer Methode
<paramref>     Verweis auf einen Parameter
<permission>   Verweis auf Code-Element
<remarks>      Anmerkung
<returns>      Rückgabewert einer Methode
<see>          Verweis auf Code-Element
<seealso>      Verweis auf erläuternden Text
<summary>      Beschreibung eines Typs oder Mitglieds
<value>        Beschreibung einer Eigenschaft
```

Beispiel 2.1_8 ist eine einfache Windows Anwendung, die Dokumentations-Tags enthält. Ein Mausklick in das Fenster öffnet einen `FontDialog`. Die Einstellungen werden auf die Darstellung des Strings `Font` übertragen.

Drei Kommentarstriche leiten jede Zeile der Dokumentation ein. Zu jedem öffnenden Tag gehört ein schließendes Tag. Die Dokumentations-Tags müssen unmittelbar vor dem dokumentierten Typ oder Mitglied stehen.

Beispiel:

```
/// <summary>
/// . . .
/// </summary>
class . . .
{
   . . .
}
```

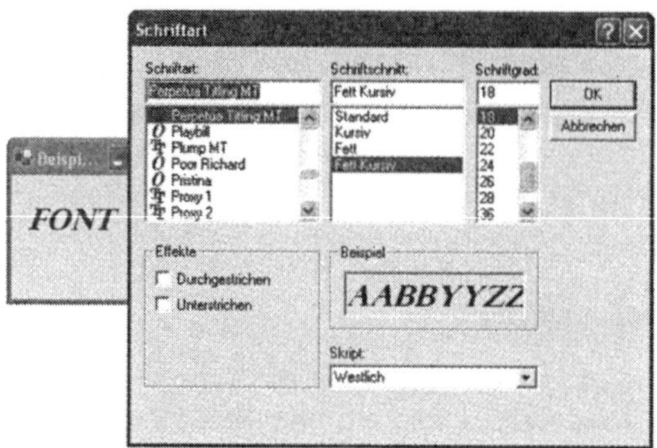

Abbildung 2_2: Test der integrierten Dokumentation

```
// 2.1_8.cs

using System;
using System.Drawing;
using System.Windows.Forms;

/// <summary>
/// Das Programm ist eine Windows Anwendung
/// Anwendung, die die Darstellung des Strings
/// "Font" aus einem FontDialog abgreift.
/// Die Klasse fontDia ist von
/// System.Windows.Forms.Form abgeleitet.
/// </summary>
/// <remarks>
/// Kompilieren:
/// csc /t:winexe /doc:2.1_8.xml 2.1_8.cs
/// </remarks>
class fontDia : Form
{
  /// <summary>Der FontDialog wird vereinbart
  /// und instanziiert.</summary>
  FontDialog fd = new FontDialog();
  /// <summary>Der Font wird vereinbart
  /// und instanziiert.</summary>
  Font font = new Font("Arial", 12);

  /// <summary>Konstruktor</summary>
  /// <remarks>
  /// Text      = Titel des Fensters
  /// ClientSize = Abmessungen des Klientbereichs
  /// </remarks>
  public fontDia()
  {
    Text = "Beispiel 2.1_8";
    ClientSize = new Size(150, 100);
```

```
    }

    /// <summary>Eventhandler: OnPaint</summary>
    /// <param name="e">PaintEventArgs</param>
    protected override void OnPaint(PaintEventArgs e)
    {
      Graphics g = e.Graphics;
      g.DrawString("Font", font, Brushes.Black, 10, 20);
    }

    /// <summary>Eventhandler: OnClick</summary>
    /// <param name="e">EventArgs</param>
    /// <remarks>
    /// fd.ShowDialog oefnet den FontDialog
    /// Invalidate    loest ein Paint Ereignis aus
    /// </remarks>
    protected override void OnClick(EventArgs e)
    {
      if(fd.ShowDialog() == DialogResult.OK)font = fd.Font;
      Invalidate();
    }

    /// <summary>
    /// Die Einstiegsmethode des Programms
    /// </summary>
    /// <remarks>
    /// Application.Run startet die Windows Anwendung.
    /// </remarks>
    static void Main()
    {
      Application.Run(new fontDia());
    }
}
```

Kompilieren: `csc /doc:2.1_8.xml 2.1_8.cs`

Die vom Compiler erstellte XML-Datei ist per Download vom Online-Service zum Buch erhältlich.

Die XML-Datei kann mit XSLT formatiert oder mit einem Programm ausgewertet werden.

2.2 Visual Basic .NET - Die beliebte Sprache mit neuem Gesicht

2.2.1 Ein objektorientiertes und komponentenorientiertes Visual Basic

Visual Basic .NET [7] enthält einerseits Elemente des bisherigen Visual Basic. Es ist aber andererseits auch zu einer vollwertigen objektorientierten .NET Sprache ausgebaut worden. Das wird im Abschnitt 2.2.5, wo Klassen, Schnittstellen, Strukturen und Enumerationen behandelt werden, deutlich.

Abgesehen von der integrierten Dokumentation, die es nur bei C# gibt, sind alle Merkmale einer komponentenorientierten Sprache vorhanden. Es gibt Eigenschaften, Methoden, Ereignisse und Attribute. Es werden keine Header-Dateien benötigt, und Visual Basic .NET löst VBScript als Skriptsprache in Webseiten ab.

2.2.2 Operatoren, Datentypen und Literale

Operatoren

```
Arithmetische Operatoren: +   -   *   /   \   ^   Mod
Logische Operatoren: And   AndAlso   Or   OrElse   Xor   Not
Bitverschiebung: <<   >>
Verketten von Zeichenfolgen: &   +
Vergleichsoperatoren: =   <>   <   >   <=   >=   Like   Is
Zuweisungsoperatoren: =   +=   -=   *=   /=   \=   ^=
Memberzugriff: .  z. B.: System.Console.WriteLine();
Indizierung: ( )  z. B.: p(i)
Delegates verketten und entfernen: AddHandler   RemoveHandler
Instanziierungsoperator: New
Typinformationen: as   GetType TypeOf   Is
Adresse: AddressOf
```

Datentypen

class/struct	integrierter VB.NET Datentyp	
Byte	Byte	8-bit ganze Zahl ohne Vorzeichen
SByte		8-bit ganze Zahl mit Vorzeichen
Int16	Short	16-bit ganze Zahl mit Vorzeichen
Int32	Integer	32-bit ganze Zahl mit Vorzeichen
Int64	Long	64-bit ganze Zahl mit Vorzeichen
UInt16		16-bit ganze Zahl ohne Vorzeichen
UInt32		32-bit ganze Zahl ohne Vorzeichen
UInt64		64-bit ganze Zahl ohne Vorzeichen
Single	Single	32-bit Gleitkommazahl
Double	Double	64-bit Gleitkommazahl

class/struct	integrierter VB.NET Datentyp	
Boolean	Boolean	logisch, true (richtig), false (falsch)
Char	Char	16-bit Unicode Schriftzeichen
Decimal	Decimal	96-bit Dezimalzahl
IntPtr		ganze Zahl mit Vorzeichen
UIntPtr		ganze Zahl ohne Vorzeichen
String	String	Zeichenkette
Object	Object	Die Wurzel der Objekthierarchie

String-Literale, Zeichen-Literale und Steuerzeichen

Stringliterale werden in Anführungszeichen eingefasst und enthalten keine Steuerzeichen. Ein Anführungszeichen innerhalb eines Stringliterals wird als doppeltes Anführungszeichen geschrieben. Die üblichen Visual Basic Steuerzeichen, vbCr, vbCrLf, vbNullChar, vbTab, usw., sind in der Visual Basic Laufzeitbibliothek im Namensraum Microsoft.VisualBasic enthalten.

```
Dim s  As String = "Ein String"
Dim c  As Char   = "A"C
Dim lf As Char   = vbCrLf
```

Boolean-Literale

```
True   wahr, richtig
False  nicht wahr, falsch
```

Numerische Literale

```
125       ganze Zahl 32 oder 64 bit (Integer oder Long)
&H2A      Hexadezimalzahl, entspricht 42 dezimal
&O71      Oktalzahl, entspricht 57 dezimal
32S       ganze Zahl 16 bit (Short)
125I      ganze Zahl 32 bit (Integer)
3465L     ganze Zahl 64 bit (Long)
15.33F    Gleitkommazahl 32 bit (Single)
346.38    Gleitkommazahl 64 bit (Double)
346.38R   Gleitkommazahl 64 bit (double)
1.234D    Dezimalzahl 96 bit (Decimal)
```

Mathematische Funktionen und Konstanten sowie Kulturkreise

siehe 2.1.2

Implizite Konvertierung

Die Strenge der impliziten Konvertierungen hängt davon ab, ob `Option Strict On` oder `Off` gesetzt ist. Bei `Option Strict Off` darf verlängernd und verkürzend konvertiert werden.

Explizite Konvertierung

```
Asc      wandelt Char oder das erste Zeichen eines Strings in den numerischen
         ASCII-Code um.
AscW     wandelt Char oder das erste Zeichen eines Strings in den numerischen
         Unicode um.
Chr      wandelt den numerischen ASCII-Code in Char um.
ChrW     wandelt den numerischen Unicode in Char um.
Hex      wandelt eine Zahl in einen String mit hexadezimaler Darstellung um.
Oct      wandelt eine Zahl in einen String mit oktaler Darstellung um.
Str      wandelt eine Zahl in einen String mit dezimaler Darstellung um.
Val      wandelt String in Double oder Char in Integer um.


CBool    wandelt einen Ausdruck in den Datentyp Boolean um.
CByte    wandelt einen Ausdruck in den Datentyp Byte um.
CChar    wandelt einen Ausdruck in den Datentyp Char um.
CDate    wandelt einen Ausdruck in den Datentyp Date um.
CDec     wandelt einen Ausdruck in den Datentyp Decimal um.
CDbl     wandelt einen Ausdruck in den Datentyp Double um.
CInt     wandelt einen Ausdruck in den Datentyp Integer um.
CLng     wandelt einen Ausdruck in den Datentyp Long um.
CObj     wandelt einen Ausdruck in den Datentyp Object um.
CShort   wandelt einen Ausdruck in den Datentyp Short um.
CSng     wandelt einen Ausdruck in den Datentyp Single um.
CStr     wandelt einen Ausdruck in den Datentyp String um.
CType    wandelt einen Ausdruck in den angegebenen Datentyp um.
```

Boxing und Unboxing

```
Dim i As Integer = 21
Dim box As Object = i
Dim j As Integer = CInt(box)
```

Die explizite Typumwandlung beim Unboxing ist erforderlich, wenn `Option Strict On` gesetzt ist.

2.2.3 Kontrollstrukturen

If und Else

bedingte Anweisung:

```
If Bedingung Then Anweisung
```

oder

```
If Bedingung Then
  Anweisung
  Anweisung

  . . .
End If
```

vollständige Alternative:

```
If Bedingung Then Anweisung Else Anweisung
```

oder

```
If Bedingung Then
  Anweisung
  Anweisung

  . . .
Else
  Anweisung
  Anweisung

  . . .
End If
```

Select Case

```
Select Case Ausdruck
  Case Ausdruck
    Anweisung
    Anweisung

    . . .
  Case Ausdruck
    Anweisung
    Anweisung

    . . .
  Case Else
    Anweisung
    Anweisung

    . . .
End Select
```

Switch, IIf und Choose

```
Switch( Bedingung 1. Ausdruck 1 . Bedingung 2. Ausdruck 2. . . . )
```

Wenn *Bedingung 1* True ist, wird *Ausdruck 1* zurückgegeben usw.

```
IIf( Bedingung. Ausdruck 1. Ausdruck 2 )
```

Wenn die Bedingung True ist wird *Ausdruck 1* andernfalls *Ausdruck 2* zurückgegeben.

```
Choose( Index, Objekt1, Objekt2, . . . )
```

Es wird ein Objekt in Abhängigkeit vom Index zurückgegeben.

Goto

```
Sprungmarke:
  . . .
  . . .
Goto Sprungmarke
```

For

```
For Variable = Anfangswert To Endwert
  Anweisung
  Anweisung
  . . .
Next
```

oder

```
For Variable = Anfangswert To Endwert Step Schrittweite
  Anweisung
  Anweisung
  . . .
Next
```

While und Do While

```
While Bedingung
  Anweisung
  Anweisung
  . . .
End While
```

oder

```
Do While Bedingung
  Anweisung
  Anweisung
  . . .
Loop
```

Do Until

```
Do Until Bedingung
  Anweisung
  Anweisung
  . . .
Loop
```

For Each

```
For Each Variable In Array
   Anweisung
   Anweisung
   . . .
Next
```

Ausnahmebehandlung

`Try - Catch - Finally` erfüllt die bei C# bereits erläuterten Funktionen. Es werden die syntaktischen Unterschiede gezeigt.

```
Try
   . . .
Catch e As Exception
   . . .
Finally
   . . .
End Try
```

Eine Exception erzeugen:

```
Throw New Exception("Division durch Null")
```

2.2.4 Datenstrukturen

Strings

Einen String vereinbaren und initialisieren:

```
Dim s1 As String = "Text"
```

Strings mit & oder + verbinden:

```
Dim s2 As String = s1 & " 1. " + s1 & " 2"
```

Der Wert des Strings s2:

```
Text 1. Text 2
```

Daneben können Funktionen der Visual Basic Laufzeitbiliothek, wie Left, Right und Mid, und Methoden der Klasse System.String, wie Substring und Concat, auf den Datentyp String angewendet werden.

Eindimensionale Arrays

Vereinbarung:

```
Dim a() As Integer
ReDim a(5) 'Indexbereich 0 bis 5
Dim b(7) As String 'Indexbereich 0 bis 7
Dim c() As Double = {1, 2, 3} ' initialisiert
```

Zugriff:

```
a(2) = 27
b(0) = "Hallo"
Dim x As Double = c(2)
```

Mehrdimensionale Arrays

Vereinbarung:

```
Dim a(,) As Double
ReDim a(5, 6)
Dim b(7, 8) As Single
Dim c(,) As Integer = {{1, 2, 3}, {4, 5, 6}}
```

Zugriff:

```
a(5, 6) = 13
b(0, 0) = 17
Dim x As Integer = c(1, 2)
```

Ungleichförmige Arrays

Vereinbarung:

```
Dim a(1)() As Double
a(0) = New Double() {0.0, 0.1, 0.2}
a(1) = New Double(1) {1.0, 1.1}
```

Zugriff:

```
Dim x As Double = a(0)(1)
```

Kollektionen

siehe 2.1.4

2.2.5 Klassen, Schnittstellen, Strukturen und Enumerationen

Grundsätzlich gelten die im Abschnitt 2.1.5 aufgeführten Regeln. Die verwendeten Schlüsselwörter unterscheiden sich jedoch teilweise voneinander. Klassen können `Public` oder `Friend` vereinbart werden können. Die `Friend` Vereinbarung entspricht der `private` Vereinbarung der CIL (Assembly intern sichtbar). Für innere Klassen und andere Mitglieder gibt es fünf Zugriffsebenen.

Zugriffsmodifizierer der inneren Klassen

Visual Basic .NET   **CIL**

```
Public             nested public         öffentlich
Protected          nested family         sichtbar im gleichen Typ
Friend             nested assembly       sictbar in Assembly
Private            nested private        sichtbar innerhalb der Klasse
Protected Friend   nested famorassem     Family oder Assembly
```

Zugriffsmodifizierer anderer Mitglieder

Visual Basic .NET   **CIL**

```
Public             public                öffentlich
Protected          family                sichtbar im gleichen Typ
Friend             assembly              sictbar in Assembly
Private            private               sichtbar innerhalb der Klasse
Protected Friend   famorassem            Family oder Assembly
```

Interfaces

```
Public Interface abc
   Sub uvw(ByVal x As Long)
   Function xyz() As String
End Interface
```

abstrakte Klassen

```
MustInherit Class abc
   Public Shared i As Integer
   Public x As Double

   Public Shared Function lang(ByVal x As Integer) As Long
      Return x
   End Function

   Public MustOverride Sub xyz()
End Class
```

versiegelte Klassen

```
NotInheritable Class abc
   ' Mitglieder
End Class
```

Strukturen

```
Structure Punkt
  Public x, y, z As Double
End Structure
```

Enumerationen

```
Enum abc As Byte
  a
  b
  c
End Enum
```

```
Enum def As Integer
  d = 3
  e
  f
End Enum
```

```
Enum Farbe
  Rot   = 10
  Gruen = 20
  Blau  = 30
End Enum
```

Virtuelle Methoden

Die Methode `xyz.` wird in der Basisklasse mit `Overridable` und in der abgeleiteten Klasse mit `Overrides` gekennzeichnet.

```
Public Overridable Sub xyz()
```

```
Public Overrides Sub xyz()
```

Das Visual Basic Schlüsselwort `Shadows` entspricht dem C# Schlüsselwort `new`. Damit ist ein Überschreiben von Methoden ohne polymorphe Eigenschaften möglich.

Konstruktoren und Destruktoren

Konstruktor: `Modifizierer Sub New( Parameterliste )`

Destruktor: `Protected Overrides Sub Finalize( )`

Aufruf des Konstruktors beim Instanziiren:

`Dim instanz As abc = New abc( Parameterliste )`

oder

```
Dim instanz As New abc( Parameterliste )
```

Der Destruktor wird auch in diesem Fall erst bei der nächsten Garbage Collection aufgerufen.

Parameterübergabe

Auch Visual Basic .NET kennt Wert- und Referenztypen, die als Wert- oder Referenzparameter übergeben werden.

```
Sub xyz(ByVal i As Integer)
Sub xyz(ByVal o As Object)
Sub xyz(ByRef i As Integer)
Sub xyz(ByRef o As Object)
```

Eigenschaften

```
Public Property Len As Integer
  Get
    return lang
  End Get
  Set(ByVal l As Integer)
    lang = l
  End Set
End Property


Public ReadOnly Property LenR As Integer
  Get
    return lang
  End Get
End Property


Public WriteOnly Property LenW As Integer
  Set(ByVal l As Integer)
    lang = l
  End Set
End Property
```

Eigenschaften sind durch das Schlüsselwort `Property` gekennzeichnet. Eigenschaften, die nur `Get` enthalten, müssen `ReadOnly` gekennzeichnet werden. Eigenschaften, die nur `Set` enthalten, müssen `WriteOnly` gekennzeichnet werden.

Indexer gibt es in Visual Basic .NET nicht.

2.2.6 Delegates und Events

Die Beispiele 2.1_4 und 2.1_5 lassen sich ohne weiteres in Visual Basic
.NET übertragen.

```
' 2.2_1.vb entspricht 2.1_4.cs
Imports System

Class delegateTest
  Public Delegate Sub Aus()

  Public Sub Ausgabe()
    Console.WriteLine("Hallo")
  End Sub

  Sub New()
    Dim a As Aus = AddressOf Ausgabe
    Ausgabe()
    a()
  End Sub

  Shared Sub Main()
    Dim t As New delegateTest()
  End Sub
End Class


' 2.2_2.vb entspricht 2.1_5.cs
Imports System

Public Delegate Sub numHandler( _
  ByVal o As Object. ByVal e As Argumente)

Public class Argumente
Inherits EventArgs
  Private num As Integer

  Public ReadOnly Property Nummer As Integer
    Get
      Return num
    End Get
  End Property

  Sub New(ByVal num As Integer)
    Me.num = num
  End Sub
End Class

Class eventTest
  Public event numEvent As numHandler
```

```
Public Sub OnNumEvent(ByVal o As Object, ByVal e As Argumente)
  Console.WriteLine("Ereignis {0}", e.Nummer)
End Sub

Sub New()
  AddHandler numEvent, AddressOf OnNumEvent

  Dim i As Integer
  For i=1 To 10
    Dim a As New Argumente(i)
    RaiseEvent numEvent(New Object(), a)
  Next
End Sub

Shared Sub Main()
  Dim t As New eventTest()
End Sub
End Class
```

2.2.7   Attribute und Reflection

Die Definition und die Verwendung von Attributen stimmt prinzipiell mit
C# überein. Daher wird kurz auf die syntaktischen Unterschiede analog zu
Beispiel 2.1_7 eingegangen.

Definition der Attribute:

```
<AttributeUsage(AttributeTargets.All,AllowMultiple := True)> _
Public Class Versionsdaten
Inherits Attribute

    . . .
End Class
```

Verwendung der Attribute:

```
<Versionsdaten("01.07.02","Otto Meier","V1.0"), _
 Versionsdaten("02.08.02","Otto Meier","V1.1", _
 Kommentar:="noch 3 Stellen ergänzt")> _
Public Class pidecimal

    . . .
End Class
```

Attribute lesen:

```
For Each a In attr
  Dim vd As Versionsdaten = CType(a, Versionsdaten)
  Console.WriteLine(vbCrLf & "{0} {1} {2} {3}", _
    vd.Datum, vd.Programmierer, vd.Version, vd.Kommentar)
Next
```

2.3   J# - Die Symbiose von .NET und Java

2.3.1   Java Packages und .NET Klassenbibliothek

J# kann sowohl, für diese Sprache aufbereitete, Java Packages als auch die
.NET Klassenbibliothek verwenden. Der J# Compiler generiert jedoch keinen Java Bytecode, sondern CIL Code, der von der .NET CLR gemanagt
wird.

2.3.2   Operatoren, Datentypen und Literale

Operatoren

```
Arithmetische Operatoren: +   -   *   /   %
Inkrement und Dekrement: ++   --
Bitweise und logische Operatoren: &   |   ^   !   ~   &&   ||
Bitverschiebung: <<   >>
Verketten von Zeichenfolgen: +
Vergleichsoperatoren: ==   !=   <   >   <=   >=
Zuweisungsoperatoren: =   +=   -=   *=   /=   %=   &=   |=   ^=   <<=   >>=
Memberzugriff: .  z. B.: System.Console.WriteLine();
Indizierung: [ ]  z. B.: p[i]
Typkonvertierung: ( )  z. B.: (int) (long) (double)
Bedingung: ?: z. B.: int a= 5<2 ? 5 : 2;
Instanziierungsoperator: new
```

Datentypen

class/struct	integrierter J# Datentyp	
Byte	byte	8-bit ganze Zahl ohne Vorzeichen
SByte		8-bit ganze Zahl mit Vorzeichen
Int16	short	16-bit ganze Zahl mit Vorzeichen
Int32	int	32-bit ganze Zahl mit Vorzeichen
Int64	long	64-bit ganze Zahl mit Vorzeichen
UInt16		16-bit ganze Zahl ohne Vorzeichen
UInt32		32-bit ganze Zahl ohne Vorzeichen
UInt64		64-bit ganze Zahl ohne Vorzeichen
Single	float	32-bit Gleitkommazahl
Double	double	64-bit Gleitkommazahl
Boolean	boolean	logisch, true (richtig), false (falsch)
Char	char	16-bit Unicode Schriftzeichen
Decimal		96-bit Dezimalzahl
IntPtr		ganze Zahl mit Vorzeichen
UIntPtr		ganze Zahl ohne Vorzeichen
String		Zeichenkette
Object		Die Wurzel der Objekthierarchie

String-Literale, Zeichen-Literale und Steuerzeichen

String-Literale werden in Anführungszeichen eingeschlossen und Zeichen-Literale in Apostroph. Der Rückstrich wird als Escape-Zeichen erkannt (vgl. C#).

Boolean-Literale

```
true    wahr, richtig
false   nicht wahr, falsch
```

Numerische Literale

```
125       ganze Zahl 8, 16 oder 32 bit (sbyte, short, int)
3465L     ganze Zahl 64 bit (long)
15.33F    Gleitkommazahl 32 bit (float)
346.38    Gleitkommazahl 64 bit (double)
346.38D   Gleitkommazahl 64 bit (double)
```

Mathematische Funktionen und Konstanten sowie Kulturkreise

siehe 2.1.2

Implizite Konvertierung

Implizite numerische Konvertierungen setzen voraus, dass der umzuwandelnde Typ vom umgewandelten Typ vollständig dargestellt werden kann. Ganzzahltypen können in längere Ganzzahltypen und auch in `float` oder `double` konvertiert werden.

Explizite Konvertierung

Konvertierungen, die implizit ausgeführt werden könen, dürfen auch explizit ausgeführt werden. Zu den expliziten Konvertiertungen zählen das Typecasting, die Umwandlung von Strings in numerische oder andere Typen mit `Parse` und weiteren Methoden und das Boxing und Unboxing.

Typecasting

Beim Typecasting wird, abgesehen vom Verlängern oder Verkürzen, nicht die Codierung des umgewandelten Wertes geändert. Die Anweisung

```
int i = (int)125L;
```

wandelt `long` explizit in `int` um, und

```
float u = (float)213.7;
```

wandelt `double` explizit in `float` um.

Boxing und Unboxing

Bei C# ist jeder Datentyp ein Objekt. Bei J# ist das nicht so. J# erlaubt aber einen Typecast zwischen den J# bzw. Java Datentypen und den von System.Object abgeleiteten Datentypen der .NET Klassenbibliothek, und es erlaubt einen Typecast von System.Object zu den abgeleiteten Datentypen. Boxing und Unboxing ist daher über Typecasts möglich.

```
int i = 95;
// Boxing
Object box = (Int32)i;
// Unboxing
int j = (int)(Int32)box;
```

2.3.3 Kontrollstrukturen

Abgesehen von goto und foreach entsprechen die Kontrollstrukturen den im Abschnit 2.1.3 beschriebenen. Statt des goto gibt es Labeled Statements, die, wie bei Java, mit break und continue verwendet werden können.

Ausnahmebehandlung

Try - Catch - Finally erfüllt die bei C# bereits erläuterten Funktionen. Da es bei J# neben System.Exception auch Java.Lang.Exception gibt, ist auf eine eindeutige Schreibweise zu achten. Da J# keine Eigenschaften kennt, muss die Methode get_Message() verwendet werden, um die Nachricht einer Exception abzufragen. Mit throws und throw können Exceptions erzeugt werden.

```
try
{
  c = a / b;
}
catch(System.Exception e)
{
  Console.WriteLine(e.get_Message());
}
```

2.3.4 Datenstrukturen

Strings

J# verbindet Java und .NET derartig, dass, nicht nur bei Strings, eine erhöhte Aufmerksamkeit erforderlich ist. Beispiel 2.3_1 spricht für sich.

```
// 2.3_1.jsl

import System.*;

class Haupt
{
```

```
public static void main()
{
  // Java
  java.lang.String s1 = "java.lang.String ";
  // .NET
  System.String s2 = "System.String ";
  // ?
  String s3 = "String";
  String s4 = s1 + s2 + s3;

  // Die Antwort(en) auf das Fragezeichen
  // Java println und .NET GetType
  System.out.println("s4: " + s4.GetType());
  // .NET WriteLine und Java getClass
  Console.WriteLine("s4: " + s4.getClass() + '\n');

  // Java: Position 5 bis 16
  Console.WriteLine(s4.substring(5, 16));
  // .NET: 16 Zeichen ab Position 5
  Console.WriteLine(s4.Substring(5, 16));

  // Java
  StringBuffer sb = new StringBuffer(s1);
  sb.append(s2).append(s3);

  // Java
  System.out.println(sb);
  // .NET
  Console.WriteLine(sb);
  }
}
```

Ausgabe:

```
s4: System.String
s4: class java.lang.String

lang.String
lang.String Syst
java.lang.String System.String String
java.lang.String System.String String
```

Eindimensionale Arrays

Vereinbarung:

```
int a[];
a = new int[5];
String[] b = new String[7]; // Indexbereich 0 bis 6
double[] c = {1, 2, 3}; // initialisiert
```

Zugriff:

```
a[2] = 27;
b[0] = "Hallo";
double x = c[2];
```

Mehrdimensionale Arrays

Vereinbarung:

```
double a[,];
a = new double[5, 6];
float[,] b = new float[7, 8];
int c[,] = {{1, 2, 3}, {4, 5, 6}};
```

Zugriff:

```
a[4, 5] = 13;
b[0, 0] = 17;
int x = c[1, 2];
```

Ungleichförmige Arrays

Vereinbarung:

```
double[][] a = new double[2][];
a[0] = new double[]{0.0, 0.1, 0.2};
a[1] = new double[]{1.0, 1.1};
```

Zugriff:

```
double x = a[0][1];
```

Kollektionen

Es stehen sowohl Java als auch .NET Kollektionen zur Verfügung.

z. B.:

```
java.util.Vector v = new java.util.Vector();
System.Collections.ArrayList a = new System.Collections.ArrayList();
```

2.3.5 Klassen, Schnittstellen, Strukturen und Enumerationen

J# Klassen können nur `public` vereinbart werden. Wenn kein Zugriffsmodifizierer vorhanden ist, sind J# Klassen im CIL Code ebenfalls `public`. Auch für innere Klassen und andere Mitglieder gelten eingeschränkte Regeln.

Zugriffsmodifizierer der inneren Klassen

J#   **CIL**

```
public        nested public     öffentlich
protected     nested public     öffentlich
private       nested private    sichtbar innerhalb der Klasse
```

Zugriffsmodifizierer anderer Mitglieder

J#   **CIL**

```
public        public            öffentlich
protected     public            öffentlich
private       private           sichtbar innerhalb der Klasse
```

Interfaces

```
public interface abc
{
  public void uvw(long x);
  public String xyz();
}
```

abstrakte Klassen

```
public abstract class abc
{
  public static int i;
  public double x;

  public static long lang(int x)
  {
    return x;
  }

  public abstract void xyz();
}
```

versiegelte Klassen

```
final class abc
{
  // Mitglieder
}
```

Virtuelle Methoden

Virtuelle Methoden werden weder in der Basisklasse noch in der abgeleiteten Klasse gekennzeichnet.

Konstruktoren und Destruktoren

```
Konstruktor:  Modifizierer Klassenname( Parameterliste ){ Block }
Destruktor:   protected void finalize( ){ Block }
```

Instanziiren:

```
abc instanz = new abc( Parameterliste );
```

Auch bei J# wird der Destruktor, wenn die Instanz einer Klasse ihre Gültigkeit verliert, nicht unmittelbar aufgerufen. Er wird erst bei der nächsten Garbage Collection aufgerufen.

Parameterübergabe

Auch J# kennt Wert- und Referenztypen, die allerdings nur als Wertparameter übergeben werden können. Spricht man bei J# bzw. Java von pass by reference, so ist das Übergeben eines Referenztyps als Wertparameter gemeint.

```
void abc(int i) // Werttyp
void def(double[] x) // Referenztyp
```

Eigenschaften

J# kennt keine Eigenschaften. Daher müssen get und set Methoden verwendet werden. Werden die get und set Methoden mit dem /** @property */ Attribut versehen, so können Sprachen, die Eigenschaften kennen, diese Methoden als Eigenschaften verwenden.

Beispiel:

```
/** @property */
public int get_Nummer()
{
  return nummer;
}
```

2.3.6 Delegates und Events

Die Beispiele 2.3_2 und 2.3_3 sind die Übersetzungen der Beispiele 2.1_4 und 2.1_5. Die Attribute /** @delegate */ und /** @event */ ermöglichen eine .NET gerechte Definition von Delegates und Events.

```
// 2.3_2.jsl
import System.*;
class delegateTest
{
  /** @delegate */
  delegate void Aus();
```

```jsl
      public void Ausgabe()
      {
        Console.WriteLine("Hallo");
      }
      public delegateTest()
      {
        Aus a = new Aus(Ausgabe);
        Ausgabe();
        a.Invoke();
      }
      public static void main()
      {
        new delegateTest();
      }
    }

    // 2.3_3.jsl
    import System.*;

    /** @delegate */
    public delegate void numHandler(Object o, Argumente e);

    public class Argumente extends EventArgs
    {
      private int nummer;

      /** @property */
      public int get_Nummer()
      {
        return nummer;
      }
      public Argumente(int nummer)
      {
        this.nummer = nummer;
      }
    }

    class eventTest
    {
      public numHandler ev = null;

      /** @event */
      public void add_Event(numHandler p)
      {
        ev = (numHandler)System.Delegate.Combine(ev, p);
      }

      /** @event */
      public void remove_Event(numHandler p)
      {
```

```
      ev = (numHandler) System.Delegate.Remove(ev, p);
    }
    public void OnNumEvent(Object o, Argumente e)
    {
      Console.WriteLine("Ereignis {0}", (Int32)e.get_Nummer());
    }

    public eventTest()
    {
      add_Event(new numHandler(OnNumEvent));
      for(int i=1; i<=10; i++)
      {
        Argumente a = new Argumente(i);
        ev.Invoke(new Object(), a);
      }
    }

    public static void main()
    {
      new eventTest();
    }
}
```

2.3.7   Attribute und Reflection

J# erlaubt nicht die Definition von Attributen. Es können jedoch Attribute verwendet werden.

J# Attributsyntax:

```
/** @attribute Attributname( Argumentliste ) */
```

Beispiele 2.1_7 wird in zwei Dateien verteilt. Die Datei 2.3_4a.cs definiert das Attribut Versionsdaten, und 2.3_4b.jsl benutzt das Attribut.

```
// 2.3_4a.cs
using System;

[AttributeUsage(
  AttributeTargets.All, AllowMultiple = true)]
public class Versionsdaten : Attribute
{
  private string datum;
  private string programmierer;
  private string version;
  private string kommentar;

  public Versionsdaten(){}
  public Versionsdaten(string datum, string programmierer, string version)
  {
    this.datum = datum;
    this.programmierer = programmierer;
```

```
      this.version = version;
    }
    public string Datum
    {
      get{ return datum; }
    }
    public string Programmierer
    {
      get{ return programmierer; }
    }
    public string Version
    {
      get{ return version; }
    }
    public string Kommentar
    {
      get{ return kommentar; }
      set{ kommentar = value; }
    }
  }
```

Kompilieren: `csc /t:library 2.3_4a.cs`

```
// 2.3_4b.jsl

import System.*;
import System.Reflection.*;

/** @attribute Versionsdaten("01.07.02","Otto Meier","V1.0") */
/** @attribute Versionsdaten("02.08.02","Otto Meier","V1.1",
  Kommentar="noch 3 Stellen ergänzt") */
class pidecimal
{
  public Decimal GetPi()
  {
    return Decimal.Parse("3,1415926535897932384626643383");
  }
}
class attributTest
{
  public static void main()
  {
    pidecimal p = new pidecimal();
    Console.Write("pi = ");
    Console.WriteLine(p.GetPi());

    MemberInfo info = p.GetType();
    Object[] attr =
      info.GetCustomAttributes(
        (new Versionsdaten()).GetType(), false);
```

```
       Object a;
       for(int i=0; i<attr.get_Length(); i++)
       {
         a = attr[i];
         Versionsdaten vd = (Versionsdaten) a;
         Console.WriteLine();
         Console.Write(vd.get_Datum());
         Console.Write(" ");
         Console.Write(vd.get_Programmierer());
         Console.Write(" ");
         Console.Write(vd.get_Version());
         Console.Write(" ");
         Console.WriteLine(vd.get_Kommentar());
       }
     }
}
```

Kompilieren: `vjc /r:2.3_4a.dll 2.3_4b.jsl`

Ausgabe:
```
pi = 3.14159265358979323846264643383

01.07.02 Otto Meier V1.0

02.08.02 Otto Meier V1.1 noch 3 Stellen ergänzt
```

2.4   JScript .NET - Die Skript-, CGI- und Anwendungssprache

2.4.1   Skripten und Anwendungen mit JScript .NET

JScript .NET ist der Nachfolger von JScript, der Microsoft-Variante von Java Script. Es kann mit ASP.NET als klientseitige oder serverseitige Skriptsprache und sogar, wie z. B. Perl, als CGI Sprache verwendet werden. JScript .NET hat einerseits nach ECMA 262 standardisierte Elemente, und es besitzt andererseits Elemente, die darüber hinausgehen. Mit JScript .NET kann man Anwendungen programmieren, kompilierten Code erzeugen und typisierte und nicht typisierte Variablen verwenden. JScript .NET ist objektorientiert. Die gesamte .NET Klassenbibliothek steht dieser Sprache offen. Da JavaScript und JScript hinreichend bekannt sind, stehen in der nachfolgenden Beschreibung die .NET bezogenen Elemente im Vordergrund.

2.4.2   Operatoren, Datentypen und Literale

Operatoren

```
Arithmetische Operatoren: +   -   *   /   %
Inkrement und Dekrement: ++   --
Bitweise und logische Operatoren: &   |   ^   !   ~   &&   ||
Bitverschiebung: <<   >>
Verketten von Zeichenfolgen: +
```

```
Vergleichsoperatoren: ==  !=  <  >  <=  >=  ===  !==  in
Zuweisungsoperatoren: =  +=  -=  *=  /=  %=  &=  |=  ^=  <<=  >>=  >>>=
Memberzugriff: .  z. B.: System.Console.WriteLine();
Indizierung: [ ]  z. B.: p[i]
Typkonvertierung: ( )  z. B.: (int) (long) (double)
Bedingung: ?:  z. B.: int a= 5<2 ? 5 : 2;
Delegates verketten und entfernen: +  -
Instanziierungsoperator: new
```

Datentypen

class/struct	integrierter JScript .NET Datentyp	
Byte	byte	8-bit ganze Zahl ohne Vorzeichen
SByte	sbyte	8-bit ganze Zahl mit Vorzeichen
Int16	short	16-bit ganze Zahl mit Vorzeichen
Int32	int	32-bit ganze Zahl mit Vorzeichen
Int64	long	64-bit ganze Zahl mit Vorzeichen
UInt16	ushort	16-bit ganze Zahl ohne Vorzeichen
UInt32	uint	32-bit ganze Zahl ohne Vorzeichen
UInt64	ulong	64-bit ganze Zahl ohne Vorzeichen
Single	float	32-bit Gleitkommazahl
Double	double, number	64-bit Gleitkommazahl
Boolean	boolean	logisch, true (richtig), false (falsch)
Char	char	16-bit Unicode Schriftzeichen
Decimal	decimal	96-bit Dezimalzahl
IntPtr		ganze Zahl mit Vorzeichen
UIntPtr		ganze Zahl ohne Vorzeichen
String	String	Zeichenkette
Object		Die Wurzel der Objekthierarchie

String-Literale, Zeichen-Literale und Steuerzeichen

String-Literale werden in Anführungszeichen eingeschlossen und Zeichen-Literale in Apostroph. Der Rückstrich wird als Escape-Zeichen erkannt (vgl. C#).

Boolean-Literale

```
true    wahr, richtig
false   nicht wahr, falsch
```

Numerische Literale

Eine Kennzeichnung des Datentyps gibt es bei numerischen Literalen nicht. Ganze Zahlen, z. B. 123 oder auch 123.0, können ganzzahligen Typen zugewiesen werden. Ist die zugewiesene Zahl zu groß, so entsteht ein Typenkonflikt. Werden Zahlen mit Nachkommastellen, z. B. 123.5, ganzzahligen Typen zugewiesen, so ist dies wieder ein Typenkonflikt. Variablen der Typen `float`, `double` und `decimal` können alle numerischen Literale zugewiesen werden. Ist die Zahl zu groß, so ist der Wert +unendlich oder -unendlich.

Mathematische Funktionen und Konstanten sowie Kulturkreise

siehe 2.1.2

Implizite Konvertierung

Ganzzahlige Typen können ganzzahligen Typen zugewiesen werden. Ist die zugewiesene Zahl zu groß, so entsteht ein Typenkonflikt. Gleitkommatypen können ebenfalls ganzzahligen Typen zugewiesen werden. Hat der Gleitkommawert Nachkommastellen, so ist dies wieder ein Typenkonflikt. Gleitkommatypen können alle numerischen Typen zugewiesen werden. Ist der Wert zu groß, so ist er +unendlich oder -unendlich.

Explizite Konvertierung

Bei expliziten Konvertierungen wird der Typname benutzt.

Beispiel: `var a:int = int(395.7);`

Boxing und Unboxing

Bei JScript .NET sind weder beim Boxing noch beim Unboxing Typecasts erforderlich.

```
var i:int = 345;
var o:Object = i;
var j:int = o;
```

2.4.3 Kontrollstrukturen

Bedingte Anweisungen:

```
if( Bedingung ) Anweisung; else Anweisung;
if( Bedingung ){ . . . } else { . . . }

Variable = ( Bedingung ) ? Ausdruck 1 : Ausdruck 2;

switch(a){
  case b: . . . break;
  case . . .
}
```

Schleifen:

```
for(i=0; i<5; i++) Anweisung;
for(i=0; i<5; i++){ . . . }

while( Bedingung ){ . . . }

do{ . . . }while( Bedingung );

for(b in a)
{
  Console.WriteLine(a[b]);
}
```

Ausnahmebehandlung

Zur Ausnahmebehandlung stehen `try`, `catch`, `finally` und `throw` zur Verfügung.

```
try{ . . . }
catch(e){ . . . }
finally{ . . . }
```

2.4.4   Datenstrukturen

Strings

```
var s1:String;
var s2:String = "Text";
var s3:String[]  = new String[ Länge ];
```

Eindimensionale Arrays

Vereinbarung:

```
var a:int[];
a = new int[5];
var b:String[] = new String[7]; // Indexbereich 0 bis 6
var c:double[] = [1, 2, 3]; // initialisiert
var d = new Array(); // auch das geht
```

Zugriff:

```
a[2] = 27;
b[0] = "Hallo";
var x:double = c[2];
var i;
for(i in d)print(d[i]); // print gibt es noch
```

Mehrdimensionale Arrays

Vereinbarung:

```
var a:double[,];
a = new double[5, 6];
var b:float[,] = new float[7, 8];
```

Zugriff:

```
a[4, 5] = 13;
b[0, 0] = 17;
```

Ungleichförmige Arrays

Vereinbarung:

```
var a:double[][] = new (double[])[2];
a[0] = [0.0, 0.1, 0.2];
a[1] = [1.0, 1.1];
```

Zugriff:

```
var x:double = a[0][1];
```

Kollektionen

siehe 2.1.4

2.4.5 Klassen, Schnittstellen, Strukturen und Enumerationen

JScript .NET Klassen können public oder internal vereinbart werden. Die internal Vereinbarung entspricht der private Vereinbarung der CIL. Klassen, auch innere Klassen, und Mitglieder von Klassen ohne Zugriffsmodifizierer sind public. Bei inneren Klassen und anderen Mitgliedern gibt es fünf Zugriffsebenen.

Zugriffsmodifizierer der inneren Klassen

JScript .NET	CIL	
public	nested public	öffentlich
protected	nested family	sichtbar im gleichen Typ
internal	nested assembly	sictbar in Assembly
private	nested private	sichtbar innerhalb der Klasse
protected internal	nested famorassem	Family oder Assembly

Zugriffsmodifizierer anderer Mitglieder

JScript .NET   **CIL**

```
public             public          öffentlich
protected          family          sichtbar im gleichen Typ
internal           assembly        sictbar in Assembly
private            private         sichtbar innerhalb der Klasse
protected internal famorassem      Family oder Assembly
```

Interfaces, abstrakte und versiegelte Klassen

Interfaces können wie Klassen `public` oder `internal` vereinbart werden. Sie dürfen keine Feld- oder Typdefinitionen enthalten.

```
interface abc
{
  function uvw(x:long):int;
  function xyz();
}

interface def{ . . . }

class test implements abc. def
{
  function uvw(x:long):int{ . . . }
  function xyz(){ . . . }
}
```

abstrakte Klassen

```
abstract class abc
{
  public static var i:int;
  public var x:double;

  public static function lang(x:int):long
  {
    return x;
  }
  public abstract function xyz();
}

class test extends abc
{
  function xyz(){ . . . }
  . . .
}
```

versiegelte Klassen

```
final class abc{ . . . }
```

Virtuelle Methoden

Eine virtuelle Methode wird in der Basisklasse nicht gekennzeichnet. In der abgeleiteten Klasse kann sie mit override gekennzeichnet werden. Die Kennzeichnung ist jedoch nicht zwingend erforderlich.

```
class abc
{
  public function xyz()
  {
    . . .
  }
}
class def extends abc
{
  public override function xyz()
  {
    . . .
  }
}
```

Konstruktoren

Konstruktor: *Modifizierer* function *Klassenname*(*Parameterliste*){ *Block* }

```
class abc
{
  function abc( Parameterliste )
  {
    . . .
  }
}
```

Instanziieren:

```
var instanz:abc = new abc( Parameterliste );
```

Destruktoren gibt es nicht.

Parameterübergabe

Auch JScript .NET kennt Wert- und Referenztypen, die allerdings nur als Wertparameter übergeben werden können.

```
function abc(i:int) // Werttyp
Function def(x:double[]) // Referenztyp
```

Eigenschaften

JScript .NET Eigenschaften werden mit `function get` bzw. `function set` gekennzeichnet.

```
var x:double;
function get X():double{ return x; }
function set X( value:double ){ x = value; }
```

2.4.6 Delegates und Events

Delegates und Events können in JScript .NET benutzt aber nicht definiert werden. Daher wird C# benutzt, um JScript .NET auf die Sprünge zu helfen. Die Beispiele 2.4_1 und 2.4_2 sind, soweit möglich, die Übersetzungen der Beispiele 2.1_4 und 2.1_5.

Die Definition des Delegates in C#:

```
// 2.4_1a.cs
// Kompilieren: csc /t:library 2.4_1a.cs
public delegate void Aus();
```

Das JScript .NET Programm benutzt den definierten Delegate.

```
// 2.4_1b.js
// Komilieren: jsc /r:2.4_1a.dll 2.4_1b.js

import System;

class delegateTest
{
  public function Ausgabe()
  {
    Console.WriteLine("Hallo");
  }

  function delegateTest()
  {
    var a:Aus = Ausgabe;
    Ausgabe();
    a();
  }
}
new delegateTest();
```

Mit JScript .NET kann man einerseits bestehende Eventhandler überschreiben, und man kann andererseits mit der Funktion add_*Event* (*Eventhandler*) einem Event einen Eventhandler zuordnen. In einer Windows Anwendung

soll dem Button but der Eventhandler but_click zugeordnet werden. Der C#
Anweisungsfolge

```
System.Windows.Forms.Button but =
    new System.Windows.Forms.Button();
but.Click += new EventHandler(but_click);
```

entspricht die Anweisungfolge

```
var but:System.Windows.Forms.Button =
  new System.Windows.Forms.Button();
but.add_Click(but_click);
```

in JScript .NET. Beispiel 2.4_2 definiert den Delegate numHandler und die
Klasse Ereignis, die das Ereignis numEvent und die Methode RaiseNumEvent enthält. RaiseNumEvent löst das Ereignis numEvent aus.

Die Definition des Delegates und des Events in C#:

```
// 2.4_2a.cs
// Kompilieren: csc /t:library 2.4_2a.cs

using System;

// Der Delegate numHandler
public delegate void numHandler(object o. Argumente e);

// Die Argumente des Events numEvent
public class Argumente : EventArgs
{
  private int nummer;
  public int Nummer
  {
    get{ return nummer; }
  }
  public Argumente(int nummer)
  {
    this.nummer = nummer;
  }
}

public class Ereignis
{
  // Der Event numEvent
  public event numHandler numEvent;

  // RaiseNumEvent löst das Ereignis numEvent aus.
```

```
    public void RaiseNumEvent(object o, int i)
    {
      Argumente a = new Argumente(i);
      numEvent(o, a);
    }
}
```

Das JScript .NET Programm definiert den Eventhandler `OnNumEvent` und ordnet diesen Eventhandler mit `add_numEvent` dem Ereignis `numEvent` zu. Das geht, obwohl das C# Programm 2.4_2a.cs die Methode `add_numEvent` gar nicht definiert.

```
// 2.4_2b.js
// Kompilieren: jsc /r:2.4_2a.dll 2.4_2b.js

import System;

class eventTest
{
  // EventHandler: OnNumEvent
  function OnNumEvent(o:Object, e:Argumente)
  {
    Console.Write("Ereignis ");
    Console.WriteLine(e.Nummer);
  }

  // Konstruktor
  function eventTest()
  {
    // Instanz der Klasse Ereignis
    var er:Ereignis = new Ereignis();

    // Dem Ereignis numEvent wird der
    // Eventhandler OnNumEvent zugeordnet.
    er.add_numEvent(OnNumEvent);

    // Das Ereignis numEvent wird 10-mal
    // mit dem Argument i ausgelöst.
    var i:int;
    for(i=1; i<=10; i++)
    {
      er.RaiseNumEvent(this, i);
    }
  }
}
new eventTest();
```

2.4.7   Attribute und Reflection

Beispiel 2.4_2 ist die Übersetzung des Beispiels 2.1_7.

```
// 2.4_2.js

import System;
import System.Reflection;

// Definition: Custom Attribut. Versionsdaten
public
AttributeUsage(AttributeTargets.All,
  AllowMultiple = true)
class Versionsdaten extends Attribute
{
  private var datum:String;
  private var programmierer:String;
  private var version:String;
  private var kommentar:String;
  public function Versionsdaten(
    datum:String, programmierer:String, version:String)
  {
    this.datum = datum;
    this.programmierer = programmierer;
    this.version = version;
  }
  public function get Datum():String
  {
    return datum;
  }
  public function get Programmierer():String
  {
    return programmierer;
  }
  public function get Version():String
  {
    return version;
  }
  public function get Kommentar():String
  {
    return kommentar;
  }
  public function set Kommentar(value:String)
  {
    kommentar = value;
  }
}
```

```
// Anwendung des Attributs Versionsdaten
// auf die Klasse pidecimal
public
Versionsdaten("01.07.02"."Otto Meier"."V1.0")
Versionsdaten("02.08.02"."Otto Meier"."V1.1".
  Kommentar="noch 3 Stellen ergänzt")
class pidecimal
{
  public function GetPi():decimal
  {
    return 3.1415926535897932384626433383:
  }
}

class attributTest
{
  public function attributTest()
  {
    var p:pidecimal = new pidecimal():
    Console.WriteLine("pi = {0}". p.GetPi()):

    // Die Attribute der Klasse pidecimal
    // werden abgefragt und protokolliert.
    var info:MemberInfo = p.GetType():
    var v:Versionsdaten = new Versionsdaten():
    var attr:Object[] =
      info.GetCustomAttributes(v.GetType(). false):

    var a:int:
    for(a in attr)
    {
      var vd:Versionsdaten = Versionsdaten(attr[a]):
      Console.WriteLine("\n{0} {1} {2} {3}".
        vd.Datum. vd.Programmierer. vd.Version. vd.Kommentar):
    }
  }
}
new attributTest():Kompilieren: vjc /r:2.3_6a.dll 2.3_6b.jsl
```

Ausgabe:

```
pi = 3.1415926535897932384626433383

02.08.02 Otto Meier V1.1 noch 3 Stellen ergänzt

01.07.02 Otto Meier V1.0
```

2.5 C++ .NET - Gewohntes und Bewährtes mit .NET verbinden

2.5.1 Managed Extensions for C++

Der C++ [2] Compiler ist der mit Abstand umfangreichste .NET Compiler. Er unterstützt objektorientierten, nicht objektorientierten, verwalteten (gemanagten) und nicht verwalteten (nicht gemanagten) Code. Er unterstützt die Active Template Library (ATL) [1], ATL Server, Microsoft Foundation Classes (MFC), Shared Classes (ATL und MFC), OLE DB Templates, C Run-Time Library, Standard C Library und natürlich auch die .NET Klassenbibliothek. Er unterstützt darüber hinaus auch Mischungen von allem innerhalb eines Programms und sogar innerhalb einer Datei. Managed Extensions for C++ bezeichnet, aus Schlüsselwörtern und Attributen bestehende, Spracherweiterungen, die das Erzeugen verwalteten Codes mit C++ ermöglichen.

Ein nicht gemanagtes, nicht objektorientiertes C++ Programm:

```
// 2.5_1.cpp

#include <stdio.h>

char* text()
{
  return "nicht gemanagt\nnicht objektorientiert\n\n";
}

void main()
{
  printf("Diese Version ist:\n\n");
  printf(text());
}
```

Das Beispiel wird mit `cl 2.5_1.cpp` kompiliert.

Ein nicht gemanagtes objektorientiertes C++ Programm:

```
// 2.5_2.cpp

#include <stdio.h>

class Test
{
public:
  Test()
  {
    printf("Diese Version ist:\n\n");
    printf(text());
  }
```

```
    char* text()
    {
      return "nicht gemanagt\nobjektorientiert\n\n";
    }
};

void main()
{
  new Test();
}
```

Das Beispiel wird mit cl 2.5_2.cpp kompiliert.

Der Quelltext der Beispiele 2.5_1 und 2.5_2 enthält gegenüber dem, was man vom herkömmlichen C++ gewohnt ist, nichts Neues. Der Compiler cl.exe, der in Visual Studio .NET bzw. im .NET Framework SDK enthalten ist, erzeugt nur dann gemanagten Code oder eine Mischung aus gemanagtem und nicht gemanagtem Code, wenn die /clr Option gesetzt ist.

Ein gemanagtes nicht objektorientiertes C++ Programm:

```
// 2.5_3.cpp

#using <mscorlib.dll>
using namespace System;

String* text()
{
  return S"gemanagt\nnicht objektorientiert\n";
}

void main()
{
  Console::WriteLine(S"Diese Version ist:\n");
  Console::WriteLine(text());
}
```

Das Beispiel benutzt die Klassen String und Console des Namensraums System der .NET Klassenbibliothek. Die vollständige Bezeichnung dieser Klassen ist demnach System.String und System.Console. Um das Stringliteral vom Typ System.String von einem Nullterminierten C++ String zu unterscheiden, wird ein S vor das führende Anführungszeichen gesetzt. Die Anweisung

```
return S"gemanagt\nnicht objektorientiert\n";
```

gibt daher einen Wert vom Typ `System.String` zurück. Ein ganz oder teilweise gemanagtes Programm muss die Direktive

```
#using <mscorlib.dll>
```

enthalten. Zusätzlich können ein oder mehrere Namensräume mit `using namespace` importiert werden. Das Programm wird mit `cl /clr 2.5_3.cpp` kompiliert. Falls beim Kompilieren die Fehlermeldung

```
"Nichtaufgelöstes externes Symbol __check_commonlanguageruntime_version"
```

erscheint, so erwartet die verwendete Version des C++ Compilers eine erweiterte /clr Option. Das Programm wird dann mit

```
cl /clr:initialAppDomain 2.5_3.cpp
```

kompiliert. Die Beispiele 2.5_4 und 2.5_5 werden auf die gleiche Weise kompiliert.

Ein gemanagtes objektorientiertes C++ Programm:

```cpp
// 2.5_4.cpp
#using <mscorlib.dll>
using namespace System;

__gc class Test
{
public:
  Test()
  {
    Console::WriteLine(S"Diese Version ist:\n");
    Console::WriteLine(text());
  }

  String* text()
  {
    return S"gemanagt\nobjektorientiert\n";
  }
};

void main()
{
  new Test();
}
```

Das Schlüsselwort `__gc` kennzeichnet die Klasse `Test` als gemanagte Klasse.

Ein gemischtes C++ Programm:

```cpp
// 2.5_5.cpp

#include <stdio.h>
#using <mscorlib.dll>
using namespace System;

#pragma unmanaged

class Seite
{
public:
  double x, y;
};

void Ausgabe(double w)
{
  printf("Die Laenge der 3. Seite ist %f\n", w);
}

#pragma managed

__gc class Test
{
public:
  Test()
  {
    Seite *p = new Seite();
    p->x = 3.0;
    p->y = 4.0;
    double l = Math::Sqrt(p->x * p->x + p->y * p->y);
    Ausgabe(l);
  }
};

void main()
{
  new Test();
}
```

Ist entweder keine pragma Direktive oder die Direktive #pragma managed vorhanden, so kann gemanagter, nicht gemanagter oder gemischter Code verwendet werden. Im Anschluss an die Direktive #pragma unmanaged darf jedoch nur lupenreiner nicht gemanagter Code folgen. Beide Direktiven müssen nicht in jedem Fall verwendet werden. Sie dürfen aber auch mehrfach verwendet werden.

2.5.2   Operatoren, Datentypen und Literale

Operatoren

```
Arithmetische Operatoren: +   -   *   /   %
Inkrement und Dekrement: ++   --
Bitweise und logische Operatoren: &   |   ^   !   ~   &&   ||
Bitverschiebung: <<   >>
Verketten von Zeichenfolgen: +
Vergleichsoperatoren: ==   !=   <   >   <=   >=
Zuweisungsoperatoren: =   +=   -=   *=   /=   %=   &=   |=   ^=   <<=   >>=
Memberzugriff: .   ::
Indizierung: [ ]   z. B.: p[i]
Typkonvertierung: ( )   z. B.: (int) (long) (double)
Bedingung: ?:  z. B.: int a= 5<2 ? 5 : 2;
Delegates verketten und entfernen: +   -
Instanziierungsoperator: new   delete
Typinformationen: sizeof   typeid
Dereferenzierung und Adresse: *   ->   []   &
```

Datentypen

class/struct	verwalteter integrierter C++ Datentyp	
Byte	char	8-bit ganze Zahl ohne Vorzeichen
SByte	signed char	8-bit ganze Zahl mit Vorzeichen
Int16	short	16-bit ganze Zahl mit Vorzeichen
Int32	int, long	32-bit ganze Zahl mit Vorzeichen
Int64	__int64	64-bit ganze Zahl mit Vorzeichen
UInt16	unsigned short	16-bit ganze Zahl ohne Vorzeichen
UInt32	unsigned int, unsigned long	32-bit ganze Zahl ohne Vorzeichen
UInt64	unsigned __int64	64-bit ganze Zahl ohne Vorzeichen
Single	float	32-bit Gleitkommazahl
Double	double	64-bit Gleitkommazahl
Boolean	bool	logisch, true (richtig), false (falsch)
Char	wchar_t	16-bit Unicode Schriftzeichen
Decimal	Decimal	96-bit Dezimalzahl
IntPtr		ganze Zahl mit Vorzeichen
UIntPtr		ganze Zahl ohne Vorzeichen
String	String*	Zeichenkette
Object	Object*	Die Wurzel der Objekthierarchie

C++ unterstützt in vollem Umfang nicht verwalteten Code, der auf Maschinenebene kompiliert wird. C++ unterstützt aber auch verwalteten Code, der in CIL Code kompiliert wird. Daher muss zwischen verwalteten und nicht verwalteten Typen unterschieden werden. Die oben aufgeführten Da-

tentypen sind verwaltete Datentypen, die mit Klassen oder Strukturen der
.NET Klassenbibliothek korrespondieren. Da die nicht verwalteten Datentypen zum Teil gleich lautend mit den verwalteten Datentypen sind, kann
es von der Vereinbarung oder dem Ort der Vereinbarung abhängen, um
welche Art von Datentyp es sich handelt. Daher gibt es eine nicht unbe-
trächtliche Zahl von Regeln, die im Umgang mit Datentypen bzw. Typen
im Allgemeinen zu beachten sind. Auf diese Regeln wird im Abschnitt 2.5.5
im Zusammenhang mit Klassen, Schnittstellen, Strukturen und Enumerationen kurz eingegangen.

Literale

Zeichenliterale werden in Apostroph eingeschlossen. Zeichenkettenliterale
werden in Anführungszeichen eingeschlossen. Man unterscheidet zwischen
dem Null terminierten String und dem verwalteten Datentyp `String*` bezie-
hungsweise `System::String*`.

Zeichen-Literale (`char`): `'a'`, `'b'`, `'1'`

C++ String (`char*`): `"abcdefg"`
C++ String (`unsigned short*`): `L"abcdefg"`
.NET String (`String*` bzw. `System::String*`): `S"abcdefg"`

C++ Strings können dem verwalteten Typ `String*` zugewiesen werden. Umgekehrt geht das nicht.

Literale mit \

Literale mit besonderer Bedeutung sind durch einen Rückstrich gekennzeichnet. (siehe 2.1.2)

Boolean-Literale

```
true    wahr, richtig
false   nicht wahr, falsch
```

Numerische Literale

```
125               ganze Zahl
4561, 456L        ganze Zahl 32 bit (int, long)
125u, 125U        vorzeichenlose ganze Zahl
456ul, 456UL      vorzeichenlose ganze Zahl 32 bit (unsigned int)
15.33f, 15.33F    Gleitkommazahl 32 bit (float)
0346              Oktalzahl
0x2FE, 0X2FE      Hexadezimalzahl
```

Mathematische Funktionen, Mathematische Konstanten und Kulturkreise

Es stehen Funktionen der C/C++ Run-Time Libraries und der .NET Klassenbibliothek (siehe 2.1.2) zur Verfügung.

Implizite Konvertierung

Implizite numerische Konvertierungen werden 1:1 ausgeführt. Gegebenenfalls wird verlängert oder verkürzt, was zu Fehlinterpretationen führen kann. C++ führt eine große Zahl impliziter Konvertierungen kritiklos aus. So kann z. B. int implizit in bool konvertiert werden.

```
int i = 1;
bool j = i;
```

Explizite Konvertierung

Zu den expliziten Konvertierungen zählen das Typecasting, die Umwandlung von Strings in numerische oder andere Typen mit Parse und weiteren Methoden und das Boxing und Unboxing.

Typecasting

Beim Typecasting wird, abgesehen vom Verlängern oder Verkürzen, nicht die Codierung des umgewandelten Wertes geändert. Die Konvertierung

```
unsigned short u = 65535;
short s = (short)u;
```

hat zur Folge, dass s anders interpretiert wird als u. Wenn u = 65535 ist, hat s den Wert -1.

Boxing und Unboxing

Boxing:

```
Object* box = __box(i);
```

Unboxing:

```
j = *dynamic_cast<__box int*>(box);
```

2.5.3   Kontrollstrukturen

if und else

```
if ( Bedingung ) Anweisung; else Anweisung;
```

oder

```
if ( Bedingung ) { Block } else { Block }
```

switch

```
switch( Ausdruck ){
  case Ausdruck:
    Anweisungen  . . .
    break;

  case Ausdruck:
    Anweisungen . . .
    break;

  default:
    Anweisungen . . .
    break;
}
```

Der Bedingungsoperator ?

```
Variable = ( Bedingung ) ? Ausdruck : Ausdruck
```

goto

```
Marke:
. . .
goto Marke;
```

for-Schleife

```
for( Initialisierung ; Bedingung ; Aktualisierung ) Anweisung;
```

oder

```
for( Initialisierung ; Bedingung ; Aktualisierung ) { Block }
```

while-Schleife

```
while( Bedingung ) Anweisung;
```

oder

```
while( Bedingung ) { Block }
```

do-while-Schleife

```
do Anweisung; while( Bedingung );
```

oder

```
do { Block } while( Bedingung );
```

Zur Beeinflussung des Ablaufs von Schleifen können break und continue verwendet werden.

Ausnahmebehandlung

```
try{ . . . }
catch( Exception* e){ . . . }
__finally{ . . . }
```

2.5.4 Datenstrukturen

Strings

Einen String vereinbaren und initialisieren:

```
String* s1 = S"Text";
```

Strings verbinden:

```
String* s2 = String::Concat(s1, S" 1. ", s1, S" 2");
```

Der Wert des Strings s2:

```
Text 1. Text 2
```

Daneben können Funktionen der C Run-Time Libraries, wie atof, strtod, strcat, strcpy, auf nicht verwaltete Typen angewendet werden.

Arrays

In C++ .NET gibt es Arrays mit festen Grenzen und auf Pointern beruhende dynamische Arrays.

Eindimensionale Arrays

Vereinbaren und initialisieren:

```
int a[4];
int b[] = {1, 2, 3, 4};
double *c = new double[3];
double d[] = {5.1, 6.2, 7.3};
```

Zugreifen:

```
a[0] = b[1];
*c = *d;
*(c+1) = *(d+2);
c[2] = d[1];
```

Mehrdimensionale Arrays

Vereinbaren und initialisieren:

```
float a[2][3];
float b[][3] =
{
  {0.0, 0.1, 0.2},
  {1.0, 1.1, 1.2}
};
```

Zugreifen:

```
a[1][2] = b[1][1];
```

Ungleichförmige Arrays

Vereinbaren:

```
double **c = new double*[2];
c[0] = new double[2];
c[1] = new double[3];
```

Zugreifen:

```
c[1][1] = 33.1;
c[0][0] = c[1][1];
```

Kollektionen

siehe 2.1.4

2.5.5 Klassen, Schnittstellen, Strukturen und Enumerationen

Bei nicht verwalteten Klassen ist die Mehrfachvererbung erlaubt. Die Vererbung kann durch Zugriffsmodifizierer gesteuert werden.

```
class abc{ . . . };

class def{ . . . };

class test : protected abc, public def
{
    . . .
};
```

Verwaltete Klassen können public oder private vereinbart werden. Für innere Klassen und andere Mitglieder gibt es sechs Zugriffsebenen.

Zugriffsmodifizierer der inneren Klassen

C++ .NET	CIL	
public	nested public	öffentlich
protected	nested family	sichtbar im gleichen Typ
public private	nested assembly	sictbar in Assembly
private	nested private	sichtbar innerhalb der Klasse
public protected	nested famorassem	Family oder Assembly
protected private	nested famandassem	Family und Assembly

Zugriffsmodifizierer anderer Mitglieder

C++ .NET	CIL	
public	public	öffentlich
protected	family	sichtbar im gleichen Typ
public private	assembly	sictbar in Assembly
private	private	sichtbar innerhalb der Klasse
public protected	famorassem	Family oder Assembly
protected private	famandassem	Family und Assembly

Für verwaltete und nicht verwaltete Typen und deren Zusammenspiel sind
Regeln einzuhalten. Ein nicht verwalteter Typ kann nicht von einem verwalteten Typ abgeleitet werden. Ebenso kann ein verwalteter Typ nicht
von einem nicht verwalteten Typ abgeleitet werden. Im Gegensatz zu nicht
verwalteten Klassen unterstützen verwaltete Klassen nur die public Vererbung. Die Mehrfachvererbung ist nur bei nicht verwalteten Klassen erlaubt.
Verwaltete Klassen dürfen jedoch von mehreren Schnittstellen erben. Eine
Schnittstelle darf keine Datenmitglieder enthalten. Das gilt sowohl für verwaltete als auch für nicht verwaltete Schnittstellen. Sowohl verwaltete als
auch nicht verwaltete Schnittstellen unterstützen nur die public Vererbung.
Schnittstellenmethoden dürfen nicht static vereinbart werden. Alle Schnittstellenmethoden müssen in der abgeleiteten Klasse implementiert werden.

Header-Dateien

Header-Dateien können weiterhin verwendet werden.

```
// 2.5_6.h

#using <mscorlib.dll>
using namespace System;

__gc class test
{
public:
  test();
};
```

```
// 2.5_6.cpp
// Kompilieren: cl /clr:initialAppDomain 2.5_6.cpp

#include "2.5_6.h"

test::test()
{
  Console::WriteLine("C++ Programm mit Header-Datei");
}

void main()
{
  new test();
}
```

__gc, __nogc und __value

Verwaltete Verweistypen werden mit __gc gekennzeichnet. Nicht verwaltete Typen werden mit __nogc gekennzeichnet. Nicht gekennzeichnete Klassen sind __nogc Klassen. Werttypen werden mit __value gekennzeichnet.

```
__gc class abc{public: int x;};
__nogc class def{public: int x;};
__value class ghi{public: int x;};
```

Die Klasse abc ist ein Verweistyp. Die Klasse def ist nicht verwaltet. Es kann keine verwaltete Ableitung von der Klasse def gebildet werden. Die Klasse ghi ist ein Werttyp. Von Werttypen können keine Ableitungen gebildet werden.

Instanziierung:

```
abc *a = new abc();
def *b = new def();
ghi* c = __nogc new ghi();
```

Die Instanz der Klasse abc wird auf dem Heap abgelegt. Die Variable a ist ein Verweis auf die Instanz der Klasse abc. Zum Instanziieren von Werttypen kann __nogc new verwendet werden. Es soll jedoch nicht zum Instanziieren von __gc Klassen verwendet werden.

Zugriff:

```
a->x = 5;
b->x = 6;
c->x = 7;
```

Interfaces

Nicht verwaltete Typen können nur von nicht verwalteten Typen und verwaltete Typen nur von verwalteten Typen abgeleitet werden. Das gilt auch für Schnittstellen. Verwaltete und nicht verwaltete Schnittstellen unterstützen nur die `public` Vererbung.

nicht verwaltet:

```
__interface abc{ public: void xyz(); };

class test : public abc
{
  void xyz(){ . . . }
};
```

verwaltet:

```
__gc __interface abc{ public: void xyz(); };

__gc class test : public abc
{
  void xyz(){ . . . }
};
```

abstrakte Klassen

Die verwaltete abstrakte Klasse abc und die verwaltete abgeleitete Klasse test sind unten abgebildet. Die Methode xyz ist eine abstrakte Methode. Abstrakte Methoden sind virtuelle Methoden. Sie werden durch den Anhang = 0 abstrakt gekennzeichnet. Abstrakte Methoden müssen in der abgeleiteten Klasse implementiert werden.

```
__abstract __gc class abc
{
public:
  static int i;
  double x;
  static long lang(int x){ return x; }
  virtual void xyz() = 0;
};

__gc class test : public abc
{
public:
  void xyz(){ . . . }
};
```

versiegelte Klassen

Die verwaltete versiegelte Klasse abc:

```
__sealed __gc class abc
{
public:
  static int i;
```

```
    double x;
    __int64 lang(int y){ return y; }
};
```

Instanziierung:

```
abc *a = new abc();
```

Zugriff:

```
abc::i = 5;
a->x = 3.7;
__int64 b = a->lang(12);
```

Strukturen

Verwaltete Strukturen können Werttypen oder Verweistypen sein.

```
__gc struct abc{ public: int x; }; // Verweistyp
__value struct def{ public: int x; }; // Werttyp
```

Instaniziierung:

```
abc *a = new abc();
def *b = __nogc new def();
```

Zugriff:

```
a->x = 3;
b->x = 4;
```

Enumerationen

```
__value enum abc : char{ a, b, c };
```

```
__value enum def : int{ d=3, e, f };
```

```
__value enum Farbe
{
  Rot   = 10,
  Gruen = 20,
  Blau  = 30
};
```

(abc)0   gleich a

(def)5   gleich f

(Farbe)10 gleich Rot

(int)Gruen gleich 20

Virtuelle Methoden

Virtuelle Methoden werden in der Basisklasse `virtual` und in der abgeleiteten Klasse nicht gekennzeichnet.

```
__gc class abc
{
public:
  virtual void Ausgabe(){ . . . }
};

__gc class def : public abc
{
public:
  void Ausgabe(){ . . . }
};
```

Konstruktoren und Destruktoren

Konstruktor: `Klassenname( Parameterliste ){ Block }`

Destruktor: `~Klassenname( ){ Block }`

In nicht verwaltetem Code wird der Destruktor aufgerufen, sobald die Instanz ihre Gültigkeit verliert. In verwaltetem Code wird der Destruktor erst bei der nächsten Garbage Collection aufgerufen.

Parameterübergabe

Werttypen können als Wert-, Referenz- oder Pointerparameter übergeben werden.

```
void xyz(int i){ i = 7; } // Wertparameter
```

Aufruf:

```
int a = 5;
xyz(a);  // a gleich 5
```

```
void xyz(int &i){ i = 7; } // Referenzparameter
```

Aufruf:

```
int a = 5;
xyz(a);  // a gleich 7
```

```
void xyz(int *i){ *i = 7; } // Pointerparameter
```

Aufruf:
```
int a = 5;
xyz(&a);  // a gleich 7
```

Die folgenden Objekte werden nicht auf dem Heap, sondern als lokale Variablen gespeichert. Sie verhalten sich daher bei der Parameterübergabe wie Werttypen. Man sollte sich nicht durch den Stern täuschen lassen.

```
void xyz(Object *o){ o = __box(7); } // Wertparameter
```

Aufruf:

```
Object *a = __box(5);
xyz(a); // a gleich __box(5)
```

```
void xyz(Object *&o){ o = __box(7); } // Referenzparameter
```

Aufruf:

```
Object *a = __box(5);
xyz(a); // a gleich __box(7)
```

```
void xyz(Object **o){ *o = __box(7); } // Pointerparameter
```

Aufruf:

```
Object *a = __box(5);
xyz(&a); // a gleich __box(7)
```

Auf dem Heap gespeicherte Objekte sind echte Verweis- bzw. Referenztypen. In den nun folgenden drei Fällen wird die Klasse

```
__gc class abc{public: int x;};
```

verwendet.

```
void xyz(abc *o){ o->x = 7; } // Wertparameter
```

Aufruf:

```
abc *a = new abc();
a->x = 5;
xyz(a); // a->x gleich 7
```

Der gleiche Aufruf führt bei der Methode

```
void xyz(abc *o){ o = new abc(); o->x = 7; }
```

zu dem Ergebnis, dass a->x gleich 5 ist. Die neu gebildete Instanz ist nur innerhalb der Methode xyz gültig. Sie wird durch den Wertparameter nicht nach außen transportiert. Referenzparameter verhalten sich anders. Daher ist sowohl bei

```
void xyz(abc *&o){ o->x = 7; }
```

als auch bei

```
void xyz(abc *&o){ o = new abc(); o->x = 7; }
```

nach dem Aufruf `a->x` gleich 7. Der Referenzparameter transportiert die neu gebildete Instanz nach außen. Nach dem Aufruf xyz(&a); der Methoden

```
void xyz(abc **o){ (*o)->x = 7; }
```

bzw.

```
void xyz(abc **o){ *o = new abc(); (*o)->x = 7; }
```

ist `a->x` gleich 7. Auch der Pointerparameter transportiert die neu gebildete Instanz nach außen.

Eigenschaften und indizierte Eigenschaften

Eigenschaften werden durch get und set Methoden definiert, die mit dem Schlüsselwort __property gekennzeichnet sind.

```
__gc class abc
{
private:
  int length;
public:
  __property int get_Length(){ return length; }
  __property void set_Length( int value){length = value; }
};
```

Zugriff:

```
abc *a = new abc();
a->Length = 15;
int b = a->Length;
```

Eigenschaften können indiziert werden.

```
__gc class abc
{
  // Datenstruktur definieren
public:
  __property char get_Wert(int Index)
  {
    // Value mit Index ermitteln
    return Value;
  }
  __property void set_Wert(int Index, int Value)
  {
    // Value gemäß Index speichern
  }
}
```

Zum Speichern des Wertes können ganz unterschiedliche Datenstrukturen benutzt werden. Wenn a eine Instanz der Klasse abc ist, kann mit `a->Wert[i]` auf die indizierte Eigenschaft zugegriffen werden.

Überladen von Operatoren

C++ Operatoren können überladen werden. Das geht auch in verwaltetem Code.

Klassendefinition:

```
__value class Komplex
{
public:
  double i, r;
  Komplex(double a, double b){i=a; r=b;}
  static Komplex op_Addition(Komplex a, Komplex b)
  {
    return (Komplex(a.i+b.i, a.r+b.r));
  }
};
```

Zugriff:

```
Komplex a(5, 2);
Komplex b(7, 4);
Komplex c = a + b;
```

2.5.6   Delegates und Events

C++ kennt Funktionszeiger. Delegates sind qualifizierte Funktionszeiger.

Beispiel 2.5_7 entspricht Beispiel 2.1_4.

```
// 2.5_7.cpp

#using <mscorlib.dll>
using namespace System;

__gc class delegateTest
{
public:
  __delegate void Aus();
  void Ausgabe()
  {
    Console::WriteLine("Hallo");
  }
  delegateTest()
  {
    Aus *a = new Aus(this, Ausgabe);
    Ausgabe();
    a();
  }
};
```

```cpp
void main()
{
  new delegateTest();
}
```

Beispiel 2.5_8 entspricht Beispiel 2.1_5.

```cpp
// 2.5_8.cs

#using <mscorlib.dll>
using namespace System;

//__delegate void numHandler(Object *o, Argumente *e);
__gc class Argumente : public EventArgs
{
private: int nummer;
public:
  __property int get_Nummer(){return nummer;}
  Argumente(int nummer){this->nummer = nummer;}
};
__delegate void numHandler(Object *o, Argumente *e);

__gc class eventTest
{
public:
  __event numHandler *numEvent;
  void OnNumEvent(Object *o, Argumente *e)
  {
    Console::WriteLine("Ereignis {0}", __box(e->Nummer));
  }
  eventTest()
  {
    numEvent += new numHandler(this, OnNumEvent);

    for(int i=1; i<=10; i++)
    {
      Argumente *a = new Argumente(i);
      numEvent(new Object(), a);
    }
  }
};
void main()
{
  new eventTest();
}
```

2.5.7   Attribute und Reflection

Beispiel 2.5_9 entspricht Beispiel 2.1_7.

```cpp
// 2.5_9.cs

#using <mscorlib.dll>
using namespace System;
using namespace System::Reflection;

[AttributeUsage(
  AttributeTargets::All,
  AllowMultiple = true)]
__gc class Versionsdaten : public Attribute
{
private:
  String *datum;
  String *programmierer;
  String *version;
  String *kommentar;
public:
  Versionsdaten(){}
  Versionsdaten(String *dat, String *prog, String *vers)
  {
    datum = dat;
    programmierer = prog;
    version = vers;
  }
  __property String* get_Datum(){return datum;}
  __property String* get_Programmierer(){return programmierer;}
  __property String* get_Version(){return version;}
  __property String* get_Kommentar(){return kommentar;}
  __property void set_Kommentar(String *value){kommentar = value;}
};

[Versionsdaten("01.07.02","Otto Meier","V1.0")]
[Versionsdaten("02.08.02","Otto Meier","V1.1",
  Kommentar="noch 3 Stellen ergänzt")]
__gc class pidecimal
{
public:
  Decimal GetPi( )
  {
    return Decimal::Parse("3.1415926535897932384626643383");
  }
};

__gc class test
{
```

```
public:
  test()
  {
    pidecimal *p = new pidecimal();
    Console::WriteLine("pi = {0}", __box(p->GetPi()));

    MemberInfo *info = p->GetType();
    Object *attr[] =
      info->GetCustomAttributes(__typeof(Versionsdaten), false);

    Versionsdaten *vd;
    for(int i=0; i<attr->Length; i++)
    {
      vd = (Versionsdaten*)attr[i];
      Console::WriteLine("\n{0} {1} {2} {3}",
        vd->Datum, vd->Programmierer, vd->Version, vd->Kommentar);
    }
  }
};
void main()
{
  new test();
}
```

3 Die .NET Klassenbibliothek - Überblick und Beispiele

Die Namensräume der .NET Klassenbibliothek und die Windows Forms werden vorgestellt. Anhand von Beispielen werden Windows-Anwendungen, Datenbankbearbeitung mit ADO.NET, Webprogrammierung mit ASP.NET, Web Services und Remoting erläutert.

3.1 Die Namensräume der .NET Klassenbibliothek

Microsoft.CSharp

C# Kompilierung und Codeerstellung

Microsoft.JScript

JScript Kompilierung und Codeerstellung

Microsoft.VisualBasic

Visual Basic .NET Kompilierung und Codeerstellung

Microsoft.Vsa

Integration von Skripten in Anwendungen

Microsoft.Win32

Behandeln von Betriebssystem-Ereignissen

System

grundlegende Klassen, Interfaces, Strukturen, Enumerationen, Delegates und das Typsystem

System.CodeDom

Darstellung von Quellcode-Elementen

System.CodeDom.Compiler

Generieren und Kompilieren von Quellcode-Elementen

System.Collections

stellt Kollektionen zur Verfügung

System.Collections.Specialized

stellt Kollektionen zur Verfügung

System.ComponentModel

Basisklassen für die Implementierung von Komponenten, Steuerelementen, Attributen, Typkonvertern, . . .

System.ComponentModel.Design

benutzerdefiniertes Verhalten von Komponenten und Benutzeroberflächen

System.ComponentModel.Design.Serialization

Anpassen und Steuern der Serialisierung

System.Configuration

programmgesteuerter Zugriff auf Konfigurationseinstellungen

System.Configuration.Assemblies

Konfigurieren von Assemblies

System.Configuration.Install

unterstützt das Schreiben benutzerdefinierter Installationsprogramme

System.Data

Datenbankbearbeitung mit ADO.NET

System.Data.Common

Enthält Klassen, die von Datenprovidern gemeinsam verwendet werden.

System.Data.Odbc

Datenprovider für ODBC

System.Data.OleDb

Datenprovider für OLE DB

System.Data.OracleClient

Datenprovider für Oracle

System.Data.SqlClient

Datenprovider für SQL Server

System.Data.SqlServerCE

Datenprovider für SQL Server CE

System.Data.SqlTypes

systemeigene Datentypen im SQL Server

System.Diagnostics

Systemprozesse, Debugging

System.Diagnostics.SymbolStore

Debugsymbol-Informationen

System.DirectoryServices

Active Directory

System.Drawing

GDI+ Grafikfunktionen

System.Drawing.Design

Logik- und Zeichenfunktionen für benutzerdefinierte Toolboxelemente

System.Drawing.Drawing2D

Funktionen für 2D-Grafik: Farbverlauf, Transformationen

System.Drawing.Imaging

erweiterte GDI+ Grafik

System.Drawing.Printing

Dienste für das Drucken

System.Drawing.Text

GDI+ Typografiefunktionen

System.EnterpriseServices

Objekte mit Zugriff auf COM+ Dienste

System.EnterpriseServices.CompensatingResourceManager

CRM-Objekte (Compensating Resource Manager)

System.EnterpriseServices.Internal

Aufruf von EnterpriseServices aus nicht verwalteten COM+ Klassen

System.Globalization

kulturbezogene Informationen: Kalender, Formatierungsmuster, ...

System.IO

synchrones sowie asynchrones Lesen und Schreiben auf Datenstreams und Dateien

System.IO.IsolatedStorage

Erstellen und Verwenden isolierter Speicher

System.Management

Zugriff auf die WMI-Infrastruktur

System.Management.Instrumentation

Instrumentieren der Verwaltung

System.Messaging

Senden, Empfangen und Einsehen von Meldungen

System.Net

Programmierschnittstellen für Netzwerkprotokolle

System.Net.Sockets

Sockets (Winsock-Schnittstelle)

System.Reflection

dynamisches Erstellen und Aufrufen von Typen

System.Reflection.Emit

Metadaten, MSIL, PE-Dateien

System.Resources

Erstellen, Speichern und Verwalten kulturabhängiger Ressourcen

System.Runtime.CompilerServices

Attribute in Metadaten, die das Laufzeitverhalten der CLR beeinflussen

System.Runtime.InteropServices

Zusammenarbeit mit nicht verwaltetem Code

System.Runtime.InteropServices.CustomMarshalers

unterstützt die .NET-Infrastruktur

System.Runtime.InteropServices.Expando

IExpando-Schnittstelle

System.Runtime.Remoting

Erstellen und Konfigurieren verteilter Anwendungen

System.Runtime.Remoting.Activation

Server- und Clientaktivierung von Remoteobjekten

System.Runtime.Remoting.Channels

Channels und Channelempfänger

System.Runtime.Remoting.Channels.Http

Channels, die das HTTP-Protokoll verwenden

System.Runtime.Remoting.Channels.Tcp

Channels, die das TCP-Protokoll verwenden

System.Runtime.Remoting.Contexts

Definieren von Kontexten

System.Runtime.Remoting.Lifetime

Verwaltung der Lebensdauer von Remoteobjekten

System.Runtime.Remoting.Messaging

Erstellung und Weiterleitung von Nachrichten

System.Runtime.Remoting.Metadata

Erstellung und Verarbeitung von SOAP

System.Runtime.Remoting.Metadata.W3cXsd2001

XML Schema Definition (XSD)

System.Runtime.Remoting.MetadataServices

von Soapsuds.exe verwendete Klassen, Konvertieren von Metadaten

System.Runtime.Remoting.Proxies

Funktionen für Proxys

System.Runtime.Remoting.Services

Dienstklassen für Remoting

System.Runtime.Serialization

Serialisieren und Deserialisieren von Objekten

System.Runtime.Serialization.Formatters

Formatierung der Serialisierung

System.Runtime.Serialization.Formatters.Binary

Serialisieren und Deserialisieren von Objekten im Binärformat

System.Runtime.Serialization.Formatters.Soap

Serialisieren und Deserialisieren von SOAP-Objekten

System.Security

.NET Framework-Sicherheitssystem, Basisklassen für Berechtigungen.

System.Security.Cryptography

Kryptographiedienste, Codieren und Decodieren von Daten

System.Security.Cryptography.X509Certificates

Authenticode X.509-Zertifikat (v.3)

System.Security.Cryptography.Xml

Erstellen und Überprüfen digitaler XML-Signaturen

System.Security.Permissions

Steuerung von Zugriffen nach Sicherheitsrichtlinien

System.Security.Policy

Erstellen von Regeln des Sicherheitsrichtliniensystems

System.Security.Principal

Hauptobjekt für den Sicherheitskontext

System.ServiceProcess

Implementierung, Installation und Steuerung von Windows-Dienstanwendungen

System.Text

ASCII-, Unicode-, UTF-7- und UTF-8-Zeichencodierung

System.Text.RegularExpressions

Erkennen und Bearbeiten regulärer Ausdrücke

System.Threading

Multithreading: Erzeugen und Synchronisieren von Threads

System.Timers

Timer, Eventhandler und Argumente

System.Web

HTTP-Kommunikation zwischen Browser und Server

System.Web.Caching

Zwischenspeichern von Daten auf dem Server, Cache-Klasse, Wörterbuch

System.Web.Configuration

Einrichten der ASP.NET-Konfiguration

System.Web.Hosting

Funktionen zum Hosten von ASP.NET-Anwendungen

System.Web.Mail

Erstellen und Versenden von E-Mail

System.Web.Mobile

ASP.NET Mobile-Webanwendungen

System.Web.Security

ASP.NET-Sicherheit in Webserveranwendungen

System.Web.Services

XML-Webservices mit ASP.NET

System.Web.Services.Configuration

Konfigurieren von Webservices

System.Web.Services.Description

Beschreiben von Webservices mit WSDL

System.Web.Services.Discovery

Lokalisieren von Webservices

System.Web.Services.Protocols

Definieren der Protokolle für Webservices

System.Web.SessionState

Speichern der Daten von Webanwendungen auf dem Server

System.Web.UI

Erstellen von Steuerelementen und Seiten in Webanwendungen

System.Web.UI.Design

Design von Web Forms

System.Web.UI.Design.WebControls

Design von Web-Serversteuerelemente

System.Web.UI.HtmlControls

HTML-Serversteuerelemente

System.Web.UI.MobileControls

Serversteuerelemente für mobile Geräte

System.Web.UI.MobileControls.Adapters

Geräteadapterklassen für mobile Geräte

System.Web.UI.WebControls

Web-Serversteuerelemente

System.Windows.Forms

Windows-Anwendungen: Fenster, Steuerelemente, ...

System.Windows.Forms.Design

Design von Windows Forms-Komponenten

System.Xml

Unterstützung für XML

System.Xml.Schema

Unterstützung für XSD

System.Xml.Serialization

Serialisierung von Objekten in XML-Dokumenten

System.Xml.XPath

Xpath-Parser und Auswertungsmodul

System.Xml.Xsl

XSLT-Transformationen

3.2 Windows-Anwendungen effizient erstellen

Windows-Anwendungen sind durch Ereignisse gesteuerte Programme mit grafischer Benutzeroberfläche. Eine Windows-Anwendung muss eine Fensterklasse definieren und registrieren, das Fenster kreieren und sichtbar machen und anschließend in den Messageloop eintreten. Die Programmzeile

```
System.Windows.Forms.Application.Run(new System.Windows.Forms.Form());
```

erledigt in einem .NET Programm die oben aufgeführten Vorbereitungen. Es erscheint ein Fenster auf dem Desktop. Die im Namensraum `System.Windows.Forms` enthaltenen Klassen `Application` und `Form` stellen Eigenschaften, Methoden und Ereignisse zur Verfügung, die den Kern einer jeden Windows-Anwendung bilden.

3.2.1 Die Windows Forms - Umfangreiche, gut gegliederte Bibliotheken

Die Windows Forms sind im Namensraum `System.Windows.Forms` enthalten. Die grundlegendste Bedeutung besitzt die Klasse `Form`. Sie verkörpert Win32-Fenster, Container, Komponente, Dialogfenster, MDI-Hauptfenster und MDI-Kindfenster in einem. Entsprechend groß ist die Zahl der Eigenschaften, Methoden und Events, die das Erscheinungsbild und das Verhalten beeinflussen.

Eine Instanz der Klasse `Form` kann mit einem Icon versehen werden. Die Hintergrundfarbe kann mit der Eigenschaft `BackColor` geändert werden. Mit `BackgroundImage` kann ein Hintergrundbild dargestellt werden. Durch Ändern der Eigenschaft `Opacity` kann das Fenster transparent werden. Mit `TopMost` bleibt es immer an oberster Stelle. `FormBorderStyle` verändert den Rahmen. Das Fenster kann damit auch als Dialog- oder Tool-Fenster erscheinen. Die Eigenschaft `MdiParent` entscheidet, ob das Fenster ein MDI-Hauptfenster ist, und `MdiChildren` stellt eine Liste der MDI-Kindfenster zur Verfügung. Die Methode `Show` öffnet ein nicht modales Fenster, und `ShowDialog` öffnet ein modales Fenster. Darüber hinaus stehen Events wie `Paint`, `Resize`, `Click`, `Closed`, `MouseDown`, `MouseUp` und `MouseMove` zur Verfügung. Dies sind nur einige wenige Beispiele aus der großen Zahl der Eigenschaften, Methoden und Events.

Ein Fenster kann mit einem Hauptmenü, Kontextmenü und mit Toolbar und Statusleiste ausgestattet werden. Es kann durch Panels und Splitter aufgeteilt werden, und es kann Steuerelemente beherbergen. Es steht eine großzügig bemessene Zahl von Steuerelementen und Dialogen zur Verfügung.

Button

CheckBox

CeckedListBox

ColorDialog

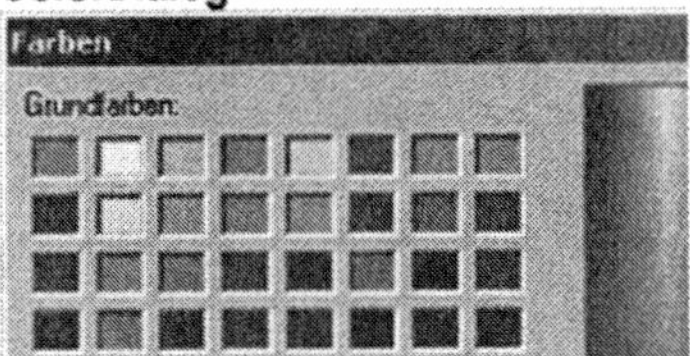

ComboBox

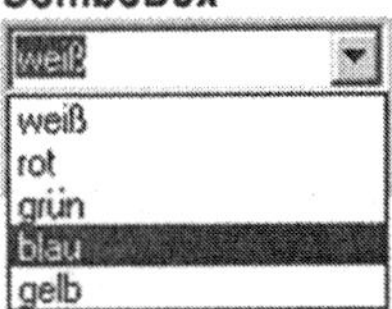

Cursor

DataGrid

DateTimePicker

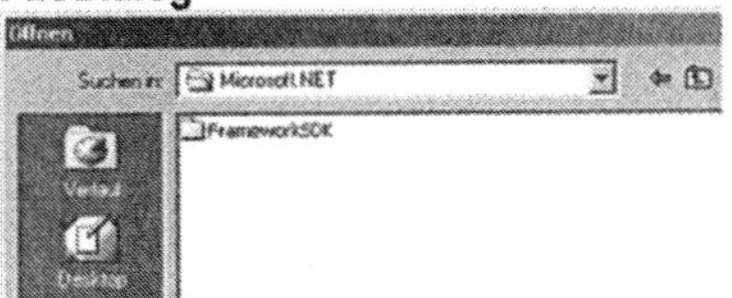

DomainUpDown

FileDialog

FontDialog

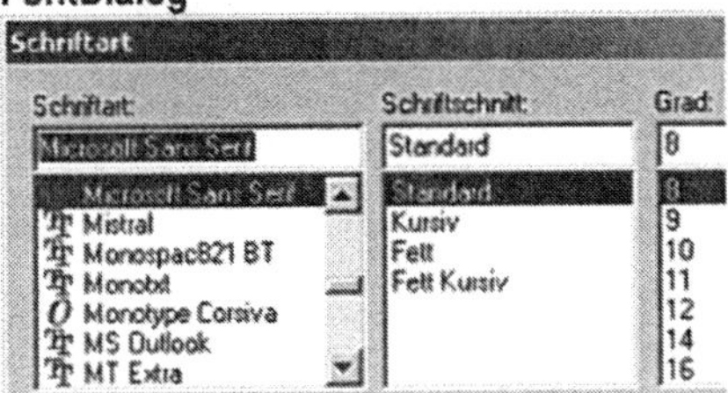

GroupBox

HScrollBar

ImageList

Label

Label

LinkLabel

klicken Sie hier

ListBox

ListView

Spalte 1	Spalte 2	
☐ Zeile 1	1_1	
☐ Zeile 2	2_1	

MessageBox

MonthCalendar

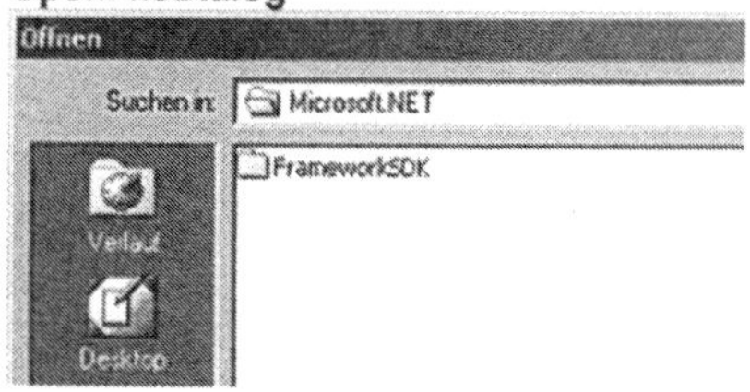

NumericUpDown

OpenFileDialog

Panel

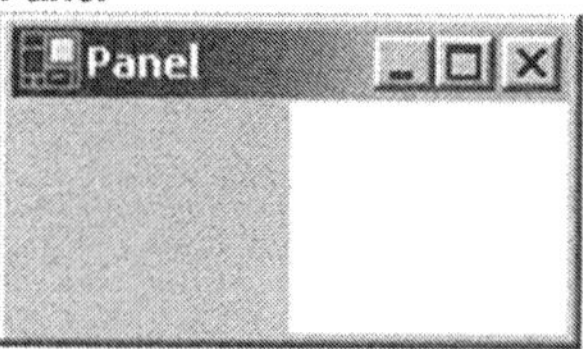

PictureBox

ProgressBar

RadioButton

RichTextBox

SaveFileDialog

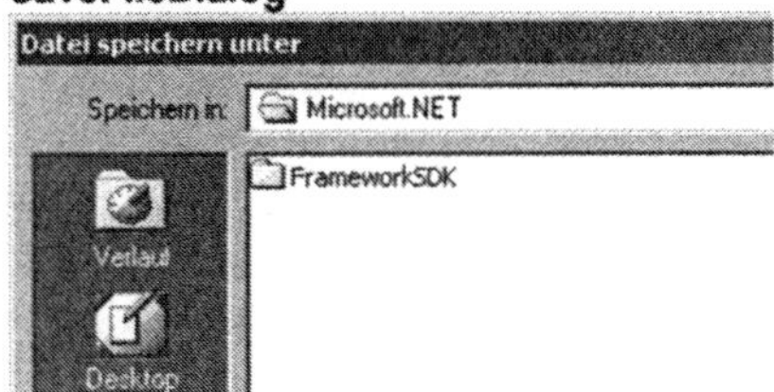

Splitter

StatusBar

TabControl

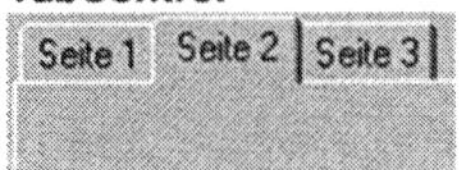

TextBox

Toolbar

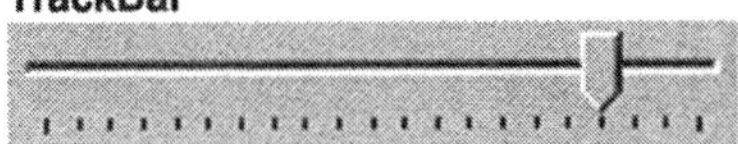

ToolTip

TrackBar

TreeView

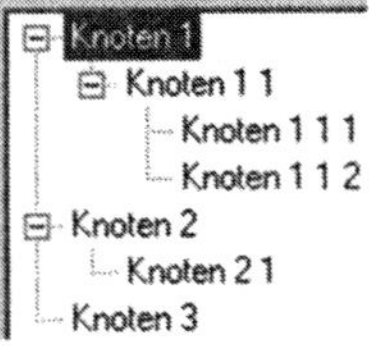

VScrollBar

3.2.2 Multidokumentanwendungen (MDI) mit .NET programmieren

In einer Multidokumentanwendung beherbergt das Hauptfenster eine wechselnde Zahl von untergeordneten Fenstern. Dadurch wird die Darstellung und Bearbeitung mehrerer Dokumente innerhalb einer Anwendung ermöglicht. Das Hauptfenster wird auch Elternfenster genannt, und die untergeordneten Fenster werden als Kindfenster bezeichnet. Die .NET Klassenbibliothek enthält Elemente, die das Programmieren von MDI-Anwendungen mit geringem Aufwand ermöglichen.

Die Vorbereitung einer MDI-Anwendung ist simpel. Beim Hauptfenster wird die Eigenscaft `IsMdiContainer = true;` gesetzt und bei den Kindfenstern wird `MdiParent = Hauptfenster.this` gesetzt. Das Hauptfenster führt eine Liste, `MdiChildren`, der Kindfenster. Das gerade aktive Kindfenster ist `ActiveMdiChild`.

Beispiel 3.2_1 ist eine einfache MDI Anwendung, die aus den Klassen `MDI` und `Kind` besteht. Beide Klassen sind von `Form` abgeleitet. Sie repräsentieren daher Fenster. Die Klasse `MDI` repräsentiert das Hauptfenster und regelt den Ablauf des Programms. Sie enthält die Methode `Main`. Sie setzt Eigenschaften und definiert Menüs und Eventhandler. Ein Kindfenster ist eine Instanz der Klasse `Kind`. Jedes Kindfenster enthält eine `RichTextBox`, die in der Lage ist ein Textdokument darzustellen und zu speichern. Da die `RichTextBox` ein Mitglied der Klasse `Kind` ist, verwaltet jede Instanz der Klasse `Kind` ihr eigenes Textdokument, das neu erstellt, geladen und gespeichert werden kann. Das in der Methode `Menu2` definierte Menü `Fenster` enthält die Option `mKinder` mit dem Text `MDI-Kindfenster`. Bei dieser Menüoption wird `mKinder.MdiList = true;` gesetzt. Dadurch führt `mKinder` ein Untermenü mit einer Liste der Kindfenster, die bei jedem Öffnen und Schließen eines Kindfensters automatisch aktualisiert wird. Über dieses Untermenü können Kindfenster aktiviert werden.

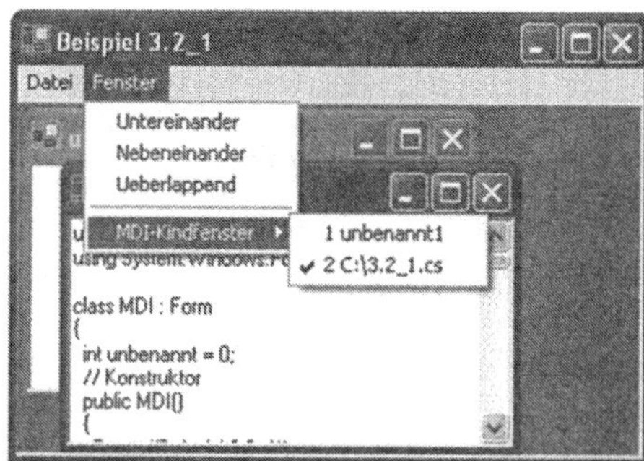

Abbildung 3_1: MDI Anwendung

```csharp
// 3.2_1.cs

using System;
using System.IO;
using System.ComponentModel;
using System.Drawing;
using System.Windows.Forms;

class MDI : Form
{
  int unbenannt = 0;
  // Konstruktor
  public MDI()
  {
    Text = "Beispiel 3.2_1";
    ClientSize = new Size(350,200);
    BackColor = Color.White;

    // Die Instanz der Klasse MDI ist das MDI-Hauptfenster.
    IsMdiContainer = true;

    Menu = Menu1();
  }

  // Menu1 ist beim Start der Anwendung aktiv.
  protected MainMenu Menu1()
  {
    MainMenu m = new MainMenu();
    MenuItem mDatei = new MenuItem("Datei");
    MenuItem mNeu = new MenuItem("Neu", new EventHandler(mNeu_Click));
    MenuItem mLaden= new MenuItem(
      "Laden", new EventHandler(mLaden_Click));
    MenuItem mSeparator = new MenuItem("-");
    MenuItem mBeenden = new MenuItem(
      "Beenden", new EventHandler(mBeenden_Click));

    mDatei.Index = 0;

    mNeu.Index = 0;
    mLaden.Index = 1;
    mSeparator.Index = 2;
    mBeenden.Index = 3;

    mDatei.MenuItems.AddRange(new MenuItem[]
    {
      mNeu, mLaden, mSeparator, mBeenden
    });
    m.MenuItems.Add(mDatei);
    return m;
  }
```

```csharp
// Menu2 ist aktiv, wenn wenigstens ein Kindfenster existiert.
protected MainMenu Menu2()
{
  MainMenu m = new MainMenu();
  MenuItem mDatei = new MenuItem("Datei");
  MenuItem mFenster = new MenuItem("Fenster");

  MenuItem mNeu = new MenuItem("Neu", new EventHandler(mNeu_Click));
  MenuItem mSchliessen = new MenuItem(
    "Schliessen", new EventHandler(mSchliessen_Click));
  MenuItem mLaden = new MenuItem(
    "Laden", new EventHandler(mLaden_Click));
  MenuItem mSpeichern = new MenuItem(
    "Speichern", new EventHandler(mSpeichern_Click));
  MenuItem mSpeichernUnter = new MenuItem(
    "Speichern unter", new EventHandler(mSpeichernUnter_Click));
  MenuItem mSeparator = new MenuItem("-");
  MenuItem mBeenden = new MenuItem(
    "Beenden", new EventHandler(mBeenden_Click));

  MenuItem mHorizontal = new MenuItem(
    "Untereinander", new EventHandler(mHorizontal_Click));
  MenuItem mVertikal = new MenuItem(
    "Nebeneinander", new EventHandler(mVertikal_Click));
  MenuItem mUeberlappend = new MenuItem(
    "Ueberlappend", new EventHandler(mUeberlappend_Click));
  MenuItem mSeparat = new MenuItem("-");
  MenuItem mKinder = new MenuItem("MDI-Kindfenster");

  mDatei.Index = 0;
  mFenster.Index = 1;

  mNeu.Index = 0;
  mLaden.Index = 1;
  mSpeichern.Index = 2;
  mSpeichernUnter.Index = 3;
  mSchliessen.Index = 4;
  mSeparator.Index = 5;
  mBeenden.Index = 6;

  mHorizontal.Index = 0;
  mVertikal.Index = 1;
  mUeberlappend.Index = 2;
  mSeparat.Index = 3;
  mKinder.Index = 4;

  // Die Liste der MDI-Kindfenster
  // wird zum Untermenü von mKinder
  mKinder.MdiList = true;

  // Die Menüs werden zusammengestellt.
```

```csharp
mDatei.MenuItems.AddRange(new MenuItem[]
{
  mNeu, mLaden, mSpeichern, mSpeichernUnter,
  mSchliessen, mSeparator, mBeenden
});

mFenster.MenuItems.AddRange(new MenuItem[]
{
  mHorizontal, mVertikal, mUeberlappend, mSeparat, mKinder
});

m.MenuItems.AddRange(new MenuItem[]
{
  mDatei, mFenster
});
return m;
}

// Eventhandler für mNeu
protected void mNeu_Click(object sender, EventArgs e)
{
  Kind k = new Kind();
  k.MdiParent = this;
  unbenannt++;
  k.Text = "unbenannt" + unbenannt.ToString();
  k.Closing += new CancelEventHandler(ChildClosing);
  k.Show();
  // Menu2 wird aktiv
  Menu = Menu2();
}

// Eventhandler für mLaden
protected void mLaden_Click(object sender, EventArgs e)
{
  Kind k = new Kind();
  if(k.Laden())
  {
    k.MdiParent=this;
    k.Closing += new CancelEventHandler(ChildClosing);
    k.Show();
    // Menu2 wird aktiv
    Menu = Menu2();
  }
}

// Eventhandler für mSpeichern
protected void mSpeichern_Click(object sender, EventArgs e)
{
  Kind k = (Kind)ActiveMdiChild;
  k.Speichern(true);
}
```

```csharp
// Eventhandler für mSpeichernUnter
protected void mSpeichernUnter_Click(object sender, EventArgs e)
{
  Kind k = (Kind)ActiveMdiChild;
  k.SpeichernUnter();
  // Menu2 wird aktiv
  Menu = Menu2();
}

// Eventhandler für mSchliessen
protected void mSchliessen_Click(object sender, EventArgs e)
{
  Kind k = (Kind)ActiveMdiChild;
  k.Close();
}

// Eventhandler für mBeenden
protected void mBeenden_Click(object sender, EventArgs e)
{
  Close();
}

// Eventhandler für mHorizontal
protected void mHorizontal_Click(object sender, EventArgs e)
{
  LayoutMdi(MdiLayout.TileHorizontal);
}

// Eventhandler für mVertikal
protected void mVertikal_Click(object sender, EventArgs e)
{
  LayoutMdi(MdiLayout.TileVertical);
}

// Eventhandler für mUeberlappend
protected void mUeberlappend_Click(object sender, EventArgs e)
{
  LayoutMdi(MdiLayout.Cascade);
}

// Der Eventhandler wird aufgerufen, sobald ein
// Kindfenster geschlossen wird.
protected void ChildClosing(object sender, CancelEventArgs e)
{
  Kind k = (Kind)ActiveMdiChild;
  if(!k.Speichern(false))e.Cancel = true;
  else
    // Falls alle Kindfenster geschlossen sind
    // wird wieder Menu1 aktiviert
    if(MdiChildren.Length == 1)
```

```
        Menu = Menu1(); else Menu = Menu2();
    }

    // Einstiegsmethode
    public static void Main()
    {
      // Die Windows-Anwendung wird gestartet
      Application.Run(new MDI());
    }
}

// MDI-Kindfenster
public class Kind : Form
{
  // Die RichTextBox ist Mitglied der Klasse Kind.
  // Jede Instanz kann daher ihr eigenes Dokument verwalten.
  RichTextBox box = new RichTextBox();
  bool benannt = false;

  // Der Konstruktor ruft den Konstruktor der Basisklasse auf
  public Kind() : base()
  {
    ClientSize = new Size(250, 150);
    box.Dock = DockStyle.Fill;
    Controls.Add(box);
  }

  // Laden einer Datei
  public bool Laden()
  {
    string s;
    Speichern(false);
    OpenFileDialog d = new OpenFileDialog();
    if(d.ShowDialog() == DialogResult.OK)
    {
      Text = d.FileName;
      benannt = true;
      StreamReader sr = new StreamReader(Text);
      if((s = sr.ReadLine()) != null)
      {
        box.Clear();
        box.AppendText(s);
      }
      while((s = sr.ReadLine()) != null)box.AppendText("\n" + s);
      sr.Close();
      box.Modified = false;
      return true;
    }
    return false;
  }
```

```csharp
// Speichern einer Datei
public bool Speichern(bool immer)
{
  if(immer || box.Modified)
  {
    DialogResult dr = DialogResult.Yes;
    if(!immer)
    {
      string s = "Möchten Sie die geänderten Daten ";
      if(benannt)s +=  "in\n\n" + Text + "\n\n";
      s += "speichern?";
      dr = MessageBox.Show(s,
        "Die Daten sind geändert worden.",
        MessageBoxButtons.YesNoCancel);
    }
    if(dr == DialogResult.Cancel)return false;
    if(dr == DialogResult.No)return true;
    if(!benannt)
    {
      if(SpeichernUnter())return true; else return false;
    }
    else
    {
      StreamWriter sw = new StreamWriter(Text);
      foreach(string s in box.Lines)sw.WriteLine(s);
      sw.Close();
      box.Modified = false;
      return true;
    }
  }
  return true;
}

// Speichern mit Auswahl des Pfades und des Dateinamens
public bool SpeichernUnter()
{
  SaveFileDialog d = new SaveFileDialog();
  if(d.ShowDialog() == DialogResult.OK)
  {
    Text = d.FileName;
    benannt = true;
    StreamWriter sw = new StreamWriter(Text);
    foreach(string s in box.Lines)sw.WriteLine(s);
    sw.Close();
    box.Modified = false;
    return true;
  }
  return false;
}
}
```

3.2.3   Text und Grafik drucken

Die Klasse `System.Drawing.Printing.PrintDocument` ist der Kern der Druckfunktionalität. Das Drucken wird durch das Bilden einer Instanz der Klasse `PrintDocument` vorbereitet und durch die Methode `Print` dieser Klasse eingeleitet. `Print` löst die Events `BeginPrint`, `PrintPage` und `EndPrint` aus. Die Events `BeginPrint` und `EndPrint` dienen dem Vor- und Nachbereiten des Druckens. Der Druckvorgang kann durch Setzen der Eigenschaft *Event*.`Cancel` = true abgebrochen werden. Solange *Event*.`HasMorePages` gleich true ist, wird der Event `PrintPage` wiederholt ausgelöst. Auf diese Weise können mehrere Seiten gedruckt werden.

Beispiel 3.2_2 stellt einen Text und eine einfache Grafik im Fenster dar. Beides soll ausgedruckt werden. Dabei soll der Textfont verändert werden. Der Eventhandler `OnClick` leitet das Drucken ein, sobald das Fenster angeklickt wird. Das Ausdrucken mehrerer Seiten und die Druckvorschau mit dem `PrintPreviewDialog` sind in [6] und [7] beschrieben.

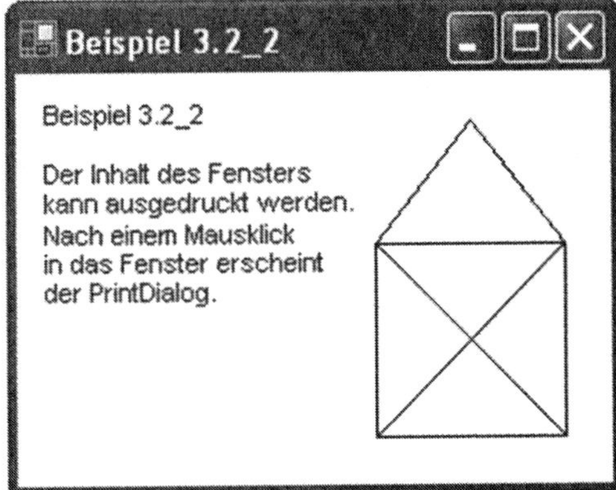

Abbildung 3_2: Ausgabe auf Drucker

```
// 3.2_2.cs

using System;
using System.Drawing;
using System.Drawing.Printing;
using System.Windows.Forms;

class druck : Form
{
  Font oldFont;
```

```csharp
// Konstruktor
public druck()
{
  Text = "Beispiel 3.2_2";
  ClientSize = new Size(250, 170);
  BackColor = Color.White;
  // Textfont für die Darstellung im Fenster
  Font = new Font("Arial", 8);
}

// Text- und Grafikausgabe
void zeichne(Graphics g)
{
  string s =
    "Beispiel 3.2_2\n\n" +
    "Der Inhalt des Fensters\n" +
    "kann ausgedruckt werden.\n" +
    "Nach einem Mausklick\n" +
    "in das Fenster erscheint\n" +
    "der PrintDialog.";

  // Der Text wird ausgegeben
  g.DrawString(s, Font, Brushes.Black,10,10);

  // Die Knoten der Grafik
  Point[] p = new Point[9];
  p[0] = new Point(150, 150);
  p[1] = new Point(230, 150);
  p[2] = new Point(230,  70);
  p[3] = new Point(150, 150);
  p[4] = new Point(150,  70);
  p[5] = new Point(230,  70);
  p[6] = new Point(190,  20);
  p[7] = new Point(150,  70);
  p[8] = new Point(230, 150);

  // Die Grafik wird ausgegeben
  g.DrawLines(Pens.Black, p);
}

// Eventhandler: Darstellung im Fenster
protected override void OnPaint(PaintEventArgs e)
{
  zeichne(e.Graphics);
}

// Eventhandler: leitet das Drucken ein
protected override void OnClick(EventArgs e)
{
  try
  {
```

```csharp
      // Instanz der Klasse PrintDocument
      PrintDocument d = new PrintDocument();

      // Eventhandler werden zugeordnet.
      d.BeginPrint += new PrintEventHandler(d_BeginPrint);
      d.PrintPage += new PrintPageEventHandler(d_PrintPage);
      d.EndPrint += new PrintEventHandler(d_EndPrint);

      // Instanz der Klasse PrintDialog
      PrintDialog dia = new PrintDialog();

      // Das PrintDocument wird zugeordnet
      dia.Document = d;

      // Der PrintDialog wird aufgerufen.
      if(dia.ShowDialog() == DialogResult.OK)
      {
        // Bei DialogResult.OK wird gedruckt.
        d.Print();
      }
    }
    catch(Exception ex)
    {
      MessageBox.Show(ex.Message);
    }
  }

  // Eventhandler: Druckvorbereitung
  protected void d_BeginPrint(object o, PrintEventArgs e)
  {
    // Der Textfont wird geändert
    oldFont = Font;
    Font = new Font("Verdana", 8);
  }

  // Eventhandler: Drucken
  protected void d_PrintPage(object o, PrintPageEventArgs e)
  {
    // Der Inhalt des Fensters wird gedruckt.
    zeichne(e.Graphics);
    // Es gibt keine nachfolgende Seite.
    e.HasMorePages = false;
  }

  // Eventhandler: Drucknachbereitung
  protected void d_EndPrint(object o, PrintEventArgs e)
  {
    // Der Textfont wird wiederhergestellt
    Font = oldFont;
  }
```

```
// Die Methode Main
static void Main()
{
  Application.Run(new druck());
}
}
```

3.2.4   Html Help - Hilfe-Seiten erstellen und aufrufen

Der benötigte Html Help Workshop kann vom Microsoft Downloadcenter
frei bezogen werden. Nach dem Starten des Html Help Workshops und
dem Anlegen eines Projektes wird durch Anklicken von `File - New - Project`
ein Wizzard gestartet, dem der Name der Projektdatei und ein Verzeichnis-
pfad angegeben wird. Die benötigten HTML Dateien können vorab editiert
werden. Sie können aber auch direkt mit dem Html Help Workshop erstellt
und bearbeitet werden. Durch Anklicken der Schaltfläche `Add/Remove topic
files` werden diese Dateien dem Projekt hinzugefügt.

Die Datei help1.htm:

```
<!DOCTYPE HTML PUBLIC "-//W3C//DTD HTML 3.2 Final//EN">
<HTML>
<HEAD>
<META HTTP-EQUIV="Content-Type" Content="text/html; charset=Windows-1252">
<TITLE>Inhalt</TITLE>
</HEAD>
<BODY BGCOLOR="#FFFFFF" TEXT="#000000">
<img src=Help.bmp>
<P>
<B>Die statischen Methoden der Klasse Help</B>
</P>
<P>
<A HREF="help2.htm">ShowHelp</A><BR>
<A HREF="help3.htm">ShowHelpIndex</A><BR>
<A HREF="help4.htm">ShowPopup</A>
</P>
</BODY>
</HTML>
```

Die Datei help2.htm:

```
<!DOCTYPE HTML PUBLIC "-//W3C//DTD HTML 3.2 Final//EN">
<HTML>
<HEAD>
<META HTTP-EQUIV="Content-Type" Content="text/html; charset=Windows-1252">
<TITLE>ShowHelp</TITLE>
</HEAD>
```

```
<BODY BGCOLOR="#FFFFFF" TEXT="#000000">
<H3>Die Überladungen der statischen Methode ShowHelp</H3>
<FONT FACE="Courier New" SIZE=-1>
<P>
public static void <B>ShowHelp<BR>
(</B><BR>
  Control <I>parent</I><B>,</B><BR>
  string <I>url</I><BR>
<B>)</B>
</P>
<P>
public static void <B>ShowHelp<BR>
(</B><BR>
  Control <I>parent</I><B>,</B><BR>
  string <I>url</I><B>,</B><BR>
  string <I>keyword</I><BR>
<B>)</B>
</P>
<P>
public static void <B>ShowHelp<BR>
(</B><BR>
  Control <I>parent</I><B>,</B><BR>
  string <I>url</I><B>,</B><BR>
  HelpNavigator <I>command</I><B>,</B><BR>
  object <I>param</I><BR>
<B>)</B>
</P>
<P>
public static void <B>ShowHelp<BR>
(</B><BR>
  Control <I>parent</I><B>,</B><BR>
  string <I>url</I><B>,</B><BR>
  HelpNavigator <I>navigator</I><BR>
<B>)</B>
</P>
</FONT>
</BODY>
</HTML>
```

Die Datei help3.htm:

```
<!DOCTYPE HTML PUBLIC "-//W3C//DTD HTML 3.2 Final//EN">
<HTML>
<HEAD>
<META HTTP-EQUIV="Content-Type" Content="text/html; charset=Windows-1252">
<TITLE>ShowHelpIndex</TITLE>
</HEAD>
<BODY BGCOLOR="#FFFFFF" TEXT="#000000">
<H3>Die statische Methode ShowHelpIndex</H3>
<FONT FACE="Courier New" SIZE=-1>
<P>
```

```
public static void <B>ShowHelpIndex<BR>
(</B><BR>
  Control <I>parent</I><B>,</B><BR>
  string <I>url</I><BR>
<B>)</B>
</P>
</FONT>
</BODY>
</HTML>
```

Die Datei help4.htm:

```
<!DOCTYPE HTML PUBLIC "-//W3C//DTD HTML 3.2 Final//EN">
<HTML>
<HEAD>
<META HTTP-EQUIV="Content-Type" Content="text/html; charset=Windows-1252">
<TITLE>ShowPopup</TITLE>
</HEAD>
<BODY BGCOLOR="#FFFFFF" TEXT="#000000">
<H3>Die statische Methode ShowPopup</H3>
<FONT FACE="Courier New" SIZE=-1>
<P>
public static void <B>ShowPopup<BR>
(</B><BR>
  Control <I>parent</I><B>,</B><BR>
  string <I>caption</I><B>,</B><BR>
  Point <I>location</I><BR>
<B>)</B>
</P>
</FONT>
</BODY>
</HTML>
```

Mit dem Html Help Workshop kann man darüber hinaus auch noch ein Inhaltsverzeichnis und einen Index erstellen. Sobald alle Arbeiten erledigt sind, wird das Projekt durch Anklicken der Schaltfläche `Save all files and compile` übersetzt. Der Compiler generiert, falls das Projekt den Namen `HtmlHelp` hat, die Datei `HtmlHelp.chm`. Diese Datei wird im Programm verwendet.

Beispiel 3.2_3 enthält das Menü `Datei` mit der Option `Beenden` und das Menü `Hilfe` mit den Optionen `Inhalt` und `Index`. Klickt man `Hilfe - Inhalt` an, so wird die Hilfe mit

```
Help.ShowHelp(this, "HtmlHelp.chm");
```

gemäß Abbildung 3_4 angezeigt. Klickt man `Hilfe - Index` an, so wird mit

```
Help.ShowHelpIndex(this, "HtmlHelp.chm");
```

der Index der Hilfedatei angezeigt.

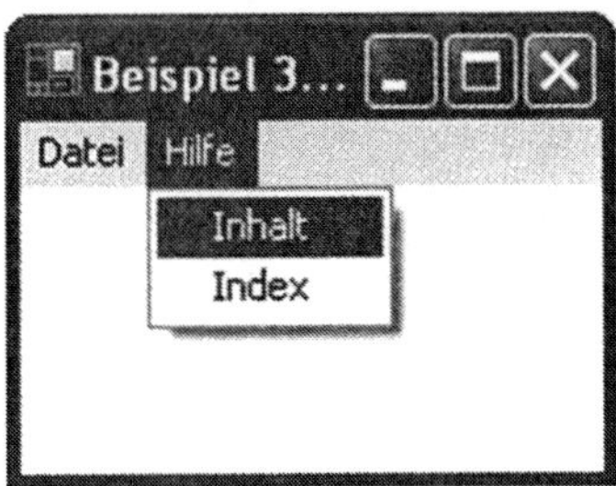

Abbildung 3_3: Hilfe aufrufen

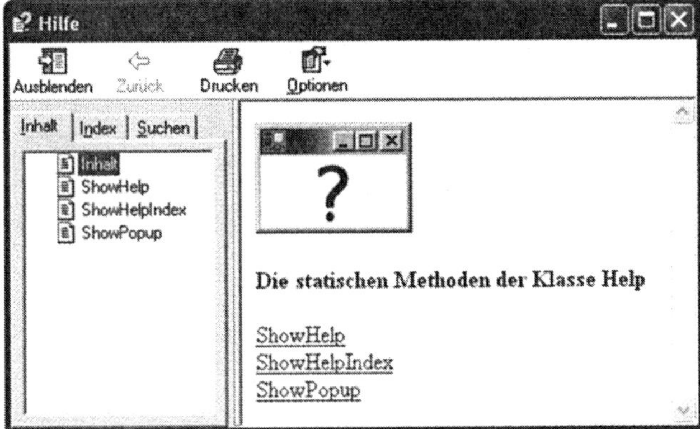

Abbildung 3_4: Aufgerufene Hilfetexte

```
// 3.2_3.cs

using System;
using System.Drawing;
using System.Windows.Forms;

class Haupt : Form
{
  public Haupt()
  {
    Text = "Beispiel 3.2_3";
    ClientSize = new Size(170, 80);
    BackColor = Color.White;

    // Hauptmenü
    MainMenu HauptMenu = new MainMenu();
    MenuItem mDatei    = new MenuItem();
    MenuItem mHilfe    = new MenuItem();
    MenuItem mBeenden  = new MenuItem();
```

```
MenuItem mInhalt   = new MenuItem();
MenuItem mIndex    = new MenuItem();

HauptMenu.MenuItems.AddRange(new MenuItem[]
{
  mDatei,
  mHilfe
});

mDatei.Index = 0;
mDatei.Text = "Datei";
mDatei.MenuItems.Add(mBeenden);

mBeenden.Index = 0;
mBeenden.Text = "Beenden";
mBeenden.Click += new EventHandler(mBeenden_Click);

mHilfe.Index = 1;
mHilfe.Text = "Hilfe";

mInhalt.Index = 0;
mInhalt.Text = "Inhalt";
mInhalt.Click += new EventHandler(mInhalt_Click);

mIndex.Index = 1;
mIndex.Text = "Index";
mIndex.Click += new EventHandler(mIndex_Click);

mHilfe.MenuItems.AddRange(new MenuItem[]
{
  mInhalt,
  mIndex
});

Menu = HauptMenu;
}

// Eventhandler: Datei - Beenden
protected void mBeenden_Click(object sender, EventArgs e)
{
  Close();
}

// Eventhandler: Hilfe - Inhalt
protected void mInhalt_Click(object sender, EventArgs e)
{
  Help.ShowHelp(this, "HtmlHelp.chm");
}

// Eventhandler: Hilfe - Index
protected void mIndex_Click(object sender, EventArgs e)
```

```
  {
    Help.ShowHelpIndex(this, "HtmlHelp.chm");
  }

  static void Main()
  {
    Application.Run(new Haupt());
  }
}
```

3.2.5 Die GDI+ Grafikbibliothek nutzen

GDI+ unterstützt eine große Zahl von Zeichen- und Füllfunktionen mit grafischen Elementen, die aus Linien, Figuren und Texten bestehen. GDI+ Grafiken können auch transformiert ausgegeben werden. Beispiel 3.2_4 zeichnet ein Rechteck. Da das Rechteck verschoben, gedreht und geschert wird, erscheint es als Parallelogramm. Der Ursprung des nicht transformierten Koordinatensystems ist die linke obere Ecke des Klientbereichs des Fensters. Um die Wirkung der Transformationen deutlich zu machen, sind die transformierten Koordinatenachsen ebenfalls dargestellt.

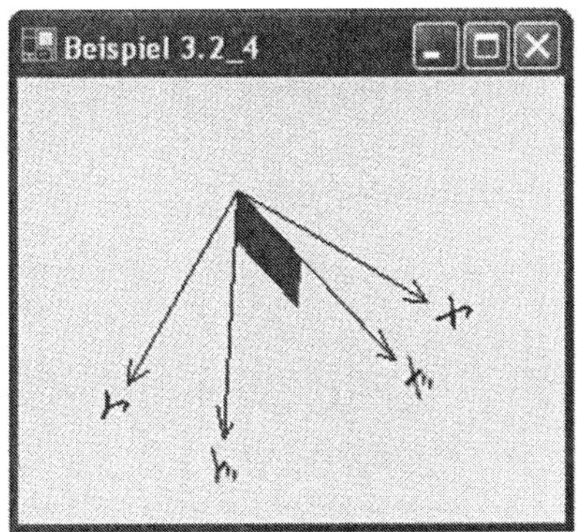

Abbildung 3_5: Grafik mit GDI+

```
//Datei 3.2_4.cs

using System;
using System.Drawing;
using System.Drawing.Drawing2D;
using System.Windows.Forms;

class GDI : Form
{
  Matrix A = new Matrix();
```

```
// Konstruktor
public GDI()
{
  Text = "Beispiel 3.2_4";
  ClientSize = new Size(250, 200);
}

// Eventhandler: zeichnet die Grafik
protected override void OnPaint(PaintEventArgs e)
{
  Graphics g = e.Graphics;

  // Transformationsmatrix B
  Matrix B = new Matrix();

  // Drehung um 30 Grad
  B.Rotate(30f);
  // Verschiebung 100, 50
  B.Translate(100f, 50f, MatrixOrder.Append);

  g.Transform = B;
  // Die Achsen X' und Y' werden gezeichnet
  Achsen(g, "X'", "Y'");

  // Transformationsmatrix A
  Matrix A = new Matrix();
  // Scherung
  A.Shear(0.5f, 0.3f);
  // Multiplikation der Transformationsmatrizen
  B.Multiply(A);

  g.Transform = B;
  // Das transformierte Rechteck wird als
  // Parallelogramm gezeichnet
  g.FillRectangle(Brushes.Red, 0, 0, 40, 20);
  // Die Achsen X'' und Y''werden gezeichnet
  Achsen(g, "X''", "Y''");
}

// zeichnet die Achsen mit Beschriftung
void Achsen(Graphics g, string s1, string s2)
{
  g.DrawLine(Pens.Black, 0, 0, 100, 0);
  g.DrawLine(Pens.Black, 100, 0, 90, 5);
  g.DrawLine(Pens.Black, 100, 0, 90, -5);
  Font f = new Font("Helvetica", 12);
  g.DrawString(s1, f, Brushes.Black,105, -10);

  g.DrawLine(Pens.Black, 0, 0, 0, 100);
  g.DrawLine(Pens.Black, 0, 100, 5, 90);
```

```
      g.DrawLine(Pens.Black, 0, 100, -5, 90);
      g.DrawString(s2, f, Brushes.Black, -10, 105);
    }

    static void Main()
    {
      Application.Run(new GDI());
    }
}
```

3.3   Mit ADO.NET auf Datenbanken zugreifen

ADO.NET ist durch den Bereich der Klassenbibliothek definiert, der die Bearbeitung von Datenbanken behandelt. Die .NET Klassenbibliothek enthält in den Namensräumen

```
System.Data.Odbc
System.Data.OleDb
System.Data.OracleClient
System.Data.SqlClient
System.Data.SqlServerCE
```

Datenprovider für den Zugriff auf unterschiedliche Datenbanken bzw. Datenbankserver. Die Klasse `System.Data.SQLClient.SQLConnection` ermöglicht den Aufbau einer Verbindung zum SQL Server. Eine 120-Tage-Version des Microsoft SQL Server 2000 ist unter

```
http://www.microsoft.com/sql/evaluation/trial/default.asp
```

erhältlich. Die Eigenschaft `ConnectionString` enthält die erforderlichen Angaben zur Verbindung.

```
Server                Name oder Netzwerkadresse des SQL Servers
Database              Name der Datenbank
Integrated Security   true = vertrauenswürdige Verbindung
                      (Trusted Connection)
Password              Passwort
User ID               Benutzerkennung
Workstation ID        Kennung der lokalen Workstation
```

Beispiel 3.3_1 benutzt den `ConnectionString`:

```
string ve = "Server=(local);Database=Northwind;Integrated Security=true;";
```

Da der ConnectionString von der Konfiguration des Systems und des SQL Servers abhängig ist, müssen unter Umständen `Workstation ID`, `User ID` und `Password` angegeben werden. Die Verbindung ist eine Instanz der Klasse `SQLConnection`. Dem Konstruktor kann der `ConnectionString` als Parameter übergeben werden. Drüber hinaus benötigt man noch eine Instanz der Klasse `System.Data.SQLClient.SQLCommand` und eine Variable vom Typ `System.Data.SQLClient.SQLDataReader`.

Danach kann mit `while(datareader.Read ( )){ . . . }` Zeile für Zeile die Antwort des Servers abgerufen werden.

```
//Datei 3.3_1.cs

using System;
using System.Data.SqlClient;

class sqlAbfrage
{
  static void Main()
  {
    // ConnectionString
    string cStr =
      "Server=(local);Database=Northwind;Integrated Security=true;";

    // Abfragestring
    string abStr  = "SELECT CompanyName, ContactName FROM Customers "
                  + "WHERE CustomerID LIKE 'A%'";

    // Verbindung und Abfrage werden instanziiert.
    SqlConnection Verbindung= new SqlConnection(cStr);
    SqlCommand Abfrage = new SqlCommand(abStr, Verbindung);

    // Der SqlDataReader ist ein Abfragestream.
    SqlDataReader datareader = null;
    try
    {
      // Die Verbindung zum SQL Server wird geöffnet
      Verbindung.Open();

      // ExecuteReader gibt einen Stream vom Typ SqlDataReader zurück.
      datareader = Abfrage.ExecuteReader();

      Console.WriteLine(
        "Firma                                 | Ansprechpartner");
      Console.Write("-----------------------------------|");
      Console.WriteLine("--------------------");

      // Der Stream mit dem Ergebnis der Abfrage wird wiederholt
      // zeilenweise gelesen bis null zurückgegeben wird.
      while (datareader.Read())
      {
        // Jede Zeile des Abfrageergebnisses ist ein Array vom Typ object.
        Console.WriteLine(
          ((string)datareader[0]).PadRight(35)+"| "+
          (string)datareader[1]);
      }
    }
```

```
      catch (Exception e)
      {
        Console.WriteLine("Fehler:\n{0}", e.Message);
      }
      finally
      {
        // Die Verbindung wird geschlossen
        Verbindung.Close();
      }
    }
}
```

Ausgabe:

```
Firma                                  | Ansprechpartner
---------------------------------------|---------------------
Alfreds Futterkiste                    | Maria Anders
Ana Trujillo Emparedados y helados     | Ana Trujillo
Antonio Moreno Taquer¡a                | Antonio Moreno
Around the Horn                        | Thomas Hardy
```

Beispiel 3.3_2 fragt die Tabelle Personen der mit Microsoft Access erstellten Datenbank Test.mdb ab. Dazu werden die Klassen

```
System.Data.OleDb.OleDbConnection
System.Data.OleDb.OleDbCommand
System.Data.OleDb.OleDbDataReader
```

und der ConnectionString

```
Provider=Microsoft.Jet.OLEDB.4.0;Data Source=Test.mdb
```

verwendet.

```
//Datei 3.3_2.cs

using System;
using System.Data;
using System.Data.OleDb;

class Haupt{
  static void Main(string[] args)
  {
    // ConnectionString
    string cSTR = "Provider=Microsoft.Jet.OLEDB.4.0;Data Source=Test.mdb";

    // Abfragestring
    string abStr = "SELECT * FROM Personen" ;

    // Verbindung und Abfrage werden instanziiert.
    OleDbConnection Verbindung = new OleDbConnection(cSTR);
```

```csharp
    OleDbCommand Abfrage = new OleDbCommand(abStr, Verbindung);

    // Der OleDbDataReader ist ein Abfragestream.
    OleDbDataReader datareader = null;
    try
    {
      // Die Verbindung zur Datenbank wird geöffnet.
      Verbindung.Open();

      // ExecuteReader gibt einen Stream vom Typ OleDbDataReader zurück.
      datareader = Abfrage.ExecuteReader();
      Console.WriteLine( " -----------------------------------");
      Console.WriteLine( "|   ID    | Vorname  | Nachname |");
      Console.WriteLine( "|-----------------------------------|");

      // Der Stream mit dem Ergebnis der Abfrage wird wiederholt
      // zeilenweise gelesen bis null zurückgegeben wird.
      while (datareader.Read() )
      {
        // Jede Zeile des Abfrageergebnisses ist ein Array vom Typ object.
        Console.WriteLine("| {0}| {1}| {2}|",
        datareader["ID"].ToString().PadLeft(9, ' ')+" ",
        ((string)datareader["Vorname"]).PadRight(10, ' '),
        ((string)datareader["Nachname"]).PadRight(10, ' '));
      }
      Console.WriteLine( " -----------------------------------");
    }
    catch (Exception e)
    {
      Console.WriteLine("Fehler:\n{0}", e.Message);
    }
    finally
    {
      // Die Verbindung wird geschlossen
      Verbindung.Close();
    }
  }
}
```

Ausgabe:

```
 -----------------------------------
|   ID    | Vorname  | Nachname |
|-----------------------------------|
|        1 | Anton    | Meier    |
|        2 | Otto     | Müler    |
|        3 | Fritz    | Schulze  |
|        4 | Karl     | Schmitz  |
 -----------------------------------
```

Beispiel 3.3_3 ist eine Windows-Anwendung, die SQL Server Abfragen ausführen kann. Die längste Methode in diesem Programm ist der Konstruktor der Klasse `SqlApp`, der das Fenster und die Steuerelemente festlegt. Der eigentlich interessante Teil des Programms, der die Abfrage zusammenstellt, zum SQL Server schickt und das Ergebnis in einem `DataGrid` darstellt, ist nur wenige Zeilen lang. Diese Aufgaben übernimmt der Teil des Eventhandlers `toolbar_ButtonClick`, der auf das Anklicken des Buttons `SQL Abfrage` reagiert. Diesmal werden nicht `SQLCommand` und `SQLDataReader` sondern `SqlDataAdapter`, `DataTable` und `DataGrid` verwendet. Auch in diesem Fall gibt es `DataAdapter` für den Zugriff auf unterschiedliche Datenbanken.

Die verfügbaren `DataAdapter`:

```
OdbcDataAdapter
OleDbDataAdapter
OracleDataAdapter
SqlDataAdapter
SqlCeDataAdapter
```

Beispiel 3.3_3 bildet Instanzen des `DataGrid`, des `SqlDataAdapter` und des `DataTable`. Mit `adapter.Fill(table)` wird die Abfrage zur Datenbank bzw. zum Datenbankserver gesendet, und das Abfrageergebnis wird in den `DataTable` übertragen. Die Anweisung `grid.DataSource = table.DefaultView;` legt den `DataTable` als Datenquelle des `DataGrid` fest. Dadurch wird das Abfrageergebnis, wie in Abbildung 3_6 zu sehen ist, dargestellt.

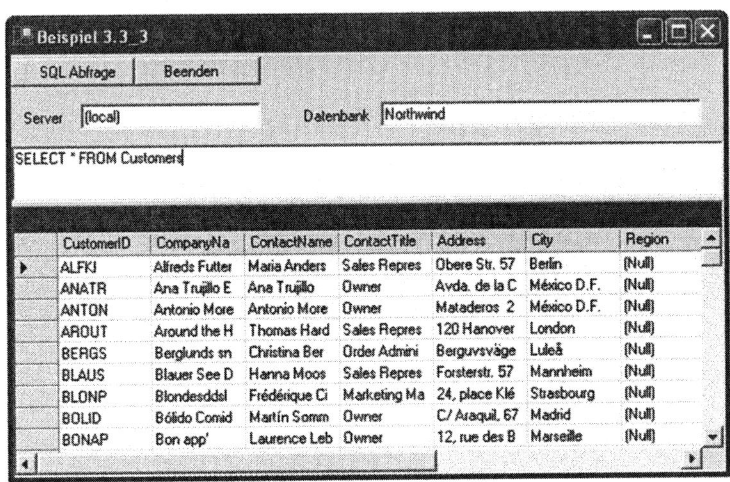

	CustomerID	CompanyNa	ContactName	ContactTitle	Address	City	Region	
►	ALFKI	Alfreds Futter	Maria Anders	Sales Repres	Obere Str. 57	Berlin	(Null)	
	ANATR	Ana Trujillo E	Ana Trujillo	Owner	Avda. de la C	México D.F.	(Null)	
	ANTON	Antonio More	Antonio More	Owner	Mataderos 2	México D.F.	(Null)	
	AROUT	Around the H	Thomas Hard	Sales Repres	120 Hanover	London	(Null)	
	BERGS	Berglunds sn	Christina Ber	Order Admini	Berguvsväge	Luleå	(Null)	
	BLAUS	Blauer See D	Hanna Moos	Sales Repres	Forsterstr. 57	Mannheim	(Null)	
	BLONP	Blondesddsl	Frédérique Ci	Marketing Ma	24, place Klé	Strasbourg	(Null)	
	BOLID	Bólido Comid	Martín Somm	Owner	C/ Araquil, 67	Madrid	(Null)	
	BONAP	Bon app'	Laurence Leb	Owner	12, rue des B	Marseille	(Null)	

Abbildung 3_6: Datenbankabfrage

```csharp
//Datei 3.3_3.cs

using System;
using System.Drawing;
using System.Windows.Forms;
using System.Data;
using System.Data.SqlClient;

// SqlApp ist von Form abgeleitet
class SqlApp : Form
{
  ToolBar toolbar;
  Panel panel;
  ToolBarButton but1, but2;
  TextBox box1, box2, box3;
  Splitter splitter;
  Label label1, label2;
  SqlDataAdapter adapter;
  DataTable table;
  DataGrid grid;
  string query, connection;

  // Der Konstruktor
  public SqlApp()
  {
    // Fenster und Steuerelemente werden definiert.
    Text = "Beispiel 3.3_3";
    ClientSize = new Size(570, 450);

    grid = new DataGrid();
    grid.Dock = DockStyle.Fill;
    Controls.Add(grid);

    splitter = new Splitter();
    splitter.Dock = DockStyle.Top;
    Controls.Add(splitter);

    box1 = new TextBox();
    box1.Dock = DockStyle.Top;
    box1.Multiline = true;
    box1.Height = 150;
    Controls.Add(box1);

    panel = new Panel();
    panel.Dock = DockStyle.Top;
    panel.Height = 45;
    Controls.Add(panel);

    label1 = new Label();
    label1.Location = new Point(8, 16);
    label1.Size = new Size(40, 16);
```

```csharp
label1.Text = "Server";
panel.Controls.Add(label1);

box2 = new TextBox();
box2.Location = new Point(56, 12);
box2.Size = new Size(144, 20);
panel.Controls.Add(box2);

label2 = new Label();
label2.Location = new Point(232, 16);
label2.Size = new Size(64, 16);
label2.Text = "Datenbank";
panel.Controls.Add(label2);

box3 = new TextBox();
box3.Location = new System.Drawing.Point(296, 12);
box3.Size = new Size(256, 20);
panel.Controls.Add(box3);

toolbar = new ToolBar();
toolbar.Height = 25;
toolbar.ButtonSize = new Size(100, 22);
toolbar.TextAlign = ToolBarTextAlign.Right;
toolbar.ButtonClick +=
  new ToolBarButtonClickEventHandler(toolbar_ButtonClick);
Controls.Add(toolbar);

but1 = new ToolBarButton();
but1.Text = "SQL Abfrage";
toolbar.Buttons.Add(but1);

but2 = new ToolBarButton();
but2.Text = "Beenden";
toolbar.Buttons.Add(but2);
}
// Eventhandler für die Buttons der Toolbar.
protected void toolbar_ButtonClick(
  object sender, ToolBarButtonClickEventArgs e)
{
  // Button: SQL Abfrage
  if(e.Button == but1)
  {
    try
    {
      // ConnectionString
      connection = "Server=" + box2.Text +
        ";Database=" + box3.Text +
        ";Integrated Security=true";

      // Abfragestring
      query = "" ;
```

```csharp
      for(int i=0; i<box1.Lines.Length; i++)
        query += box1.Lines[i] + " ";

      // Mit USE kann die Datenbank gewechselt werden.
      string tq = query.Trim();
      if(tq.ToUpper().StartsWith("USE"))
      {
        string db = tq.Substring(3,tq.Length-3).Trim();
        box3.Text = db;
        grid.DataSource = null;
      }
      // Die Abfrage wird zum SQL Server geschickt, und
      // das Abfrageergebnis wird im DataGrid abgebildet.
      else
      {
        // Instanz des SqlDataAdapter
        adapter = new SqlDataAdapter(query, connection);
        // Die Tabelle wird instanziiert.
        table = new DataTable();

        // Die Abfrage wird zum SQL Server geschickt, und
        // die Tabelle wird mit dem Abfrageergebnis gefüllt.
        if(adapter.Fill(table) > 0)
        {
          // Die Tabelle wird im DataGrid abgebildet.
          grid.DataSource = table.DefaultView;
        }
        else
        {
          MessageBox.Show("Abfrage wurde ausgeführt:\n" +
            query.Substring(0,10) + " . . .");
        }
      }
    }
    catch(Exception ex)
    {
      grid.DataSource = null;
      MessageBox.Show(ex.Message,"Fehler");
    }
  }
  // Button: Beenden
  if(e.Button == but2)Close();
}

public static void Main()
{
  // Die Windows-Anwendung wird gestartet.
  Application.Run(new SqlApp());
}
}
```

Jede Änderung an einer Datenbank oder Tabelle kann mithilfe von SQL-Anweisungen bewirkt werden. Der benötigte SQL-String kann durch das Zusammenwirken von `SqlDataAdapter` und `SqlCommandBuilder` automatisch generiert und zum SQL-Server gesendet werden. Um ein Zusammenwirken zu ermöglichen, wird dem Konstruktor des `SqlCommandBuilder` eine Instanz des `SqlDataAdapter` als Parameter übergeben. Zu jedem verfügbaren `DataAdapter` steht auch ein `CommandBuilder` zur Verfügung. Änderungen an einer Zeile, einem Datensatz oder einer Tabelle können mit der Methode `Update` zur Datenbank übertragen werden.

Die Methode Update:

```
public int Update ( DataRow[] Zeilen )
public virtual int Update(DataSet dataSet )
public int Update(DataSet dataSet, string Quelltabelle )
public int Update(DataTable dataTable )
```

In der obigen Aufzählung taucht der Begriff `DataSet` auf. Ein `DataSet` kann eine oder mehrere Tabellen (`DataTable`) aufnehmen. Beispiel 3.3_4 fügt eine Zeile an eine Tabelle an. Die benötigte Datenbank `Test` mit der Tabelle Personen lässt sich mithilfe des Programms nach Beispiel 3.3_3 erstellen.

```
CREATE DATABASE Test
USE Test

CREATE TABLE Personen (
   ID INT NOT NULL,
   Vorname VARCHAR(20),
   Nachname VARCHAR(20),
   PRIMARY KEY (ID))

INSERT INTO Personen VALUES (1, 'Anton', 'Meier')
INSERT INTO Personen VALUES (2, 'Otto', 'Müller')
INSERT INTO Personen VALUES (3, 'Fritz', 'Schulze')
INSERT INTO Personen VALUES (4, 'Karl', 'Schmitz')
```

Der Inhalt der Tabelle Personen wird mit Beispiel 3.3_3 angezeigt.

	ID	Vorname	Nachname
▶	1	Anton	Meier
	2	Otto	Müller
	3	Fritz	Schulze
	4	Karl	Schmitz
*			

Abbildung 3_7: Abfrage der Tabelle Personen

```csharp
//Datei 3.3_4.cs

using System;
using System.Data;
using System.Data.SqlClient;

class SqlUpdate
{
  public SqlUpdate()
  {
    // ConnectionString
    string cStr =
      "Server=(local);Database=Test;" +
      "Integrated Security=true";

    // Abfragestring
    string abStr =
      "SELECT * From Personen";

    try
    {
      // Instanz des SqlDataAdapter
      SqlDataAdapter adapter =
        new SqlDataAdapter(abStr, cStr);

      // Instanz des SqlCommandBuilder mit
      // adapter als Parameter
      SqlCommandBuilder comm = new SqlCommandBuilder(adapter);

      // Instanz des DataTable
      DataTable table = new DataTable();

      // Der DataTable wird mit der Tabelle Personen
      // der Datenbank Test gefüllt
      adapter.Fill(table);

      // Dem DataTable wird eine Zeile hinzugefügt.
      DataRow row = table.NewRow();
      row["ID"] = 5;
      row["Vorname"] = "Franz";
      row["Nachname"] = "Schmied";
      table.Rows.Add(row);

      // Die Änderung wird in die Datenbank übertragen.
      adapter.Update(table);
    }
    catch(Exception e)
    {
      Console.WriteLine(e.Message);
    }
  }
```

```
public static void Main()
{
  new SqlUpdate();
}
}
```

Nachdem das Programm abgelaufen ist, besitzt die Tabelle Personen eine zusätzliche fünfte Zeile.

	ID	Vorname	Nachname
▶	1	Anton	Meier
	2	Otto	Müller
	3	Fritz	Schulze
	4	Karl	Schmitz
	5	Franz	Schmied
✱			

Abbildung 3_8: Die ergänzte Tabelle Personen

Der `SqlCommandBuilder` (`OleDbCommandBuilder`, `OracleCommandBuilder`, . . .) ist, wie Beispiel 3.3_4 zeigt, außerordentlich nützlich, wenn es darum geht, Benutzer von der Formulierung der SQL Anweisungen zu entlasten.

Datenbankzugriffe mit ADO.NET können in Konsolenanwendungen, Windowsanwendungen, Webanwendungen mit ASP.NET und Webservices integriert werden. Sie können darüber hinaus auch in Win32 Diensten und Remoteservern eingesetzt werden. In allen Fällen werden einheitlich die hier erläuterten Techniken der Datenbankbearbeitung benutzt.

3.4   Webseiten mit ASP.NET programmieren

ASP steht für Active Server Pages. ASP.NET ist ein für das .NET Framework erweitertes ASP. Es gibt eine große Zahl von Steuerelementen. Darüber hinaus können Steuerelemente von Drittanbietern verwendet werden, und auch Microsoft bietet zusätzliche Steuerelemente zum Download an. Es kann HTML 3.2, HTML 4.0 bzw. 4.01, CSS, XML und XSL verwendet werden. Es können klientseitige, vom Browser unterstützte, und serverseitige Skripten eingefügt und eingebunden werden, und es können zu CIL Code kompilierte Dlls eingebunden werden. Dabei können alle .NET Sprachen als Skriptsprachen verwendet werden. Auch der Datenbankzugriff mit ADO.NET und das Einbinden von ActiveX Steuerelementen sind möglich.

Der Server verarbeitet ASP.NET-Dateien, in dem er eine Kompilierungsquelle generiert, die eine von `System.Web.UI.Page` abgeleitete Klasse enthält.

Eigenschaften der Klasse `System.Web.UI.Page`:

```
Controls        gibt die ControlCollection zurück
IsPostBack      gleich false, wenn die Seite zum ersten Mal geladen worden ist
IsValid         Ergebnis der Überprüfung mit Validate
Request         das Request-Objekt
Response        das Response-Objekt
Visible         true gleich sichtbar
```

Methoden der Klasse `System.Web.UI.Page`:

```
RenderControl   Ausgabe an einen HtmlTextWriter
Validate        überprüft die Seite und alle Steuerelemente
```

Events und Eventhandler der Klasse `System.Web.UI.Page`:

```
Event           Eventhandler
Load            OnLoad          Die Seite wird geladen
Unload          OnUnload        Die Seite wird aus dem Speicher entladen
```

Steuerelemente im Namensraum `System.Web.UI.HtmlControls`:

```
HtmlAnchor              <a id=ID1 runat=server>
HtmlButton              <button id=ID1 runat=server>
HtmlForm                <form id=ID1 runat=server>
HtmlGenericControl      <html id=ID1 runat=server>
                        <body id=ID1 runat=server>
                        <div id=ID1 runat=server>
                        <span id=ID1 runat=server>
HtmlImage               <image id=ID1 runat=server>
HtmlInputButton         <input type="button" id=ID1
                           runat=server>
                        <input type="submit" id=ID1
                           runat=server>
                        <input type="reset" id=ID1
                           runat=server>
HtmlInputCheckBox       <input type="checkbox" id=ID1
                           runat=server>
HtmlInputFile           <input type="file" id=ID1
                           runat=server>
HtmlInputHidden         <input type="hidden" id=ID1
                           runat=server>
HtmlInputImage          <input type="image"id=ID1
                           runat=server>
```

```
HtmlInputRadioButton          <input type="radio" id=ID1
                                  runat=server>
HtmlInputText                 <input type="text" id=ID1
                                  runat=server>
                              <input type="password" id=ID1
                                  runat=server>
HtmlSelect                    <select id=ID1 runat=server>
HtmlTable                     <table id=ID1 runat=server>
HtmlTableCell                 <td id=ID1 runat=server>
                              <th id=ID1 runat=server>
HtmlTableRow                  <tr id=ID1 runat=server>
HtmlTextArea                  <textarea id=ID1 runat=server>
```

Steuerelemente im Namensraum System.Web.UI.WebControls:

```
AdRotator        <asp:AdRotator id=ID1 runat=server />
Button           <asp:Button id=ID1 runat=server
                 Text= . . . OnClick= . . . />
Calendar         <asp:Calendar id=ID1 runat=server>
                 <TodayDayStyle BackColor= . . . />
                 </asp:Calendar>
CheckBox         <asp:CheckBox id=ID1 runat=server
                 Text= . . . />
CheckBoxList     <asp:CheckBoxList id=ID1 runat=server>
                 <asp:ListItem>Item 1</asp:ListItem>
                 </asp:CheckBoxList>
DataGrid         <asp:DataGrid id=ID1 runat=server />
DataList         <asp:DataList id=ID1 runat=server />
DropDownList     <asp:DropDownList id=ID1 runat=server>
                 <asp:ListItem>Item 1</asp:ListItem>
                 . . .
                 </asp:DropDownList>
HyperLink        <asp:HyperLink id=ID1 runat=server
                 NavigateUrl= . . . Text= . . . />
Image            <asp:Image id=ID1 runat=server
                 ImageUrl= . . . />
ImageButton      <asp:ImageButton id=ID1 runat=server
                 ImageUrl= . . . OnClick= . . . />
Label            <asp:Label id=ID1 runat=server
                 Text= . . . />
LinkButton       <asp:LinkButton id=ID1 runat=server
                 Text= . . . OnClick = . . . />
ListBox          <asp:ListBox id=ID1 runat=server>
                 <asp:ListItem>Item 1</asp:ListItem>
                 . . .
                 </asp:ListBox>
```

```
Literal            <asp:Literal id=ID1 runat=server
                   Text= . . . />
Panel              <asp:Panel id=ID1 runat=server
                   ForeColor= . . . BackColor= . . .
                   Height= . . . Width= . . . >
                   Zeile1<br>Zeile2 . . .
                   </asp:Panel>
PlaceHolder        <asp:PlaceHolder id=ID1 runat=server />
RadioButton        <asp:RadioButton id=ID1 runat=server
                   Text= . . . Checked= . . .
                   GroupName= . . . />
RadioButtonList    <asp:RadioButtonList id=ID1 runat=server>
                   <asp:ListItem>Item 1</asp:ListItem>
                   . . .
                   </asp:RadioButtonList>
Repeater           <asp:Repeater id=ID1 runat=server>
                   <HeaderTemplate> . . .
                   <ItemTemplate> . . .
                   </asp:Repeater>
Table              <asp:Table id=ID1 runat=server>
                   <asp:TableRow>
                   <asp:TableCell>
                   . . .
                   </asp:TableCell>
                   </asp:TableRow>
                   </asp:Table>
TextBox            <asp:TextBox id=ID1 runat=server
                   Text= . . . />
Xml                <asp:Xml id=ID1 runat=server
                   DocumentSource= . . . />
```

Validator-Steuerelemente im Namensraum `System.Web.UI.WebControls`:

```
CompareValidator              <asp:CompareValidator
                                 runat=server
                                 Display="dynamic"
                                 ControlToValidate= . . .
                                 ControlToCompare= . . .
                                 Type= . . .
                                 EnableClientScript="false"
                                 ErrorMessage= . . .
                                 Text= . . . />
CustomValidator               <asp:CustomValidator
                                 runat=server
                                 ControlToValidate= . . .
                                 OnServerValidate="user"
                                 ErrorMessage= . . .
                                 Text= . . . />
```

```
RangeValidator              <asp:RangeValidator
                              runat=server
                              ControlToValidate= . . .
                              MinimumValue= . . .
                              MaximumValue= . . .
                              Type= . . .
                              EnableClientScript="false"
                              ErrorMessage= . . .
                              Text= . . . />
RegularExpressionValidator  <asp:RegularExpressionValidator
                              runat=server
                              ControlToValidate= . . .
                              ValidationExpression= . . .
                              EnableClientScript="false"
                              ErrorMessage= . . .
                              Text= . . . />
RequiredFieldValidator      <asp:RequiredFieldValidator
                              runat=server
                              ControlToValidate= . . .
                              ErrorMessage= . . .
                              Text= . . . />
ValidationSummary           <asp:ValidationSummary
                              runat=server
                              HeaderText= . . .
                              DisplayMode= . . .
                              EnableClientScript="false" />
```

Beispiel 3.4_1 liest die Datei Adressen.xml und gibt den Inhalt in Tabellen-
form wieder.

Die Datei Adressen.xml:

```xml
<?xml version="1.0" encoding="ISO-8859-1"?>
<Adressen>
  <Person>
    <Vorname>Otto</Vorname>
    <Name>Meier</Name>
    <Strasse>Hauptstrasse 30</Strasse>
    <Stadt>Frankfurt</Stadt>
  </Person>
    <Person>
      <Vorname>Karl</Vorname>
      <Name>Schulz</Name>
      <Strasse>Königsallee 22</Strasse>
      <Stadt>Düsseldorf</Stadt>
    </Person>
  <Person>
    <Vorname>Alfred</Vorname>
    <Name>Schmitz</Name>
```

```
  <Strasse>Am Wald 44</Strasse>
  <Stadt>Köln</Stadt>
 </Person>
 <Person>
  <Vorname>August</Vorname>
  <Name>Müller</Name>
  <Strasse>Kurfürstendamm 288</Strasse>
  <Stadt>Berlin</Stadt>
 </Person>
</Adressen>
```

HTML Controls erscheinen in der .aspx Datei als ganz normale HTML Tags. Web Controls werden als Tags der Form `<asp: WebControl . . . />` geschrieben. Sie können nur in einem Formular `<form runat=server>` verwendet werden. Der Zusatz `runat=server` sorgt dafür, dass damit gekennzeichnete Skripten, Formulare und Steuerelemente vom Server ausgeführt werden, während der Browser einen verhältnismäßig konservativen HTML Code geliefert bekommt. Den HTML und Web Controls stehen weniger Eigenschaften zur Verfügung als den entsprechenden Windows Steuerelementen. Die vorhandenen Eigenschaften können sowohl im HTML Tag als auch im Skript gesetzt werden. Daneben können HTML und Web Controls mit Cascading Style Sheets (CSS) formatiert werden. Diese Formatierung ist in der üblichen Weise im HTML Quelltext oder in .css Dateien möglich. Die Eigenschaft `CssClass` ermöglicht aber auch die CSS Formatierung in Skripten. Die Kopfzeile der Tabelle bzw. des `DataGrid` des Beispiels 3.4_1 wird mit

```
grid.HeaderStyle.CssClass = "fett";
```

im Skript formatiert. Am Anfang einer .aspx Datei stehen Direktiven.

```
@ Page, @ Control, @ Import, @ Implements, @ Register, @ Assembly, @ OutputCache
und @ Reference
```

Die Direktive `@ Page` legt Attribute einer ASP.NET-Seite fest. Im Beispiel 3.4_1 legt die Direktive `<%@ Page Language=C#%>` die Skriptsprache C# fest. Das gilt für die gesamte Datei, es sei denn, dass im Script Tag eine andere Sprache angegeben ist. Die `@ Import` Direktiven importieren die benötigten Namensräume der .NET Klassenbibliothek.

Die Datei 3.4_1.aspx:

```
<%@ Page Language=C#%>
<%@ Import Namespace="System.Data" %>
<%@ Import Namespace="System.Drawing" %>

<style>
.fett
{
  font-weight:bold;
```

```
      background-color:#99ffff;
  }
</style>

<script  runat=server>
protected override void OnLoad(EventArgs e)
{
   if(!IsPostBack)
   {
     DataSet adr = new DataSet();
     adr.ReadXml(MapPath("Adressen.xml"));
     DataTable table = adr.Tables[0];
     DataView view = new DataView(table);
     grid.DataSource = view;
     grid.DataBind();
     grid.HeaderStyle.CssClass = "fett";
   }
}
</script>

<html>
<body>
<form runat=server>
<asp:DataGrid
   id=grid runat=server
   BorderColor="black"
   BorderWidth="2"
   CellPadding="5" />
</form>
</body>
</html>
```

Die Tabelle in der Browserdarstellung:

Vorname	Name	Strasse	Stadt
Otto	Meier	Hauptstrasse 30	Frankfurt
Karl	Schulz	Königsallee 22	Düsseldorf
Alfred	Schmitz	Am Wald 44	Köln
August	Müller	Kurfürstendamm 288	Berlin

Abbildung 3_9: Darstellung einer XML Datei in einer Webseite

Eine XML Datei enthält durch Tags strukturierte Daten. Daher ist ein Parser erforderlich, der die XML Daten analysiert und in die Tabellenfelder einordnet. Die Methode `ReadXml` der Klasse `System.Data.DataSet` übernimmt diese Aufgabe. Wie bereits erwähnt, enthält ein `DataSet` einen oder mehrere

DataTable. Die Anweisung `DataTable table = adr.Tables[0];` entnimmt dem DataSet einen `DataTable`, der als Datenquelle des `DataGrid` dient.

Beispiel 3.4_2 verwendet das Html Control `textarea` und die Web Controls `Button` und `Label`. Trägt man in `box1` vom Typ `textarea` einen Text ein und Klickt `Abschicken` an, so wird der Text zum Server geschickt und vom Server, wie Abbildung 3_10 zeigt, in das `Label` eingetragen.

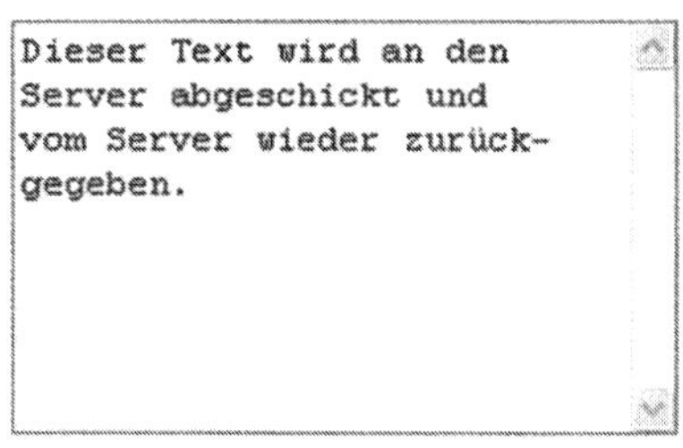

Montag, 9.2.2004 08:08:06
Sie haben folgenden Text abgeschickt:
Dieser Text wird an den
Server abgeschickt und
vom Server wieder zurück-
gegeben.

Abbildung 3_10: HTML und Web Controls

Beispiel 3.4_2 benutzt so genannten Codebehind. Die @ Page Direktive enthält in diesem Fall zusätzliche Attribute. Erstellt man mit Visual Studio .NET eine Webanwendung mit dem Namen testApp, so wird ein Unterverzeichnis des Rootverzeichnisses des Serverpfades angelegt.

z. B.: `C:\Inetpub\wwwroot\testApp`

In diesem Verzeichnis befinden sich unter anderem die Dateien `testApp.aspx` und `testApp.aspx.cs`. Klickt man nun testApp erstellen an, so wird das Verzeichnis `C:\Inetpub\wwwroot\testApp\bin` mit der Datei `testApp.dll` erstellt. Die Datei `testApp.aspx` beginnt mit der Direktive

```
<%@ Page Language=C# Codebehind=" test.aspx.cs " Inherits="testApp" %>
```

Im Gegensatz zu Beispiel 3.4_1 ist das C# Skript nicht in der .aspx Datei sondern zu CIL Code kompiliert in einer Dll untergebracht. Es gibt noch weitere Möglichkeiten.

Die Direktive

```
<%@ Page Language=C# Inherits="testApp" Src="testApp.cs" %>
```

importiert mit Inherits="testApp" die Klasse testApp, die sich in der nicht kompilierten Datei testApp.cs befindet. Das Attribut Src="..." bewirkt, dass die nicht kompilierte Quelldatei benutzt und zur Laufzeit kompiliert wird. Beispiel 3.4_2 nutzt eine dritte Möglichkeit. Die Direktive

```
<%@ Page Language=C# Inherits="app3_4_2" %>
```

bewirkt, dass die Dlls im Unterverzeichnis bin nach der Klasse app3_4_2 durchsucht werden. Endet die Suche ohne eindeutiges Ergebnis, so wird eine Fehlermeldung ausgegeben. Es gibt noch eine vierte Möglichkeit mit dem Attribut Inherits="app3_4_2. 3.4_2". In diesem Fall befindet sich die Klasse app3_4_2 in der Assembly 3.4_2.

Die Datei 3.4_2.aspx:

```
<%@ Page Language=C# Inherits="app3_4_2" %>

<style>
.text_area
{
  width:250px;
  height:150px;
}
</style>

<html>
<body>
<form runat=server>

<textarea
  id=box1
  runat=server
  class=text_area
  text="" />
<br><br>

<asp:Button
  id=but1
  runat=server
  Text=Abschicken />
<br><br>

<asp:Label
  id=label1
  runat=server
  Text="" />
```

```
</form>
</body>
</html>
```

Die Datei 3.4_2.cs wird mit `csc /t:library 3.4_2.cs` in 3.4_2.dll kompiliert. Die Webanwendung ist nur dann lauffähig, wenn sich die erzeugte Dll, wie oben erläutert, im Unterverzeichnis bin befindet.

```csharp
// 3.4_2.cs

using System;
using System.Web.UI;
using System.Web.UI.HtmlControls;
using System.Web.UI.WebControls;

// app3_4_2 ist von Page abgeleitet
public class app3_4_2 : Page
{
  protected HtmlTextArea box1;
  protected Button but1;
  protected Label label1;

  // Die Anwendung wird inizialisiert
  protected override void OnInit(EventArgs e)
  {
    but1.Click += new EventHandler(but1_click);
  }

  // Eventhandler: Button but1
  void but1_click(object o, EventArgs e)
  {
    // Datum und Uhrzeit
    DateTime dt = DateTime.Now;

    // Wochentag mit Typecast englich - deutsch
    Wochentag dw = (Wochentag)dt.DayOfWeek;

    // Der Datumsstring wird zusammengesetzt.
    string datum =
      dw.ToString() + ", " + dt.ToString();

    // Die Antwort wird in label1 geschrieben.
    label1.Text = html(
      datum + "\r\n" +
      "Sie haben folgenden Text abgeschickt:\r\n" +
      box1.InnerText);
  }

  // HTML gerechte Umkodierung
```

```csharp
string html(string st)
{
    string s = st;
    s = s.Replace("\r\n", "<br>");
    s = s.Replace("ä", "&auml;");
    s = s.Replace("ö", "&ouml;");
    s = s.Replace("ü", "&uuml;");
    s = s.Replace("Ä", "&Auml;");
    s = s.Replace("Ö", "&Ouml;");
    s = s.Replace("Ü", "&Uuml;");
    s = s.Replace("ß", "&szlig;");
    s = s.Replace(" ", " ");
    return s;
}


// deutsche Wochentage
enum Wochentag
{
    Sonntag, Montag, Dienstag,
    Mittwoch, Donnerstag, Freitag, Samstag
}
}
```

Den Tags der .aspx Datei stehen in der C# Datei Variablenvereinbarungen gegenüber.

```csharp
<textarea . . . />          protected HtmlTextArea box1;
<asp:Button . . . />        protected Button but1;
<asp:Label . . . />         protected Label label1;
```

Die Steuerelemente müssen `public` oder `protected` vereinbart werden. Sie werden jedoch nicht explizit instanziiert. Die Tags der .aspx Datei verkörpern die Instanzen. Diese werden zur Laufzeit in die Kompilierungsquelle eingearbeitet. Baut man in die .aspx Datei einen Fehler ein (z. B. das vollkommen sinnlose Skript `<% abc %>`), so zeigt der Browser eine Fehlermeldung an, und man kann die Kompilierungsquelle anzeigen lassen. Es erscheint ein C# Programm, das die Klasse _3_4_2_aspx enthält, die von app3_4_2 abgeleitet ist. Da app3_4_2 von Page abgeleitet ist, entsteht eine Ableitungsfolge, die alle Fäden in der Klasse _3_4_2_aspx der Kompilierungsquelle zusammenführt. In dieser Klasse werden die Instanzen der Steuerelemente gebildet, und dieser Klasse stehen alle nicht privaten Mitglieder der übergeordneten Klassen zur Verfügung. Eine fehlerfreie Kompilierungsquelle wird abgearbeitet, und das Resultat der Abarbeitung wird vom Browser angezeigt. ASP.NET liegt, wie man sieht, ein einfaches aber wirkungsvolles objektorientiertes Konzept zugrunde.

Skripten können auch der Form `<% . . . %>` entsprechen. Man kann z. B. in die Datei 3.4_2.aspx statt des Labels das Skript `<% antworten(); %>` einbauen.

In der Datei 3.4_2.cs wird der String `Antwort` vereinbart, und der Eventhandler `but1_click` generiert mit

```
Antwort = html(
  datum + "\r\n" +
  "Sie haben folgenden Text abgeschickt:\r\n" +
  box1.InnerText);
```

den Antwortstring. Fügt man nun noch die Methode

```
protected void antworten()
{
  Response.Write(Antwort);
}
```

hinzu, so entspricht die Darstellung im Browser wieder der bisherigen gemäß Abbildung 3_10. Es bleibt also alles beim Alten.

Beispiel 3.4_3 fragt, wie der abgebildete Ausschnitt des Browserfensters
zeigt, die SQL Server Datenbank Northwind ab.

```
SQL Abfrage

Server (local)          Datenbank Northwind

SELECT
    CompanyName AS Firma, ContactName AS Kontaktperson,
    Address AS Adresse, City AS Stadt, Phone AS Ruf
FROM Customers
WHERE Country='Germany'
```

Firma	Kontaktperson	Adresse	Stadt	Ruf
Alfreds Futterkiste	Maria Anders	Obere Str. 57	Berlin	030-0074321
Blauer See Delikatessen	Hanna Moos	Forsterstr. 57	Mannheim	0621-08460
Drachenblut Delikatessen	Sven Ottlieb	Walserweg 21	Aachen	0241-039123
Frankenversand	Peter Franken	Berliner Platz 43	München	089-0877310

Abbildung 3_11: Abfrage, SQL Server Datenbank in Webseite

Die Datei 3.4_3.aspx definiert in der bekannten Art und Weise die Steuerelemente und deren Eigenschaften und Anordnung.

Die Datei 3.4_3.aspx:

```
<%@ Page Language=C# Inherits="app3_4_3" %>

<style>
.fett
{
  font-weight:bold;
  background-color:#99ffff;
}
.tabelle
{
  position:absolute;
  left:20px;
  top:20px;
  width:575px;
  height:176px;
}
.btabfrage
{
  position:absolute;
  left:3px;
  top:3px;
}
.lbserv
{
  position:absolute;
  left:8px;
  top:36px;
  width:40px;
  height:16px;
}
.tbserv
{
  position:absolute;
  left:56px;
  top:36px;
  width:144px;
  height:20px;
  border-width:2px;
}
.lbbank
{
  position:absolute;
  left:225px;
  top:36px;
  width:64px;
  height:16px;
}
.tbbank
{
```

```
  position:absolute;
  left:299px;
  top:36px;
  width:264px;
  height:20px;
  border-width:2px;
}
.tbsql
{
  position:absolute;
  left:3px;
  top:65px;
  border-width:2px;
  width:560px;
  height:100px;
}
.grid
{
  position:absolute;
  left:0px;
  top:180px;
}
.lbfehler
{
  position:absolute;
  left:600px;
  top:0px;
  width : 400px
}
</style>

<html>
<body bgcolor="#cccccc">
<form runat=server>
<table
  runat=Server
  class=tabelle
  border=4
  bordercolor="#999999"
  bgcolor="#ffffff" >
<tr><td>
<asp:Button
  id=butAbfrage
  runat=Server
  class=btabfrage
  Text="SQL Abfrage" />
<asp:Label
  id=lblServer
  runat=Server
  class=lbserv
  Text="Server" />
```

```
<asp:TextBox
  id=bxServer
  runat=Server
  class=tbserv
  Text="" />
<asp:Label
  id=lblDatenbank
  runat=Server
  class=lbbank
  Text="Datenbank" />
<asp:TextBox
  id=bxDatenbank
  runat=Server
  class=tbbank
  Text="" />
<textarea
  id=bxSql
  runat=Server
  class=tbsql />
<asp:DataGrid
  id=dtGrid
  runat=Server
  class=grid
  BackColor="white"
  BorderColor="black"
  BorderWidth="2"
  CellPadding="5" />
<asp:Label
  id=lblFehler
  runat=Server
  class=lbfehler />
</td></tr></table>
</form>
</body>
</html>
```

Die Datei 3.4_3.cs enthält den Eventhandler für das `Click` Ereignis des Buttons `butAbfrage`. Dieser Eventhandler führt die Datenbankabfrage aus. Der Aufbau der Abfrage ist von Beispiel 3.3_3 bekannt. Es gibt jedoch einen Unterschied zwischen Windows Controls und Web Controls, der darin besteht, dass bei Web Controls die Datenquelle und das Control mit `DataBind` gebunden werden müssen. Dieses Binden ist bei allen Web Controls, die die Eigenschaft `DataSource` besitzen, erforderlich. Das Binden mit

```
dtGrid.DataSource = table.DefaultView;
dtGrid.DataBind();
```

synchronisiert die Datenquelle und das Control. Änderungen der Datenquelle werden dem Control weitergegeben.

```csharp
// 3.4_3.cs

using System;
using System.Data;
using System.Data.SqlClient;
using System.Drawing;
using System.Web.UI;
using System.Web.UI.HtmlControls;
using System.Web.UI.WebControls;

// app3_4_3 ist von Page abgeleitet.
public class app3_4_3 : Page
{
  protected Button butAbfrage;
  protected Label lblServer;
  protected TextBox bxServer;
  protected Label lblDatenbank;
  protected TextBox bxDatenbank;
  protected HtmlTextArea bxSql;
  protected DataGrid dtGrid;
  protected Label lblFehler;

  // Die Anwendung wird inizialisiert.
  protected override void OnInit(EventArgs e)
  {
    butAbfrage.Click += new EventHandler(Abfrage);
  }

  // Eventhandler für butAbfrage.Click
  void Abfrage(object o, EventArgs e)
  {
    try
    {
      // ConnectionString
      string connection = "Server=" + bxServer.Text +
        ";Database=" + bxDatenbank.Text +
        ";Integrated Security=true";

      // Abfragestring
      string query = "" ;
      string s = bxSql.InnerText.Replace("\r\n", "\n");
      string[] Lines = s.Split('\n');
      for(int i=0; i<Lines.Length; i++)
        query += Lines[i] + " ";

      // Mit USE kann die Datenbank gewechselt werden.
      string tq = query.Trim();
      if(tq.ToUpper().StartsWith("USE"))
      {
        string db = tq.Substring(3,tq.Length-3).Trim();
        bxDatenbank.Text = db;
```

```
      dtGrid.DataSource = null;
    }
    // Die Abfrage wird zum SQL Server geschickt, und
    // das Abfrageergebnis wird im DatadtGrid abgebildet.
    else
    {
      // Instanz des SqlDataAdapter
      SqlDataAdapter adapter = new SqlDataAdapter(query, connection);

      // Die Tabelle wird instanziiert.
      DataTable table = new DataTable();

      // Die Abfrage wird zum SQL Server geschickt, und
      // die Tabelle wird mit dem Abfrageergebnis gefüllt.
      if(adapter.Fill(table) > 0)
      {
        // Die Tabelle wird im DatadtGrid abgebildet.
        dtGrid.DataSource = table.DefaultView;
        dtGrid.DataBind();
        dtGrid.HeaderStyle.CssClass = "fett";
        //dtGrid.BackColor = Color.White;
        dtGrid.Width = 560;

        // Die Fehlermeldung wird gelöscht.
        lblFehler.Text = "";
      }
      else
      {
        // Fehlermeldung
        lblFehler.Text =
          "Abfrage wurde ausgeführt:\n" +
          query.Substring(0,10) + " . . .";
      }
    }
  }
  catch(Exception ex)
  {
    // Fehlermeldung
    dtGrid.DataSource = null;
    lblFehler.Text = ex.Message;
  }
 }
}
```

3.5   Web Services - Remoting mit ASP.NET rationell realisieren

Ein Web Service besteht im einfachsten Fall aus einer Datei mit der Endung .asmx. Die Direktive

```
<%@ WebService Language="C#" class="Service3_5_1" %>
```

deklariert einen Web Service. Die Klasse `Service3_5_1` ist mit dem Attribut

```
[WebService(Namespace="http://S3_5_1/")]
```

versehen, das den Standardnamespace festlegt. Der Standardnamespace verweist nicht auf eine Webresource. Er dient nur dem Zweck, Web Services voneinander zu unterscheiden.

Die Datei `3.5_1.asmx`:

```
<%@ WebService Language="C#" class="Service3_5_1" %>
using System;
using System.Web.Services;

[WebService(Namespace="http://S3_5_1/")]
public class Service3_5_1
{
  [WebMethod]
  public int addInt(int a, int b)
  {
    return a + b;
  }
  [WebMethod]
  public int multInt(int a, int b)
  {
    return a * b;
  }
}
```

Wie man am Programmlisting erkennt, stellt der Web Service keine Webseite, sondern die mit dem Attribut `[WebMethod]` versehenen Methoden `addInt` und `multInt` mithilfe des Microsoft Internet Information Servers oder eines anderen ASP.NET fähigen Webservers im Netzwerk oder auch im Internet zur Verfügung. Daher muss sich die Datei 3.5_1.asmx in einem Verzeichnis befinden, das im Serverpfad liegt (z. B. `C:\Inetpub\wwwroot`). Wird nun mit dem Browser `http://Hostname/3.5_1.asmx` angewählt, meldet sich der Web Service im Browserfenster.

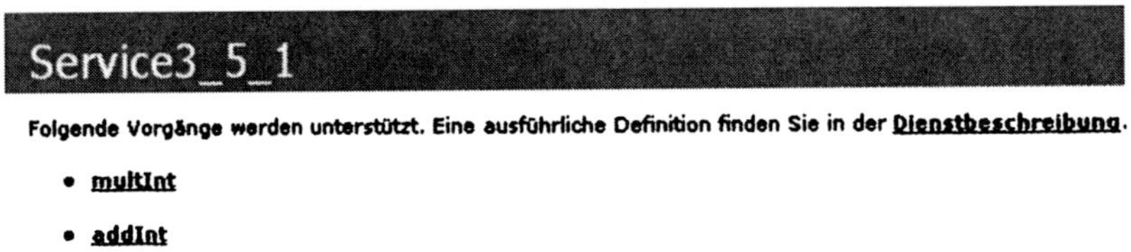

Service3_5_1

Folgende Vorgänge werden unterstützt. Eine ausführliche Definition finden Sie in der **Dienstbeschreibung**.

- **multInt**

- **addInt**

Abbildung 3_12: Webservice im Browser

Klickt man multInt an, so wechselt das Bild.

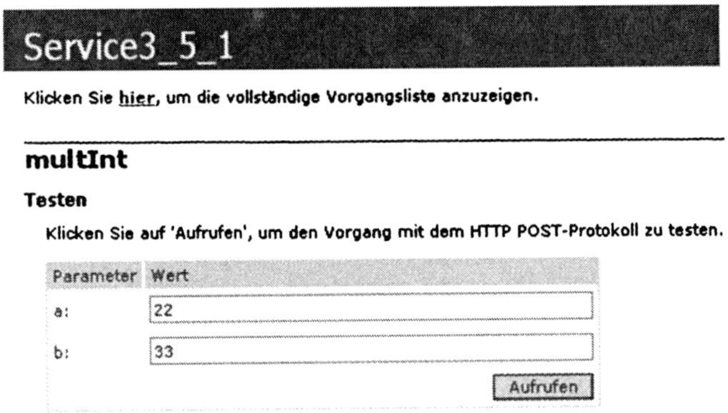

Service3_5_1

Klicken Sie **hier**, um die vollständige Vorgangsliste anzuzeigen.

multInt

Testen

Klicken Sie auf 'Aufrufen', um den Vorgang mit dem HTTP POST-Protokoll zu testen.

Parameter	Wert
a:	22
b:	33
	Aufrufen

Abbildung 3_13: Browsereingabe für Webservice

Nach der Eingabe der Zahlen 22 und 33 und dem Anklicken von Aufrufen erscheint das XML-Ergebnis.

```
<?xml version="1.0" encoding="utf-8" ?>
<int xmlns="http://S3_5_1/">726</int>
```

Abbildung 3_14: XML Ergebnis einer Berechnung mit einem Webservice

Um die gegenüber C# in diesem Kapitel benachteiligten .NET Sprachen wieder ins Spiel zu bringen, wird der gleiche Web Service in Visual Basic .NET und JScript .NET abgebildet.

Visual Basic .NET:

```
<%@ WebService Language="VisualBasic" class="Service3_5_1a" %>
Imports System
Imports System.Web.Services
```

```
<WebService(Namespace:="http://S3_5_1/")> _
Public Class Service3_5_1a
  <WebMethod> _
  Public Function addInt( _
  ByVal a As Integer, ByVal b As Integer) As Integer
    Return a + b
  End Function
  <WebMethod> _
  Public Function multInt( _
  ByVal a As Integer, ByVal b As Integer) As Integer
    Return a * b
  End Function
End Class
```

JScript .NET:

```
<%@ WebService Language="JScript" class="Service3_5_1b" %>
import System;
import System.Web.Services;

WebServiceAttribute(Namespace="http://S3_5_1/") class Service3_5_1b
{
  WebMethodAttribute function addInt(a:int, b:int):int
  {
    return a + b;
  }
  WebMethodAttribute function multInt(a:int, b:int):int
  {
    return a * b;
  }
}
```

Die Methode daten des Beispiels 3.5_2 liest mit ReadXml die Datei Adressen.xml in ein DataSet ein und gibt das DataSet mit return set; zurück. Die Datei 3.5_2.asmx enthält nur eine Zeile mit der WebService Direktive.

```
<%@ WebService Class="Service3_5_2,3.5_2" %>
```

Die Datei 3.5_2.cs, die die Klasse Service3_5_2 mit der Methode daten enthält, wird zu einer Dll kompiliert, welche sich in dem bereits bekannten bin Verzeichnis abgelegt wird.

```
// 3.5_2.cs

using System;
using System.Data;
using System.Drawing;
using System.Web.Services;
```

```
[WebService(Namespace="http://S3_5_2/")]
public class Service3_5_2
{
  [WebMethod]
  public DataSet daten()
  {
    DataSet set = new DataSet();
    set.ReadXml(@"C:\daten\Adressen.xml");
    return set;
  }
}
```

Ruft man `http://Hostname/3.5_2.asmx` mit dem Browser auf, so wird das `bin` Verzeichnis nach der Klasse `Service3_5_2` in der Assembly `3.5_2` durchsucht. Ein Testaufruf der Methode `daten` ist zwar mit dem Browser möglich, die Xml Darstellung des Browsers ist jedoch äußerst unübersichtlich. Ein Klient, der die Daten in ein `DataGrid` überträgt, löst das Darstellungsproblem.

```
// Klient3.5_2.cs

using System;
using System.Data;
using System.Drawing;
using System.Windows.Forms;

class Klient3_5_2 : Form
{
  public Klient3_5_2()
  {
    Text = "Beispiel 3.5_2";
    ClientSize = new Size(339, 127);
    try
    {
      tabelle();
    }
    catch(Exception ex)
    {
      MessageBox.Show(ex.Message);
    }
  }

  void tabelle()
  {
    Service3_5_2 serv = new Service3_5_2();
    DataSet set = serv.daten();
    DataTable table = set.Tables[0];

    DataGrid grid = new DataGrid();
```

```
    grid.CaptionText = "Adressen.xml";
    grid.Dock = DockStyle.Fill;
    grid.DataSource = table.DefaultView;
    Controls.Add(grid);
  }

  static void Main()
  {
    Application.Run(new Klient3_5_2());
  }
}
```

Läuft der Web Service auf dem Host abc und befindet sich der Klient auf dem Host xyz, so wird ein Bindeglied benötigt, das einerseits in der Lage ist, mit dem Web Service Kontakt aufzunehmen, und das andererseits Prototypen der Klasse Service3.5_2 und der Methode daten zur Verfügung stellt. Ein solches Bindeglied, ein Proxy, lässt sich mit dem im .NET Framework SDK enthaltenen Tool wsdl.exe erstellen. Mit

```
wsdl "http://abc/3.5_2.asmx" /out:Proxy3.5_2.cs
```

wird die Datei Proxy3.5_2.cs generiert, die mit

```
csc /t:library Proxy3.5_2.cs
```

zu Proxy3.5_2.dll kompiliert wird. Jetzt kann der Klient mit

```
csc /t:winexe /r:Proxy3.5_2.dll Klient3.5_2.cs
```

kompiliert werden. Nach dem Start des Klienten werden die Daten im DataGrid übersichtlich dargestellt.

	Vorname	Name	Strasse	Stadt
▶	Otto	Meier	Hauptstrasse	Frankfurt
	Karl	Schulz	Königsallee 2	Düsseldorf
	Alfred	Schmitz	Am Wald 44	Köln
	August	Müller	Kurfürstenda	Berlin
*				

Abbildung 3_15: Darstellung einer XML Datei durch Webservice Klient

Um die anderen .NET Sprachen zu Wort kommen zu lassen und um zu zeigen, dass auch eine Webanwendung als Klient benutzt werden kann, folgt nun der gleiche Web Service mit der in C++ geschriebenen Klasse Service3_5_2a. Der Klient ist in Visual Basic .NET geschrieben.

Die Datei 3.5_2a.asmx:

```
<%@ WebService Class="Service3_5_2a.3.5_2a" %>
```

Der Web Service in C++:

```cpp
// 3.5_2a.cpp

#using <mscorlib.dll>
#using <System.dll>
#using <System.Data.dll>
#using <System.Web.Services.dll>
#using <System.EnterpriseServices.dll>
#using <System.Xml.dll>

using namespace System;
using namespace System::Data;
using namespace System::Web::Services;
using namespace System::EnterpriseServices;
using namespace System::Xml;

[WebService(Namespace="http://S3_5_2/")]
public __gc class Service3_5_2a
{
public:
  [WebMethod]
  DataSet* daten()
  {
    DataSet* set = new DataSet();
    set->ReadXml(S"C:\\daten\\Adressen.xml");
    return set;
  }
};
```

Die Datei 3.5_2a.aspx: (Klient)

```
<%@ Page Language="VB" %>
<%@ Import Namespace="System.Data" %>
<%@ Import Namespace="System.Drawing" %>

<style>
```

```
.fett
{
  font-weight:bold;
  background-color:#99ffff;
}
</style>

<script runat=server>
Protected Overrides Sub OnLoad(ByVal e As EventArgs)
  If Not IsPostBack Then
        Dim serv As new Service3_5_2a()
         Dim dset As DataSet = serv.daten()
      Dim table As DataTable = dset.Tables(0)

     grid.DataSource = table.DefaultView
     grid.DataBind()
     grid.HeaderStyle.CssClass = "fett"
   End If
End Sub
</script>

<html>
<body>
<form runat=server>
<asp:DataGrid
  id=grid runat=server
  BorderColor="black"
  BorderWidth="2"
  CellPadding="5" />
</form>
</body>
</html>
```

Die Webanwendung des Beispiels 3.4_1 liest die XML-Datei direkt, während im Beispiel 3.5_2a das fertige `DataGrid` an die Webanwendung weitergegeben wird. Der Weg ist unterschiedlich. Das Ergebnis ist jedoch identisch.

Vorname	Name	Strasse	Stadt
Otto	Meier	Hauptstrasse 30	Frankfurt
Karl	Schulz	Königsallee 22	Düsseldorf
Alfred	Schmitz	Am Wald 44	Köln
August	Müller	Kurfürstendamm 288	Berlin

Abbildung 3_16: Webseite als Webservice Klient

3.6 Remoting auch ohne ASP.NET rationell realisieren

Zum Remoting wird ein Server benötigt. Statt des IIS oder eines anderen ASP.NET fähigen Webservers wird jetzt zu jeder Anwendung ein eigener Server geschrieben. Server und Klient kommunizieren über Channels miteinander. Man kann Channels mit etlichen verschiedenen Transportprotokollen konstruieren. In den Beispielen dieses Abschnitts wird ein Standard Channel, der HttpChannel, benutzt. Das Remoteobjekt, das vom Server im Netzwerk bereitgestellt wird, ist von `MarshalByRefObject` abgeleitet. Ein solches Objekt wird auf Anforderung des Klienten auf dem serverseitigen Host ausgeführt.

Die Datei `Server3.6_1.cs` enthält ein Remoteobjekt, die Klasse `Antwort`, und einen Remoteserver., der in der Klasse `Server3_6_1` definiert ist. In der Methode `Main` der Klasse `Server3_6_1` werden ein Channel auf dem Port 65000 und die Klasse Antwort registriert. Der Modus

```
WellKnownObjectMode.Singleton
```

besagt, dass bei der ersten Anforderung durch einen Klienten eine Instanz der Klasse `Antwort` gebildet wird. Diese Instanz bleibt für alle weiteren Anforderungen erhalten. Ist dagegen

```
WellKnownObjectMode.SingleCall
```

vereinbart, so wird beim Erstkontakt und zusätzlich bei jeder Anfrage eine Instanz des Remoteobjekts gebildet.

```
// Server3.6_1.cs

using System;
using System.Runtime.Remoting;
using System.Runtime.Remoting.Channels;
using System.Runtime.Remoting.Channels.Http;

// Remoteobjekt
public class Antwort : MarshalByRefObject
{
  public long quadrat(long a)
  {
    // Das Quadrat von a wird zurückgegeben.
    return a * a;
  }
}
```

```
// Remoteserver
public class Server3_6_1
{
  public static void Main()
  {
    // Der Channel 65000 wird registriert.
    ChannelServices.RegisterChannel(new HttpChannel(65000));

    // Die Klasse Antwort wird registriert.
    Type t = Type.GetType("Antwort");
    RemotingConfiguration.RegisterWellKnownServiceType(
      t, "Antwort", WellKnownObjectMode.Singleton);

    // Wenn die Anwendung beendet wird,
    // terminiert auch der Server.
    Console.WriteLine("Stop = Enter");
    Console.ReadLine();
  }
}
```

Der Klient ist eine Windows Anwendung. Er registriert den Channel 0, der sinngemäß für jeden Channel steht. Nachdem der Channel registriert ist, wird mit `RemotingServices.Connect` die Verbindung zum Remoteserver und zum Remoteobjekt hergestellt, wobei das Remotingsystem den richtigen Anschluss aussucht. Wird nun die Methode `quadrat` aufgerufen, so wird diese auf dem Serverhost abgearbeitet. Das Ergebnis wird dem Klienten zurückgegeben.

Abbildung 3_17: Klient für Remoteserver

```
// Klient3.6_1.cs

using System;
using System.Drawing;
using System.Windows.Forms;
using System.Runtime.Remoting;
using System.Runtime.Remoting.Channels;
using System.Runtime.Remoting.Channels.Http;
```

```
class Klient : Form
{
  TextBox box = new TextBox();
  Label lab = new Label();
  Antwort a;

  public Klient()
  {
    Text = "Beispiel 3.6_1";
    ClientSize = new Size(250, 70);
    box.Location = new Point(10, 20);
    box.Width = 60;
    box.TextChanged += new EventHandler(box_changed);
    lab.Location = new Point(80, 23);
    lab.Width = 170;
    lab.Text = "";
    Controls.AddRange(new Control[]{box, lab});

    // Der Channel 0 wird registriert.
    ChannelServices.RegisterChannel(new HttpChannel(0));

    // Die Verbindung zum Remoteobjekt wird hergestellt.
    a = (Antwort)RemotingServices.Connect(
      typeof(Antwort), "Http://abc:65000/Antwort");
  }

  // Eventhandler: Inhalt der Textbox hat sich geändert
  protected void box_changed(object o, EventArgs e)
  {
    try
    {
      if(box.Text.Equals(""))
        lab.Text = "";
      else
        // Die Methode quadrat des Remoteobjekts wird
        // aufgerufen, und der Rückgabewert wird in
        // lab.Text abgelegt.
        lab.Text = "zum Quadrat = " +
          a.quadrat(long.Parse(box.Text)).ToString();
    }catch(Exception){}
  }

  static void Main()
  {
    // Die Windows Anwendung wird gestartet.
    Application.Run(new Klient());
  }
}
```

Die Datei Server3.6_1.cs befindet sich auf dem Host abc. Der Server wird mit

```
csc Server3.6_1.cs
```

kompiliert und sofort gestartet. Dann wird mit

```
soapsuds -url:http://abc:65000/Antwort?wsdl -oa:Proxy3.6_1.dll
```

auf dem Host xyz die Datei Proxy3.6_1.dll generiert. Die Datei Klient3.6_1.cs befindet sich in dem gleichen Verzeichnis auf dem Host xyz. Sie wird mit

```
csc /t:winexe /r:Proxy3.6_1.dll Klient3.6_1.cs
```

kompiliert.

Der Server des Beispiels 3.6_2 wird durch eine XML-Datei konfiguriert. Die Anweisung RemotingConfiguration.Configure("Server3.6_2.exe.config"); liest die XML-Datei und führt die Konfiguration aus. Das hat den Vorteil, dass die Konfiguration ohne ein erneutes Kompilieren geändert werden kann. Das Remoteobjekt ist diesmal separat in der Datei DatumUhrzeit.cs angelegt. Die Methode datum stellt das Datum und die Uhrzeit des Servers zur Verfügung.

Der Klient ist eine Windows Anwendung, die im Sekundentakt Datum und Uhrzeit vom Server abfragt. Der Klient wird durch die XML-Datei Klient3.6_2.exe.config konfiguriert.

Abbildung 3_18: XML konfigurierter Remoteklient

```
// DatumUhrzeit.cs

using System;
using System.Runtime.Remoting;
using System.Runtime.Remoting.Channels;
using System.Runtime.Remoting.Channels.Http;

// Das Remoteobjekt
public class Antwort : MarshalByRefObject
{
  public DateTime datum()
  {
    // Datum und Uhrzeit werden zurückgegeben.
```

```csharp
      return DateTime.Now;
  }
}


// Server3.6_2.cs

using System;
using System.Runtime.Remoting;

// Der Remoteserver
public class Server3_6_2
{
  public static void Main()
  {
    // Der Swerver wird mithilfe der Datei
    // Server3.6_2.exe.config konfiguriert.
    RemotingConfiguration.Configure("Server3.6_2.exe.config");

    // Wenn die Anwendung beendet wird,
    // terminiert auch der Server.
    Console.WriteLine("Stop = Enter");
    Console.ReadLine();
  }
}
```

Die Datei Server3.6_2.exe.config:

```xml
<configuration>
  <system.runtime.remoting>
    <application>
      <service>
        <wellknown
          mode="Singleton"
          type="Antwort, DatumUhrzeit"
          objectUri="Antwort"
        />
      </service>
      <channels>
        <channel
          ref="http"
          port="65001"
        />
      </channels>
    </application>
  </system.runtime.remoting>
</configuration>
```

```
// Klient3.6_2.cs

using System;
using System.Timers;
using System.Drawing;
using System.Windows.Forms;
using System.Runtime.Remoting;

class Klient : Form
{
  Antwort a;
  System.Timers.Timer timer;

  public Klient()
  {
    ClientSize = new Size(190, 60);
    Text = "Beispiel3.6_2";

    // Der Klient wird mithilfe der Datei
    // Klient3.6_2.exe.config konfiguriert.
    RemotingConfiguration.Configure("Klient3.6_2.exe.config");
    a = new Antwort();

    // Ein Timer mit einem Intervall von 1000 Millisekunden
    timer = new System.Timers.Timer(1000.0);
    timer.Elapsed += new ElapsedEventHandler(timer_elapsed);
    timer.Start();
  }
  // Eventhandler: wird im Sekundentakt aufgerufen
  void timer_elapsed(object o, ElapsedEventArgs e)
  {
    // Das Paint Ereignis wird ausgelöst.
    Invalidate();
  }

  // Eventhandler: reagiert auf das Paint Ereignis
  protected override void OnPaint(PaintEventArgs e)
  {
    Graphics g = e.Graphics;
    // Datum und Uhrzeit des Servers werden
    // im Fenster ausgegeben.
    g.DrawString(a.datum().ToString(),
      new Font("Arial", 10), Brushes.Black, 30, 20);
  }

  static void Main()
  {
    // Die Windows Anwendung wird gestartet.
    Application.Run(new Klient());
  }
}
```

Die Datei `Klient3.6_2.exe.config`:

```
<configuration>
   <system.runtime.remoting>
      <application>
         <client>
            <wellknown
                type="Antwort. DatumUhrzeit"
                url="http://abc:65001/datum"
            />
         </client>
         <channels>
            <channel
                ref="http"
                port="0"
            />
         </channels>
      </application>
   </system.runtime.remoting>
</configuration>
```

Die Dateien `Server3.6_2.cs`, `Server3.6_2.exe.config` und `DatumUhrzeit.cs` befinden sich auf dem Host `abc`. Server und Remoteobjekt werden mit

```
csc Server3.6_2.cs
csc /t:library DatumUhrzeit.cs
```

kompiliert. Der Server wird sofort gestartet. Dann wird mit

```
soapsuds -url:http://abc:65001/Antwort?wsdl -oa:Proxy3.6_2.dll
```

auf dem Host `xyz` die Datei `Proxy3.6_2.dll` generiert. Die Dateien `Klient3.6_2.cs` und befinden sich ebenfalls auf dem Host `xyz`. Der Klient wird mit

```
csc /t:winexe /r:Proxy3.6_2.dll Klient3.6_2.cs
```

kompiliert. Nach dem Start des Klienten wird, siehe Abbildung 3_18, das Datum und die Uhrzeit des Servers angezeigt.

Beispiel 3.6_3 ist eine Multi-Dokument-Anwendung mit zwei Typen von MDI-Kindfenstern. Abbildung 3_19 zeigt ein Grafik- und ein Textfenster im MDI-Hauptfenster. Diese Fenster werden durch die Menüoptionen `neues Grafikfenster` und `neues Textfenster` geöffnet. Wird ein Grafikfenster geöffnet, so wird eine Mandelbrot-Menge berechnet und anschließend abgebildet.

Die Anzahl der Iterationen zur Berechnung der Mandelbrot-Menge ist mit
`int n = (int)1E6;` festgelegt. Das ist völlig überzogen. Es führt aber dazu,
dass die Berechnung ungefähr zwei Minuten dauert. Man kann daher,
während die Mandelbrot-Menge berechnet wird, ein Textfenster öffnen
und einen kurzen Text schreiben. Das Ganze dient dem Zweck, in drei
Schritten die Wirkung von Multithreading und Remoting zu demonstrieren.

Schritt 1:

In der Methode

```
public void Start()
{
  // Der Thread wird gestartet.
  thr.Start();
}
```

wird der Start des Threads durch den direkten Aufruf der Methode `run` ersetzt.

```
public void Start()
{
  run();
}
```

Im Schritt 1 arbeitet das Programm ohne Multithreading und ohne Remoting. Zuerst wird das Grafikfenster geöffnet, und anschließend wird der
Versuch unternommen, ein Textfenster zu öffnen. Dieser Versuch scheitert.
Die Anwendung blockiert vollständig. Sobald die Berechnung nach ungefähr zwei Minuten beendet ist, wird die Mandelbrot-Menge im Grafikfenster dargestellt, und die Anwendung reagiert wieder ganz normal. Ein Textfenster kann geöffnet und ein Text eingegeben werden.

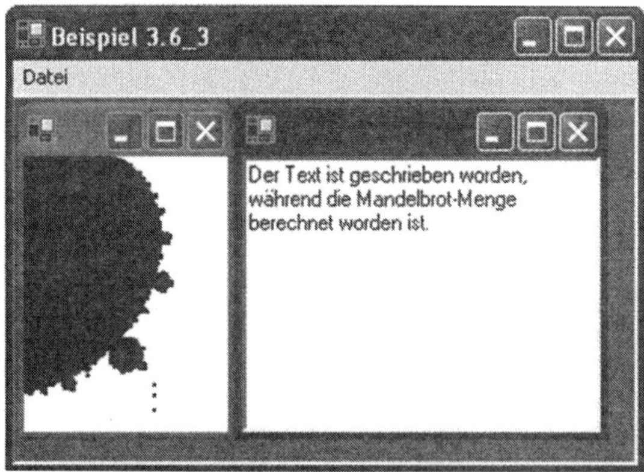

Abbildung 3_19: Mandelbrot-Menge in MDI-Anwendung

Schritt 2:

Die Änderung gemäß Schritt 1 wird rückgängig gemacht. Das Programm 3.6_3.cs wird wie unten abgedruckt verwendet. Die Anwendung arbeitet zwar noch immer ohne Remoting aber mit Multithreading. Nach dem Öffnen eines Grafikfensters kann sofort ein Textfenster geöffnet werden. Während die Berechnung noch andauert, kann auch ein Text eingegeben werden. Man könnte meinen, das Problem sei gelöst. Versucht man jedoch, eine aufwändigere Anwendung zu starten, so geht dies nur schleppend voran. Der Start eines Textprogramms, wie z. B. Microsoft Word, geht sehr zögerlich vonstatten, und der Versuch, eine Textdatei mit dem Umfang dieses Kapitels zu laden, geht so schleppend voran, dass man das Vorhaben als gescheitert betrachten kann. Erst nach Beendigung der Mandelbrot-Berechnung reagiert alles wieder normal.

```
// 3.6_3.cs

using System;
using System.ComponentModel;
using System.Collections;
using System.Threading;
using System.Drawing;
using System.Windows.Forms;

class MDI : Form
{
  // Konstruktor
  public MDI()
  {
    Text = "Beispiel 3.6_3";
    ClientSize = new Size(350,200);
    BackColor = Color.White;

    // Die Instanz der Klasse MDI ist das MDI-Hauptfenster.
    IsMdiContainer = true;

    Menu = Menu1();
  }

  // Das Hauptmenü wird definiert.
  protected MainMenu Menu1()
  {
    MainMenu m = new MainMenu();
    MenuItem mDatei = new MenuItem("Datei");
    MenuItem mNeu1 = new MenuItem(
      "neues Grafikfenster", new EventHandler(mNeu1_Click));
    MenuItem mNeu2 = new MenuItem(
      "neues Textfenster", new EventHandler(mNeu2_Click));
    MenuItem mBeenden = new MenuItem(
```

```
        "Beenden". new EventHandler(mBeenden_Click));

      mDatei.Index = 0;
      mNeu1.Index = 0;
      mNeu2.Index = 1;
      mBeenden.Index = 2;

      mDatei.MenuItems.AddRange(new MenuItem[]
      {
        mNeu1. mNeu2. mBeenden
      });
      m.MenuItems.Add(mDatei);
      return m;
    }

    // Eventhandler: neues Grafikfenster
    protected void mNeu1_Click(object sender. EventArgs e)
    {
      GrafikFenster k = new GrafikFenster();
      k.MdiParent = this;
      k.Show();
      k.Start();
    }

    // Eventhandler: neues Textfenster
    protected void mNeu2_Click(object sender. EventArgs e)
    {
      TextFenster f = new TextFenster();
      f.MdiParent = this;
      f.Show();
    }

    // Eventhandler: Anwendung beenden
    protected void mBeenden_Click(object sender. EventArgs e)
    {
      Close();
    }

    public static void Main()
    {
      // Die Windows Anwendung wird gestartet.
      Application.Run(new MDI());
    }
}

// MDI-Grafikfenster
class GrafikFenster : Form
{
  // Koordinaten der Punkte der Mandelbrot-Menge
  ArrayList koord = new ArrayList();
  // Thread zur Berechnung der Mandelbrot-Menge
```

```csharp
Thread thr;
// wird true, wenn Mandelbrot-Menge fertig
bool fertig = false;

// Konstruktor
public GrafikFenster() : base()
{
  ClientSize = new Size(100, 150);
  BackColor = Color.White;
  // Instanz des Threads
  thr = new Thread(new ThreadStart(run));
}

// Eventhandler: zeichnet die Mandelbrot-Menge
protected override void OnPaint(PaintEventArgs e)
{
  if(!fertig)return;
  Point p;
  Graphics g = e.Graphics;

  for(int i=0; i<koord.Count-1; i++)
  {
    p = (Point)koord[i];
    g.DrawRectangle(Pens.Black, p.X, p.Y, 1, 1);
  }
}

// Eventhandler: Grafikfenster wird geschlossen
protected override void OnClosing(CancelEventArgs e)
{
  // Der Thread wird abgebrochen
  try{thr.Abort();}catch(Exception){}
  // Join wartet bis der Thread gestoppt ist.
  try{thr.Join();}catch(Exception){}
}

public void Start()
{
  // Der Thread wird gestartet.
  thr.Start();
}

// Startmethode des Threads
void run()
{
  // Die Mandelbrot-Menge wird berechnet.
  Mandelbrot();
  fertig = true;
  // Das Paint Ereignis wird ausgelöst.
  Invalidate();
}
```

```csharp
// Berechnung der Mandelbrot-Menge
void Mandelbrot()
{
  double cx = 0.0, cy = 0.0;
  double sx = 0.0, sy = 0.0;
  double zx = 0.0, zy = 0.0;
  double d = 0.005;

  // Die Anzahl der Iterationen
  int n = (int)1E6;
  Point p = new Point();
  double l, h;
  int    i ;

  koord.Clear();
  cx = sx;
  for (p.X=0; p.X<ClientSize.Width;  p.X++)
  {
    cy = sy;
    for (p.Y=0; p.Y<ClientSize.Height; p.Y++)
    {
      zx = 0.0;
      zy = 0.0;
      i = 0;
      l = 0.0;
      while(l<4.0  && i++<n)
      {
        h    = zx;
        zx   = zx*zx - zy*zy + cx;
        zy   = 2*h*zy + cy;
        l = zx*zx + zy*zy;
      }
      if(l<4.0)koord.Add(p);
      cy += d;
    }
    cx += d;
  }
}

// MDI-Textfenster
public class TextFenster : Form
{
  RichTextBox box = new RichTextBox();

  public TextFenster() : base()
  {
    ClientSize = new Size(200, 150);
    box.Dock = DockStyle.Fill;
    Controls.Add(box);
```

```
    }
}
```

Kompilierung: `csc /t:winexe 3.6_3.cs`

Schritt 3:

Es wird gezeigt, wie der Arbeitsplatz durch Remoting entlastet werden kann. Die Datei `Server3.6_3a.cs` entspricht dem Servermodell des Beispiels 3.6_1. Das Remoteobjekt ist die Klasse `Antwort` mit der Methode `Mandelbrot`.

```csharp
// Server3.6_3a.cs

using System;
using System.Collections;
using System.Drawing;
using System.Runtime.Remoting;
using System.Runtime.Remoting.Channels;
using System.Runtime.Remoting.Channels.Http;

// Remoteobjekt
public class Antwort : MarshalByRefObject
{
  // Die Mandelbrot-Menge wird berechnet.
  // Parameter: Breite und Höhe des Anzeigefensters
  public ArrayList Mandelbrot(int width, int height)
  {
    ArrayList koord = new ArrayList();
    double cx = 0.0, cy = 0.0;
    double sx = 0.0, sy = 0.0;
    double zx = 0.0, zy = 0.0;
    double d = 0.005;
    int n = (int)1E6;
    Point p = new Point();
    double l, h;
    int    i ;

    koord.Clear();
    cx = sx;
    for (p.X=0; p.X<width;  p.X++)
    {
      cy = sy;
      for (p.Y=0; p.Y<height; p.Y++)
      {
        zx = 0.0;
        zy = 0.0;
        i = 0;
        l = 0.0;
        while(l<4.0  && i++<n)
        {
```

```
              h    = zx;
              zx   = zx*zx - zy*zy + cx;
              zy   = 2*h*zy + cy;
              l = zx*zx + zy*zy;
            }
          if(l<4.0)koord.Add(p);
          cy += d;
        }
      cx += d;
    }
    // Rückgabewert: ArrayList mit den
    // Punkten der Mandelbrot-Menge
    return koord;
  }
}


// Remoteserver
public class Server3_6_3a
{
  public static void Main()
  {
    // Der Channel 65002 wird registriert.
    ChannelServices.RegisterChannel(new HttpChannel(65002));

    // Die Klasse Antwort wird registriert.
    Type t = Type.GetType("Antwort");
    RemotingConfiguration.RegisterWellKnownServiceType(
      t, "Antwort", WellKnownObjectMode.Singleton);

    Console.WriteLine("Stop = Enter");
    Console.ReadLine();
  }
}
```

Die Datei 3.6_3.cs wird zu Klient3.6_3a.cs kopiert und anschließend angepasst. Nur die Klasse `GrafikFenster` ist, wie unten abgedruckt, zu ändern.

Die Klasse `GrafikFenster` der Datei `Klient3.6_3a.cs`:

```
// MDI-Grafikfenster
class GrafikFenster : Form
{
  // Koordinaten der Punkte der Mandelbrot-Menge
  ArrayList koord;
  // Thread zur Berechnung der Mandelbrot-Menge
  Thread thr;
  // wird true, wenn Mandelbrot-Menge fertig
  bool fertig = false;

  // Konstruktor
  public GrafikFenster() : base()
```

```
  {
    ClientSize = new Size(100, 150);
    BackColor = Color.White;
    thr = new Thread(new ThreadStart(run));
  }

  // Eventhandler: zeichnet die Mandelbrot-Menge
  protected override void OnPaint(PaintEventArgs e)
  {
    if(!fertig)return;
    Point p;
    Graphics g = e.Graphics;
    for(int i=0; i<koord.Count-1; i++)
    {
      p = (Point)koord[i];
      g.DrawRectangle(Pens.Black, p.X, p.Y, 1, 1);
    }
  }

  // Eventhandler: Grafikfenster wird geschlossen
  protected override void OnClosing(CancelEventArgs e)
  {
    // Der Thread wird abgebrochen
    try{thr.Abort();}catch(Exception){}
    // Join wartet bis der Thread gestoppt ist.
    try{thr.Join();}catch(Exception){}
  }

  public void Start()
  {
    // Der Thread wird gestartet.
    thr.Start();
  }

  // Startmethode des Threads
  void run()
  {
    // Der Channel 0 wird registriert.
    ChannelServices.RegisterChannel(new HttpChannel(0));

    // Die Verbindung zum Remoteobjekt wird hergestellt.
    Antwort a = (Antwort)RemotingServices.Connect(
      typeof(Antwort), "Http://hr:65002/Antwort");

    // Die Mandelbrot-Menge wird auf dem Remotehost berechnet.
    koord = (ArrayList)a.Mandelbrot(ClientSize.Width, ClientSize.Height);
    fertig = true;
    // Das Paint Ereignis wird ausgelöst.
    Invalidate();
  }
}
```

Der Server wird mit

```
csc Server3.6_3a.cs
```

auf dem Host abc kompiliert und sofort gestartet. Ein Proxy wird mit

```
soapsuds -url:http://abc:65002/Antwort?wsdl -oa:Proxy3.6_3a.dll
```

auf dem Host xyz generiert, und der Klient wird mit

```
csc /t:winexe /r:Proxy3.6_3a.dll Klient3.6_3a.cs
```

kompiliert. Nach dem Start des Klienten werden ein Grafikfenster und ein Textfenster geöffnet. Noch bevor die Berechnung der Mandelbrot-Menge beendet ist, wird Microsoft Word oder eine andere anspruchsvolle Anwendung gestartet und eine möglichst große Datei geladen. Nichts verzögert sich. Der PC reagiert wie gewohnt. Der Arbeitsplatz ist dadurch, dass die Mandelbrot-Menge auf dem Serverhost berechnet wird, vollständig von der Berechnung entlastet.

Der erzielte Effekt gibt Anlass, noch einen Schritt weiterzudenken. Wenn aufwändige Berechnungen nicht zu häufig vorkommen, kann der Entlastungs-Server mehrere Arbeitsplätze bedienen. Steigt die Häufigkeit aufwändiger Berechnungen, so kann ein Ausbau zu einem Server-Pool stattfinden, wobei die Auswahl des am geringsten belasteten Servers automatisiert werden kann.

Wegen des bisher großen Aufwands bei der Entwicklung und Einrichtung von Systemen, die auf Remoting beruhen, besitzt das Remoting bis auf den heutigen Tag das Flair der Exklusivität. Die hier vorgestellten Techniken bestechen in besonderem Maße durch ihre Einfachheit. Dadurch wird das Tor zum Einsatz in kleinen und mittleren Unternehmen geöffnet. Das .NET Remoting kann alle nur denkbaren Arten von Diensbarkeiten im Netzwerk und im Internet zur Verfügung stellen. Darüber hinaus steht für alle Netzwerk- und Webbezogenen Techniken ein umfangreiches und ausgewogenes Sicherheitskonzept mit Zertifkaten, verschiedenen Authentifizierungsmethoden und cryptographischen Verfahren zur Verfügung. Einem Einsatz in sensiblen Bereichen steht daher ebenfalls nichts im Wege.

Assemblies, Versioning und Weitergabe von Programmen

Im Abschnitt 1.4 sind die Begriffe Assembly und Manifest bereits erläutert. Kapitel 4 baut darauf auf. Es zeigt, wie Assemblies erstellt, verwendet, signiert und in den Global Assembly Cache übertragen werden und wie sie sich durch die Versionskennung und einen starken Namen unterscheiden. Auf die Weitergabe von Programmen wird ebenfalls in kurzer Form eingegangen.

4.1 Assemblies und Versioning

4.1.1 Grundlagen

Jedes lauffähige Programm ist eine Assembly. Ob sich diese Assembly über mehrere Dateien erstreckt oder nur aus einer Datei, z. B. `HalloWelt.exe`, besteht, spielt dabei keine Rolle. Die Datei `HalloWelt.exe` enthält, falls der Name der Assembly nicht explizit anders festgelegt worden ist, die Assembly `HalloWelt`.

Bibliotheks-Assemblies sind normalerweise nicht selbstständig lauffähig, weil sie keinen Einstiegspunkt besitzen. Sie enthalten jedoch lauffähigen Code, der in Anwendungen eingebunden werden kann. Die übliche Dateiendung der Biliotheks-Assembly ist `.dll`. Auch bei einer Bibliotheks-Assembly kann der Assembly-Name frei gewählt werden. Soll die Assembly jedoch in den Global Assembly Cache übertragen werden, so muss der Assembly-Name mit dem Dateinamen, abzüglich der Endung `.dll`, übereinstimmen.

Beim Kompilieren eines Programms wird jede einzubindende Assembly mit `/r:Assembly.dll` angegeben. Die einzubindenden Assemblies können sich irgendwo in der Verzeichnishierarchie befinden. Sie müssen nur auffindbar sein. Falls sich die einzubindenden Assemblies nicht im Anwendungsverzeichnis befinden, so wird dem Compiler mit `/r:Pfad\Assembly.dll` der vollständige Pfad angegeben.

Da die CLR dynamisch bindet und der Pfad zu den benötigten Assemblies nicht im Manifest gespeichert ist, müssen Assemblies zur Laufzeit gesucht und den laufenden Programmen zur Verfügung gestellt werden. Die CLR durchsucht immer das Anwendungsverzeichnis und in einigen Fällen auch Unterverzeichnisse des Anwendungsverzeichnisses. Gibt es z. B. eine kulturabhängige Version der Assembly für den deutschen Sprachraum, so wird diese im Unterverzeichnis de gesucht.

Man unterscheidet zwischen privaten Assemblies, die zu einer bestimmten Anwendung gehören, und freigegebenen (shared) Assemblies, die allen Anwendungen zur Verfügung stehen. Shared Assemblies werden im Global Assembly Cache abgelegt. Das Ablegen einer Assembly im Global Assembly Cache ist nur möglich, wenn die Assembly einen so genannten starken Namen besitzt. Der starke Name bzw. Strong Name ist eine andere Bezeichnung für einen öffentlichen Schlüssel, den `PublicKey`. Nur Assemblies mit `PublicKey` können in den Global Assembly Cache übertragen werden. Es können mehrere Assemblies mit gleichem Namen und unterschiedlichem `PublicKey` in den Global Assembly Cache übertragen werden. Neben dem `PublicKey` ist die Versionskennung ein weiteres Unterscheidungsmerkmal. Auf diese Weise kann die CLR jedem Programm genau die Assemblies zur Verfügung stellen, mit denen das Programm kompiliert worden ist.

Während die CIL, siehe 1.4, über Direktiven verfügt, die es ermöglichen das Manifest zu beeinflussen, werden bei den .NET Hochsprachen zu diesem Zweck Attribute verwendet. Die Version der Assembly wird durch das `AssemblyVersionAttribute` festgelegt. Für die Festlegung des `PublicKey` stehen das `AssemblyKeyFileAttribute` und das `AssemblyKeyNameAttribute` zur Verfügung. Weitere Attribute sind das `AssemblyCultureAttribute`, `AssemblyFlagsAttribute`, `AssemblyVersionAttribute`, `AssemblyCompanyAttribute`, `AssemblyCopyrightAttribute`, `AssemblyFileVersionAttribute`, `AssemblyInformationalVersionAttribute`, `AssemblyProductAttribute`, `AssemblyTrademarkAttribute`, `AssemblyConfigurationAttribute`, `AssemblyDefaultAliasAttribute`, `AssemblyDescriptionAttribute`, `AssemblyTitleAttribute` und das `AssemblyDelaySignAttribute`. Attribute können direkt in den Quellcode eines Programms geschrieben werden. Sie können aber auch in einer gesonderten Datei untergebracht werden, die in die Anwendung einkompiliert wird. Der bevorzugte Name dieser Attributdatei ist `AssemblyInfo.cs` bei C# oder `AssemblyInfo.vb` bei Visual Basic .NET usw.

Der Strong Name bzw. `PublicKey` kann nicht beliebig gewählt werden. Er wird mit dem Tool `sn.exe` generiert. Mit

```
sn -k Name.snk
```

wird die Datei *Name*.snk generiert, die den `PublicKey` enthält. Der `PublicKey` aus dieser Datei wird mit dem `AssemblyKeyFileAttribute` in das Programm eingebunden. Das Tool `sn.exe` kann mit einer ganzen Reihe weiterer Optionen verwendet werden, auf die hier nicht eingegangen wird. Eine mit dem `PublicKey` signierte Assembly kann mit dem Tool `GacUtil.exe` in den Global Assembly Cache übertragen und auch wieder entfernt werden. Mit

```
GacUtil -i Assembly.dll
```

wird eine Assembly in den Global Assembly Cache übertragen, und mit

```
GacUtil -u Assembly
```

wird sie wieder entfernt. Der Global Assembly Cache ist, je nach vorhandener Konfiguration, eines der folgenden Verzeichnisse:

```
C:\windows\assembly
C:\windows\assembly\gac
C:\winnt\assembly
C:\winnt\assembly\gac
```

Assemblies können auch mit Hilfe des Windows Explorers gelöscht und per Drag and Drop in den Global Assembly Cache eingefügt werden. Die dritte Möglichkeit des Einfügens bietet das Programm "Sytemsteuerung - Verwaltung - Microsoft .NET Framework 1.1 Configuration". Bei diesem Programm wird Arbeitsplatz - Assemblycache - Eine Assembly zum Assemblycache hinzufügen angeklickt. Die Assembly wird dann mit Hilfe eines File-Dialogs ausgesucht und eingefügt.

4.1.2   Private Assemblies

Im Namensraum MyWindowsControls sollen dem eigenen Bedarf angepasste Steuerelemente definiert werden. Die Entwicklung der Bibliothek beginnt mit einem ToggleButton. Das ist ein Button, der beim ersten Anklicken einrastet und erst beim zweiten Anklicken wieder herausspringt. Zu diesem Zweck wird eine von Button abgeleitete Klasse ToggleButton angelegt. Die Methode OnPaint zeichnet den ToggleButton, und OnMouseUp legt mithilfe der Variablen unten das Verhalten des Buttons fest. Die Eigenschaft public bool Unten ermöglicht es, die Stellung des Buttons von außen zu beeinflussen und abzufragen.

```
// MyWindowsControls.cs

using System;
using System.Reflection;
using System.Drawing;
using System.Windows.Forms;

namespace MyWindowsControls
{
  public class ToggleButton : Button
  {
    bool unten = false;
```

```
    public bool Unten
    {
      get{return unten;}
      set{unten = value;}
    }

    protected override void OnPaint(PaintEventArgs e)
    {
      base.OnPaint(e);
      int x, y, b ,h, xt, yt;

      Graphics g = e.Graphics;
      Rectangle r1 = new Rectangle(0, 0, Width, Height);

      b = Width-4;
      h = Height-4;
      if(unten) x = y = 3; else x = y = 1;

      g.FillRectangle(Brushes.Black, r1);
      Rectangle r2 = new Rectangle(x, y, b, h);
      g.FillRectangle(new SolidBrush(Color.Yellow), r2);

      xt = x+b/2;
      yt = y+(h-Font.Height)/2;
      StringFormat sf = new StringFormat();
      sf.Alignment = StringAlignment.Center;
      g.DrawString(Text, Font, new SolidBrush(Color.Black), xt, yt, sf);
    }

    protected override void OnMouseUp(MouseEventArgs e)
    {
      unten = (unten) ? false : true;
      base.OnMouseUp(e);
    }
  }
}
```

Es wird ein Verzeichnis `ToggleButton` mit der Datei `MyWindowsControls.cs` angelegt, welche mit

```
csc /t:library MyWindowsControls.cs
```

kompiliert wird. Um den Button testen zu können, wird in dem gleichen Verzeichnis die Datei `ToggleTest.cs` angelegt.

```
// ToggleTest.cs

using System;
using System.Drawing;
using System.Windows.Forms;
using MyWindowsControls;
```

```
class ToggleTest : Form
{
  ToggleButton b = new ToggleButton();
  StatusBar sBar = new StatusBar();
  StatusBarPanel status = new StatusBarPanel();

  public ToggleTest()
  {
    Text ="ToggleTest";
    ClientSize = new Size(170, 70);
    b.Text = "Toggle";
    b.Location = new Point(45,15);
    b.ForeColor = Color.Green;
    b.Click += new EventHandler(b_Click);
    Controls.Add(b);

    status.Width = 160;
    status.Text = "oben";
    sBar.Panels.Add(status);
    sBar.ShowPanels = true;
    Controls.Add(sBar);
  }

  void b_Click(Object o, EventArgs e)
  {
    status.Text = (b.Unten) ? "unten" : "oben";
  }

  static void Main()
  {
    Application.Run(new ToggleTest());
  }
}
```

Die Testanwendung wird mit

```
csc /t:winexe /r:MyWindowsControls.dll ToggleTest.cs
```

als Windows Anwendung kompiliert.

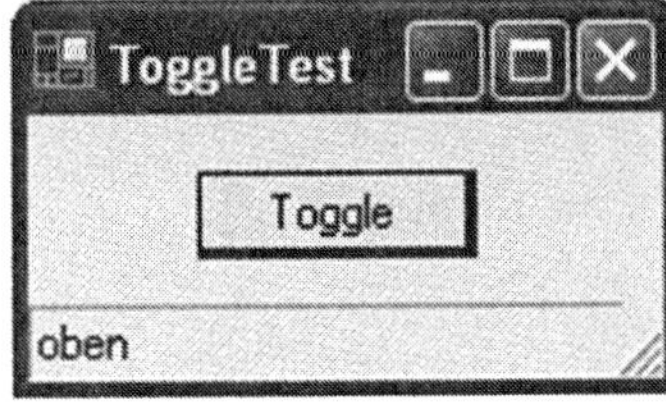

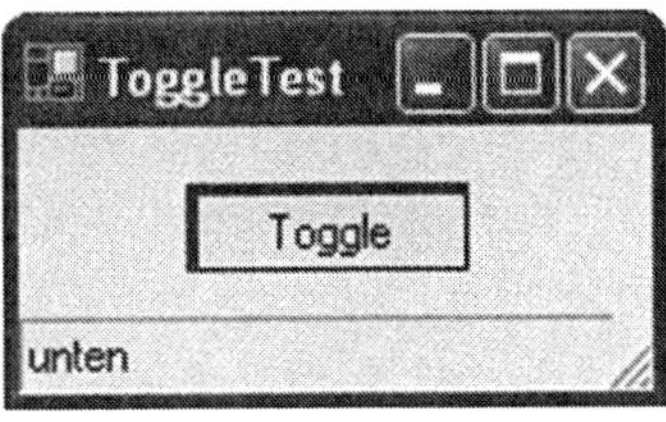

Abbildung 4_1: Test der Assembly `MyWindowsControls`

Auf dem Bildschirm hat der `ToggleButton` einen gelben Hintergrund und schwarze Beschriftung. Da noch zwei Versionen des gleichen Programms folgen, dient die Farbgebung der Unterscheidung der Versionen. Die Bibliotheks-Assembly `MyWindowsControls` befindet sich im Anwendungsverzeichnis des Programms `ToggleTest.exe`. Sie steht daher nur dieser Anwendung zur Verfügung. Sie kann einer anderen Anwendung durch Umkopieren in das entsprechende Anwendungsverzeichnis zur Verfügung gestellt werden. Die Assembly `MyWindowsControls` ist eine private Assembly.

4.1.3   Shared Assemblies

Das Beispiel des Abschnitts 4.1.2 wird fortgeführt. Im Verzeichnis `ToggleButton` werden die Unterverzeichnisse `v1.0` und `v1.1` angelegt. Die Datei `MyWindowsControls.cs` wird in beide Unterverzeichnisse kopiert und mit einigen Änderungen versehen.

Die Datei `MyWindowsControls.cs` im Unterverzeichnis `v1.0`:

```
// MyWindowsControls.cs

using System;
using System.Reflection;
using System.Drawing;
using System.Windows.Forms;

[assembly: AssemblyVersionAttribute("1.0.0.0")]
// sn -k MyWindowsControls.snk
[assembly:AssemblyKeyFileAttribute("MyWindowsControls.snk")]

namespace MyWindowsControls
{
  public class ToggleButton : Button
  {
    bool unten = false;

    public bool Unten
    {
      get{return unten;}
      set{unten = value;}
    }

    protected override void OnPaint(PaintEventArgs e)
    {
      base.OnPaint(e);
      int x, y, b ,h, xt, yt;

      Graphics g = e.Graphics;
      Rectangle r1 = new Rectangle(0, 0, Width, Height);
```

```
        b = Width-4;
        h = Height-4;
        if(unten) x = y = 3; else x = y = 1;

        g.FillRectangle(Brushes.Black, r1);
        Rectangle r2 = new Rectangle(x, y, b, h);
        g.FillRectangle(new SolidBrush(Color.White), r2);

        xt = x+b/2;
        yt = y+(h-Font.Height)/2;
        StringFormat sf = new StringFormat();
        sf.Alignment = StringAlignment.Center;
        g.DrawString(Text, Font, new SolidBrush(Color.Black), xt, yt, sf);
      }

    protected override void OnMouseUp(MouseEventArgs e)
    {
      unten = (unten) ? false : true;
      base.OnMouseUp(e);
    }
  }
}
```

Die Datei `MyWindowsControls.cs` im Unterverzeichnis v1.1:

```
// MyWindowsControls.cs

using System;
using System.Reflection;
using System.Drawing;
using System.Windows.Forms;

[assembly: AssemblyVersionAttribute("1.1.0.0")]
// sn -k MyWindowsControls.snk
[assembly:AssemblyKeyFileAttribute("MyWindowsControls.snk")]

namespace MyWindowsControls
{
  public class ToggleButton : Button
  {
    bool unten = false;

    public bool Unten
    {
      get{return unten;}
      set{unten = value;}
    }

    protected override void OnPaint(PaintEventArgs e)
    {
```

```
    base.OnPaint(e);
    int x, y, b ,h, xt, yt;

    Graphics g = e.Graphics;
    Rectangle r1 = new Rectangle(0, 0, Width, Height);

    b = Width-4;
    h = Height-4;
    if(unten) x = y = 3; else x = y = 1;

    g.FillRectangle(Brushes.Black, r1);
    Rectangle r2 = new Rectangle(x, y, b, h);
    g.FillRectangle(new SolidBrush(BackColor), r2);

    xt = x+b/2;
    yt = y+(h-Font.Height)/2;
    StringFormat sf = new StringFormat();
    sf.Alignment = StringAlignment.Center;
    g.DrawString(Text, Font, new SolidBrush(ForeColor), xt, yt, sf);
    }

  protected override void OnMouseUp(MouseEventArgs e)
  {
    unten = (unten) ? false : true;
    base.OnMouseUp(e);
  }
 }
}
```

Beide Dateien sind mit dem `AssemblyVersionAttribute` und dem `AssemblyKey-`
`FileAttribute` ergänzt. Das Verzeichnis v1.0 enthält jetzt einen weißen Button mit schwarzer Beschriftung, und v1.1 enthält einen Button, dessen
Farbgebung durch die geerbten Eigenschaften ForeColor und BackColor
bestimmt ist. Vor dem Kompilieren muss sowohl im Verzeichnis `v1.0` als
auch im Verzeichnis `v1.1` mit

```
sn -k MyWindowsControls.snk
```

ein `PublicKey` generiert werden. In beiden Fällen wird danach mit

```
csc /t:library MyWindowsControls.cs
```

kompiliert. Jetzt existieren drei Versionen der Assembly `MyWindowsControls`.
Wie sich gleich zeigen wird, sind die Assemblies in den Unterverzeichnis-
sen v1.0 und v1.1, jedenfalls im jetzigen Zustand, noch keine freigegebenen (shared) Assemblies. Um das zu testen werden zwei Kopien der Datei
`ToggleTest.cs` mit den Dateinamen `ToggleTest_1.0.cs` und `ToggleTest_1.1.cs` im
Verzeichnis `ToggleButton` angelegt. In der Datei `ToggleTest_1.1.cs` wird die
Zeile

```
b.ForeColor = Color.Green;
```

ergänzt. Die neuen Versionen des Testprogramms müssen noch kompiliert werden.

```
csc /t.winexe /r:v1.0\MyWindowsControls.dll ToggleTest_1.0.cs

csc /t.winexe /r:v1.1\MyWindowsControls.dll ToggleTest_1.1.cs
```

Der Versuch, diese Programme zu starten, scheitert. Es folgt der entscheidende Schritt. Die Assemblies werden, durch das Übertragen in den Global Assembly Cache, freigegeben. Sowohl im Unterverzeichnis `v1.0` als auch im Unterverzeichnis `v1.1` wird

```
GacUtil -i MyWindowsControls.dll
```

ausgeführt. Ein Blick in den Global Assembly Cache zeigt die Assembly `MyWindowsControls` mit zwei unterschiedlichen Versionskennungen und zwei unterschiedlichen öffentlichen Schlüsseln. Nach dem Programmstart zeigt `ToggleTest_1.0.exe` einen weißen Button mit schwarzer Schrift, und die Version `ToggleTest_1.1.exe` zeigt einen grauen Button mit grüner Schrift. Es gibt jetzt drei Versionen des Testprogramms. Jede Version des Testprogramms benutzt ganz automatisch die Version der Assembly `MyWindowsControls`, mit der sie kompiliert worden ist.

4.2   Weitergabe von Programmen

Dieser Abschnitt behandelt die Grundgedanken der Weitergabe von Programmen. En Beispiel mit einem Visual Studio .NET Weitergabeprojekt ist im Kapitel 5 zu finden.

.NET Programme sind nur dann lauffähig, wenn das .NET Framework installiert ist. Die Datei `Dotnetfx.exe`, die das .NET Framework Redistributable Package enthält, ist per Download von Microsoft erhältlich. Diese Datei darf unter Beachtung der Lizenzbestimmungen an Dritte weitergegeben werden, und sie kann auch in ein Weitergabeprojekt eingebunden werden.

Programme unterschiedlichster Art wie Windows Anwendungen, ASP.NET Anwendungen, Webservices, Remote-Server, Remote-Klienten und Win32-Dienste können weitergegeben werden. Zu einem Programm können neben den Dateien mit ausführbarem Code auch Bitmap- und Textdateien gehören. Es können darüber hinaus Dateien mit jeder denkbaren oder verfügbaren Dateiendung in einem Weitergabeprojekt vertreten sein. Es kann erforderlich sein, dass ein oder mehrere Anwendungsverzeichnisse und gegebenenfalls Unterverzeichnisse angelegt werden. Es kann auch erforderlich sein, dass Dateien in die genannten Verzeichnisse, ins Windows Verzeichnis, ins Home-Vezeichnis des Webservers oder in den Global Assembly Cache kopiert werden.

Einige weitere Gesichtspunkte müssen beachtet werden. Das bekannte statische Einbinden des Codes von .lib Dateien gibt es auch weiterhin bei

C++ .NET. Die bevorzugte Art des Bindens von .NET Programmen ist jedoch das dynamische Einbinden von Dlls (Dynamic Link Library). Beim dynamischen Binden wird nicht etwa Code aus einer Biliotheks-Datei, sondern ein Verweis auf eine Bibliotheks-Datei, eingebunden. Dabei wird zwischen statischen und dynamischen Verweisen unterschieden. Statische Verweise setzt der Compiler in das Manifest. Bei den Programmen des Abschnitts 4.1 erzeugt der Compiler in allen Fällen statische Verweise. Ein dynamischer Verweis wird dagegen zur Laufzeit z. B. durch den Aufruf der Methode `System.Reflection.Assembly.Load` erzeugt. Daraus resultiert, dass Assemblies teilweise beim Laden des Programms und teilweise erst später angefordert werden.

Ausgehend von diesen Überlegungen ist eine große Zahl verschiedener Weitergabe- bzw. Bereitstellungs-Szenarien denkbar. In der Praxis können ganz unterschiedliche Wege zum Ziel führen. Mit Visual Studio .NET können Weitergabeprojekte von Hand oder mit einem Assistenten erstellt werden. Falls ein Netzwerkzugriff auf den Installationsrechner besteht, kann auch das Kommando

```
xcopy \\Host\Verzeichnis\Unterverzeichnis /E /H /I /K /O /R
```

verwendet werden. `xcopy /?` gibt die Liste der Optionen aus. Die oben aufgeführten Optionen haben die folgende Bedeutung:

```
/ E kopiert Verzeichnisse, Unterverzeichnisse und Dateien
/ H kopiert versteckte Dateien und Systemdateien
/ I erstellt Verzeichnisse, falls sie nicht bereits existieren
/ K kopiert Datei- und Verzeichnisattribute
/ O erhält sicherheitsrelevante Einstellungen der Dateien und Verzeichnisse
/ R überschreibt schreibgeschützte Dateien
```

Darüber hinaus können Setup-Programme von Drittanbietern oder eigene Setup-Programme verwendet werden. Die .NET Klassenbibliothek unterstützt das Programmieren individueller Setup-Programme. Die Klassen `System.IO.Directory`, `System.IO.DirectoryInfo`, `System.IO.File` und `System.IO.FileInfo` ermöglichen unter anderem das Anlegen, Verändern und Löschen von Verzeichnissen und Verzeichnishierarchien, sowie das Kopieren, Löschen und Verschieben von Dateien. Die Klasse `System.Environment` enthält die statische Methode `GetFolderPath`, die, in Verbindung mit der Enumeration `Environment.SpecialFolder`, Pfade zu speziellen Verzeichnissen wie `DesktopDirectory`, `Programs`, `System` und `StartMenu` zurückgibt. Die Klassen `Process` und `ProcessStartInfo` ermöglichen das Starten von Programmen aus einem Programm heraus. Dabei können Kommandozeilenargumente übergeben werden. Die Standard-Eingabe und die Standard-Ausgabe können umgelenkt werden, und es können Umgebungsvariablen gesetzt und abgefragt werden. Nicht zuletzt ist es auch möglich, Web basierte Anwendungen mit dem Internetexplorer ab Version 5.5 bereitzustellen.

5 Visual Studio .NET - Die integrierte Entwicklungsumgebung

Dieses Kapitel gibt einen Überblick über die Bereiche des Visual Studio .NET-Fensters, die Visual Studio .NET-Projekte und die verwendbaren Programmiersprachen. Die Beschreibung der Menüs, der Programmplanung mit UML und zahlreicher Funktionen und Tools ergänzen das Bild. Um die Handhabung zu veranschaulichen, wird eine Windows-Anwendung entwickelt und zur Weitergabe vorbereitet.

5.1 Überblick über Visual Studio .NET

5.1.1 Die Bereiche des Visual Studio .NET-Fensters

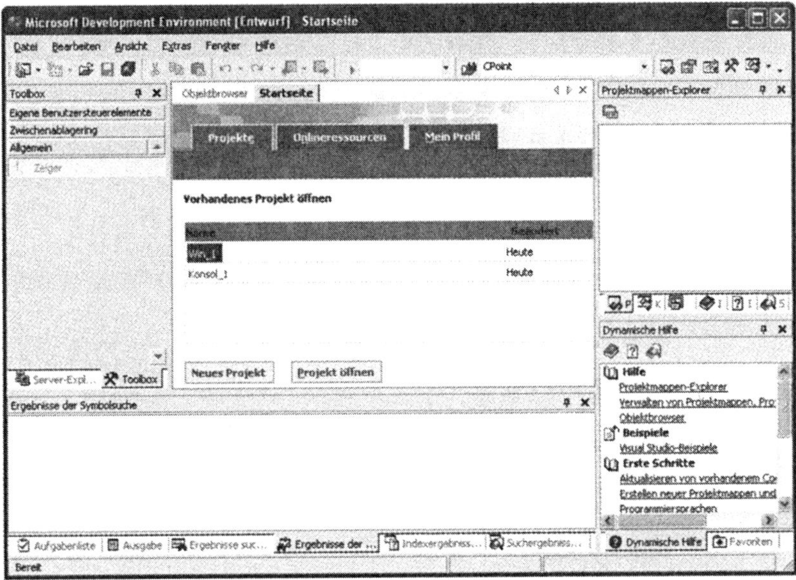

Abbildung 5_1: Das Visual Studio .NET-Fenster

Im mittleren Bereich der Abbildung 5_1 befindet sich die Startseite, die es ermöglicht, im Schnellzugriff eins der zuletzt bearbeiteten Projekte zu öffnen, ein beliebiges vorhandenes Projekt mithilfe eines Filedialogs zu öffnen oder ein neues Projekt zu beginnen. Dabei kann man auf eine große Zahl unterschiedlicher Projekttypen und auf mehrere Programmiersprachen zurückgreifen.

Visual Basic-, Visual C#- und Visual J#-Projekte

Windows-Anwendung, Klassenbibliothek, Windows-Steuerelement, Anwendung für intelligente Geräte (nur VB und C#), ASP.NET-Webanwendung, ASP.NET-Webdienst, ASP.NET Mobile-Webanwendung, Websteuerelement, Konsolenanwendung, Windows-Dienst, Leeres Projekt, Leeres Webprojekt, Neues Projekt in vorhandenen Ordner

Visual C++-Projekte

ASP.NET-Webdienst, Assistent für erweiterte gespeicherte Prozeduren, ATL-Projekt, ATL-Serverprojekt, ATL-Serverwebdienst, Benutzerdefinierter Assistent, Klassenbibliothek (.NET), Konsolenanwendung (.NET), Leeres Projekt (.NET), Makefile-Projekt, MFC-ActiveX-Steuerelement, MFC-Anwendung, MFC-DLL, MFC-ISAPI-Erweiterungsprojekt, Win32-Projekt, Windows Forms-Anwendung (.NET), Windows-Dienst (.NET), Windows-Steuerelement (.NET)

Setup- und Weitergabeprojekte

Setup-Projekt, Websetup-Projekt, Mergemodulprojekt, Setup-Assistent, Cab-Projekt

Andere Projekte

Datenbankprojekte, Erweiterungsprojekte, Help Projects (mit Help 2 SDK)

Datenbankprojekte

Datenbankprojekt

Erweiterungsprojekte

Add-In für Visual Studio .NET, Gemeinsames Add-In

Help Projects

New Help Project, Convert 1.x.chm File, Convert 1.x Project, Decompile .HxS File

Visual Studio-Projektmappen

Leere Projektmappe

Die Bereiche des Visual Studio-Fensters sind wie Registrierkarten mit Reitern (Tabs) organisiert. Im mittleren Bereich werden, neben der Startseite, der Objektbrowser, Hilfetexte und Programmdateien dargestellt. Bei Dateien, die mit dem Formdesigner erstellt worden sind, kann man zwischen Entwurfs- bzw. Designeransicht und Codeansicht wechseln. Der Objektbrowser stellt Objekte und deren Mitglieder dar, und er unterstützt die Navigation im Quellcode.

Der linke Bereich enthält den Server Explorer und die Toolbox. Der Server Explorer gibt Auskunft über Dienste, die von einem oder mehreren Servern im Netzwerk zur Verfügung gestellt werden. Die Toolbox enthält Windows Forms, Datenbank- und sonstige Komponenten. Sie unterstützt das visuelle Programmieren mit dem Formdesigner.

Der rechte Bereich enthält oben den Projektmappen-Explorer, die Klassenansicht, die Ressourcenansicht und die Fenster Inhalt, Index und Suchen der Hilfe. Der Projektmappen-Explorer zeigt den Inhalt einer Projektmappe. Das können ein oder mehrere Projekte sein. Jedes Projekt kann Verweise, Abhängigkeiten und Dateien verschiedenen Typs enthalten. Die Klassenansicht zeigt die in einem Projekt enthaltenen Klassen und deren Mitglieder, und sie dient der Navigation im Quelltext. Rechts unten sind das Eigenschaften-Fenster, die dynamische Hilfe und die Favoriten. Das Eigenschaften-Fenster wird im Abschnitt 5.2 erläutert und benutzt.

Am unteren Rand entlang können einige Fenster eingeblendet werden. Das sind die Aufgabenliste, die Ausgabe und verschiedene Suchergebnisse.

5.1.2   Menüs

Das Menü Datei enthält auf Dateien, Projekte und Projektmappen bezogene Funktionen, die das Anlegen, Öffnen, Schließen und Speichern unterstützen. Daneben sind Funktionen für die Zusammenarbeit im Team und die Versionsverwaltung vorhanden.

Das Menü Bearbeiten enthält die üblichen Funktionen wie Rückgängig, Ausschneiden, Kopieren, Einfügen und Auswählen. Es unterstützt das Suchen und Ersetzen in der aktuellen Datei und dateiübergreifend. Neben etlichen weiteren Funktionen gibt die Option IntelliSence mit dem Untermenü Member auflisten, Parameterinfo, QuickInfo und Wort vervollständigen Hilfestellung bei der Bearbeitung des Quelltextes.

Das Menü Ansicht blendet den Projektmappen-Explorer, die Klassenansicht und weitere Fenster bzw. Registrierkarten ein, und es blendet Symbolleisten ein oder aus.

Das Menü Projekt unterstützt das Hinzufügen und Entfernen von Elementen, Formularen, Komponenten, Klassen und Dateien. Das Startprojekt kann festgelegt werden, und Abhängigkeiten und die Buildreihenfolge können bearbeitet werden. Ferner können die Eigenschaftenseiten aufgerufen werden. Dort können allgemeine Angaben zum Projekt und Compileroptionen festgelegt werden.

Das Menü Erstellen bietet verschiedene Möglichkeiten, Projekte oder auch Projektmappen zu kompilieren.

Das Menü Debuggen startet den Debugger und ermöglicht das schrittweise Abarbeiten des Programms. Es ermöglicht aber auch das Starten des Programms ohne Debuggen.

Das Menü Extras enthält eine Vielzahl von Optionen, von denen hier nur einige erwähnt werden. Es können diverse Tools aufgerufen und Makros aufgezeichnet und abgespielt werden. Die Menüpunkte Anpassen und Optionen ermöglichen das Ein- und Ausblenden und das Anpassen von Symbolleisten und Menüs, das Anpassen der Tastatur, des Quelltext-Editors, der Syntaxdarstellung usw.

Zusammenfassend ist zu den ersten beiden Abschnitten dieses Kapitels zu sagen, dass, mit Formdesigner, Toolbox und Quelltextvervollständigung, der Weg zum Programmieren per Mausklick ein gutes Stück weit beschritten ist. Teamfähigkeit und Versionsverwaltung bleiben dabei nicht auf der Strecke. Der Weg beginnt, wie Abschnitt 5.1.3 zeigt, mit der Programmplanung, und er endet, wie Abschnitt 5.3 zeigt, mit der Weitergabe von Programmen.

5.1.3 UML mit Microsoft Visio

Microsoft Visio bietet die folgenden Diagrammtypen:

```
Aktivitätsdiagramm (Activity)
Kollaborationsdiagramm (Collaboration)
Komponentendiagramm (Component)
Einsatzdiagramm (Deployment)
Sequenzdiagramm (Sequence)
Zustandsdiagramm (Statechart)
Klassendiagramm (Static Structure)
Anwendungsfalldiagramm (Use Case)
```

Die Diagrammelemente werden der Toolbox per Drag and Drop entnommen. Damit ist Software- und Datenbankmodellierung per Mausklick möglich. Einfache Handhabung, Zoom, Raster und direkte Beschriftung unterstützen das rationelle Erstellen sauberer Diagramme. Auch Codegenerator und Reverse Engineering sind vorhanden.

5.2   Eine C# Windows-Anwendung

Um die Arbeit mit Visual Studio .NET anschaulich zu machen und dabei die Vorteile aufzuzeigen, wird eine Windows-Anwendung erstellt. Zuerst wird ein neues Projekt angelegt.

```
Startseite - Neues Projekt - Visual C#-Projekte - Windows-Anwendung
```

```
Name: 5.2_1
```

Nach dem Drücken von OK wird das Projekt generiert. Im Projektmappen-Explorer auf der rechten Seite des Fensters sind Verweise und Dateien aufgelistet. Die Schaltfläche Alle Dateien anzeigen ermöglicht es, entweder alle Dateien oder nur die Dateien anzuzeigen, die zum Projekt gehören. Klickt man eine Datei mit der rechten Maustaste an, so wird ein Kontextmenü geöffnet, mit dem man unter anderem Dateien zum Projekt hinzufügen, Dateien aus dem Projekt entfernen oder Dateien umbenennen kann. Die Datei Form1.cs wird in VS_Test.cs umbenannt. Das gleiche Kontextmenü, und auch das Menü Ansicht, ermöglichen den Wechsel zwischen Code- und Designer- bzw. Entwurfsansicht. In der Entwurfsansicht wird unter Eigenschaften (rechts) die Eigenschaft (Name) in VS_Test geändert, und in der Codeansicht wird, in der Methode Main, Form1 in VS_Test geändert.

Nun werden Eigenschaften der Klasse VS_Test gesetzt. In der Entwurfsansicht wird im Eigenschaften-Fenster unter Text der Titel Beispiel 5.2_1 eingegeben und FormBorderStyle auf Fixed3D gesetzt. In der Codeansicht wird die Bezeichnung ClientSize gesucht. Das + Zeichen neben Vom Windows Form-Designer generierter Code wird angeklickt. Dadurch klappt der generierte Code aus. Jetzt kann

```
this.ClientSize = new System.Drawing.Size(450, 435);
```

gesetzt werden. Die Auswirkungen sind in der Entwurfsansicht zu sehen.

Als nächstes werden Steuerelemente von der Toolbox (links) in das Fenster eingebaut. Per Drag and Drop werden aus der Toolbox zwei Panel, panel1 und panel2, in das Fenster gezogen. Auf die gleiche Weise werden eine ToolBar, eine StatusBar, ein MainMenu und ein ContextMenu in das Fenster gezogen. Die Eigenschaft (Name) dieser Komponenten wird im Eigenschaften-Fenster geändert.

```
toolBar1     -> toolBar
statusBar1   -> statusBar
mainMenu1    -> mainMenu
contextMenu1 -> contextMenu
```

Bei `panel2` werden die Eigenschaften `Dock` auf `Right`, `Size - Width` auf `400` und `BorderStyle` auf `Fixed3D` gesetzt. Die Datei `map.png` (vom Online-Service) wird in das Projektverzeichnis kopiert und der Eigenschaft `BackgroundImage` von `panel2` zugeordnet. Bei `panel1` wird `Dock` auf `Fill`, `BorderStyle` auf `Fixed3D` und `BackColor` auf `White` gesetzt. Falls jetzt die Toolbar und die Statusbar nicht mehr über die volle Breite des Fensters gehen, so hilft ein Anklicken der Option `In den Hintergrund` im Kontextmenü (Toolbar und Statusbar mit der rechten Maustaste anklicken) dieser Komponenten.

Zunächst wird die Statusbar fit gemacht. Die Eigenschaft `ShowPanels` wird auf `true` gesetzt. Der Eigenschaft `Panels` wird nach dem Anklicken von `(Auflistung)...` ein Panel hinzugefügt. Bei diesem Panel wird `(Name)` in `sBarPanel` und `Width` in `450` geändert. Als Wert der Eigenschaft `Text` des Panels wird `weiß` eingegeben . Zum Schluss wird `OK` gedrückt.

Jetzt ist die Toolbar an der Reihe. Die Eigenschaft `TextAlign` wird auf `Right` gesetzt und `ButtonSize` auf `90; 22`. Der Eigenschaft `Buttons` werden nach dem Anklicken von `(Auflistung)...` vier Buttons hinzugefügt. Die Namen dieser Buttons werden in `but_weiss`, `but_rot`, `but_blau` und `but_schwarz` geändert. Der Eigenschaft `Text` der Buttons wird `weiß`, `rot`, `blau` und `schwarz` zugewiesen. Zum Schluss wird `OK` gedrückt.

Nun müssen noch das Hauptmenü und des Kontextmenü bearbeitet werden. Unterhalb des Fensters wird `mainMenu` angeklickt. Jetzt erscheint das Hauptmenü direkt unter der Titelleiste des Fensters. Nach dem Anklicken des Hauptmenüs wird `Farbe`, `weiß`, `rot`, `blau` und `schwarz` eingegeben. Die Eigenschaft `(Name)` der Menüpunkte wird in `m_weiss`, `m_rot`, `m_blau` und `m_schwarz` geändert. Der Vorgang wird für das Kontextmenü wiederholt. Die Menüpunkte `weiß`, `rot`, `blau` und `schwarz` erhalten die Namen `c_weiss`, `c_rot`, `c_blau` und `c_schwarz`. Das Hauptmenü `mainMenu` ist bereits der Eigenschaft `Menu` des Fensters (`VS_Test`) zugeordnet. Das Kontextmenü `contextMenu` wird der Eigenschaft `ContextMenu` des Panels `panel1` zugeordnet.

In der Visual Studio Toolbar wird `Debug` oder `Release` eingestellt, im Menü wird `Erstellen - 5.2_1 erstellen` und anschließend `Debuggen - Starten ohne Debuggen` angeklickt. Das Programm startet. Es fehlen jedoch noch die Eventhandler der Menüs und der Toolbar, und der Sinn der Bitmap `map.png` ist auch noch nicht zu erkennen.

Zunächst kommt die Toolbar an die Reihe. Die Buttons sollen die Hintergrundfarbe von `panel1` ändern. Die Toolbar wird angeklickt, und im Eigenschaften-Fenster wird der Blitz aktiviert. Neben dem Ereignis `ButtonClick` wird `toolBarButton_click` eingegeben. Mit einem Doppelklick auf `ButtonClick` bekommt man den gerade generierten Eventhandler im Quelltext angezeigt. Er wird, wie unterhalb der Abbildung 5_3 zu sehen ist, ergänzt.

Die Entwurfsansicht:

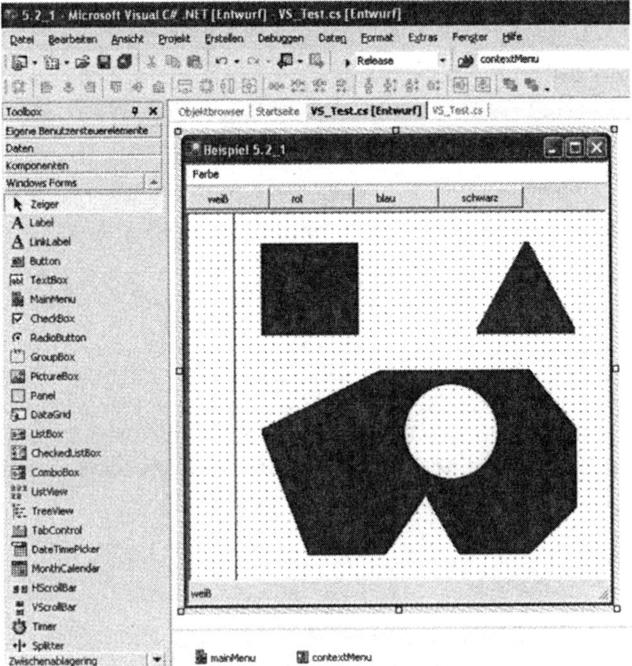

Abbildung 5_2: Visual Studio .NET Entwurfsansicht (Designer)

```
private void toolBarButton_click(
  object sender, System.Windows.Forms.ToolBarButtonClickEventArgs e)
{
  if(e.Button == but_weiss)
    panel1.BackColor = Color.White;
  else if(e.Button == but_rot)
    panel1.BackColor = Color.Red;
  else if(e.Button == but_blau)
    panel1.BackColor = Color.Blue;
  else if(e.Button == but_schwarz)
    panel1.BackColor = Color.Black;
}
```

Die Menüpunkte des Hauptmenüs werden angeklickt. Die abgebildeten
Eventhandler werden den Click Ereignissen zugeordnet.

```
private void weiss_click(object sender, System.EventArgs e)
{
  panel1.BackColor = Color.White;
}
private void rot_click(object sender, System.EventArgs e)
{
  panel1.BackColor = Color.Red;
}
private void blau_click(object sender, System.EventArgs e)
{
  panel1.BackColor = Color.Blue;
}
private void schwarz_click(object sender, System.EventArgs e)
{
  panel1.BackColor = Color.Black;
}
```

Die gleichen Eventhandler werden mithilfe des Eigenschaften-Fensters den
`Click` Ereignissen des Kontextmenüs zugeordnet. Die Statusbar soll die Hintergrundfarbe von `panel1` anzeigen. Zu diesem Zweck wird dem Ereignis
`BackColorChanged` von `panel1` ein Eventhandler zugeordnet (`panel1 - Eigenschaf-`
`ten - Blitz ...`).

```
private void color_changed(object sender, System.EventArgs e)
{
  if(panel1.BackColor == Color.White)
    sBarPanel.Text = "weiß";
  else if(panel1.BackColor == Color.Red)
    sBarPanel.Text = "rot";
  else if(panel1.BackColor == Color.Blue)
    sBarPanel.Text = "blau";
  else if(panel1.BackColor == Color.Black)
    sBarPanel.Text = "schwarz";
}
```

Zum guten Schluss wird die komplizierteste Aufgabe gelöst. Die Bitmap
enthält ein blaues Rechteck, ein rotes Dreieck und ein schwarzes Polygon.
Das Polygon besitzt zu allem Überfluss ein kreisförmiges Loch. Das Ganze
ist jedoch nicht so kompliziert wie es aussieht. Zunächst werden die Koordinaten

```
int nd=3;
int[] xd={252, 366, 309};
int[] yd={128,128,32};
int np=10;
int[] xp={
  315,153,28,75,159,
  202,236,315,363,363};
```

```
int[] yp={
   164,164,224,358,358,
   294,358,358,309,224};
```

des Dreiecks und des Polygons als Membervariablen der Klasse VS_Test
hinzugefügt, und anschließend werden die folgenden Methoden eingebaut.

```
bool PunktInRechteck(
   int x1,int y1,int x2,int y2,int x,int y)
{
  int c;
  if(x1>x2){c=x1; x1=x2; x2=c;}
  if(y1>y2){c=y1; y1=y2; y2=c;}
  return (x>x1)&&(x<x2)&&(y>y1)&&(y<y2);
}
bool PunktInKreis(
   int xm,int ym,int r,int x,int y)
{
  int x1=xm-x; int y1=ym-y;
  return (x1*x1+y1*y1) < r*r;
}
bool PunktInPolygon(
   int[] x1,int[] y1,int n,int x,int y)
{
  int i, j, c, ns=0;
  ArrayList xs=new ArrayList();
  int[] ye=new int[n];
  for(i=0; i<n; i++)ye[i]=y1[i]-y;
  for(i=0; i<n; i++)
  {
    j=(i+1)%n;
    if((ye[i]<0 && ye[j]>0) || (ye[i]>0 && ye[j]<0))
    {
      xs.Add((int)(x1[i]-(float)(x1[i]-x1[j])/(float)(ye[i]-ye[j])*ye[i]));
      ns++;
    }
  }
  bool sort;
  do
  {
    sort=true;
    for(i=0; i<ns-1; i++)
    {
      if((int)xs[i]>(int)xs[i+1])
      {
        c=(int)xs[i]; xs[i]=xs[i+1]; xs[i+1]=c;
        sort=false;
      }
    }
  }while(!sort);
```

```
      bool drin=false;
      for(i=0; i<ns-1; i+=2)
      {
        if(x>(int)xs[i] && x<(int)xs[i+1])drin=true;
      }
      return drin;
}
bool PunktInDreieck(int x, int y)
{
    if(PunktInRechteck(xd[0],yd[2],xd[1],yd[0],x,y))
    {
      return PunktInPolygon(xd,yd,nd,x,y);
    }
    else
      return false;
}
bool PunktInFigur(int x, int y)
{
    if(PunktInRechteck(28,164,363,358,x,y))
    {
      if(!PunktInKreis(229,229,50,x,y))
        return PunktInPolygon(xp,yp,np,x,y);
      else
        return false;
    }
    else
      return false;
}
```

Jetzt muss der Bitmap noch Leben eingehaucht werden. Die Eventhandler

```
private void mouse_move(
   object sender, System.Windows.Forms.MouseEventArgs e)
{
    if(PunktInRechteck(27,32,132,128,e.X,e.Y) ||
       PunktInDreieck(e.X, e.Y) ||
       PunktInFigur(e.X, e.Y))
      panel2.Cursor = Cursors.Hand;
    else
      panel2.Cursor = Cursors.Default;
}

private void mouse_up(
   object sender, System.Windows.Forms.MouseEventArgs e)
{
    if(PunktInRechteck(27,32,132,128,e.X,e.Y))
      panel1.BackColor = Color.Blue;
    else if(PunktInDreieck(e.X, e.Y))
      panel1.BackColor = Color.Red;
    else if(PunktInFigur(e.X, e.Y))
```

```
      panel1.BackColor = Color.Black;
   else
      panel1.BackColor = Color.White;
}
```

werden eingebaut. Dem Ereignis `MouseMove` von `panel2` wird mithilfe des Eigenschaften-Fensters (Blitz) der Eventhandler `mouse_move` zugeordnet und anschließend, wie oben abgebildet, ergänzt. Entsprechend wird mit dem Ereignis `MouseUp` und dem Eventhandler `mouse_up` verfahren. Die Bitmap ist jetzt in der Lage, die Hintergrundfarbe von `panel1` zu ändern, und der Mauszeiger wird zur Hand, sobald er sich über einer Figur befindet.

5.3 Ein Weitergabe-Projekt

Das im Abschnitt 5.2 entwickelte Programm soll weitergegeben werden. Zuerst wird das Projekt 5.2_1 geöffnet. anschließend wird zur Startseite gewechselt und ein Setup- und Weitergabeprojekt generiert.

Der Ablauf in Stichworten:

```
Startseite - Neues Projekt - Setup- und Weitergabeprojekte - Setup-Assistent
Name: VS_Test
Zu Projektmappe hinzufügen - OK - Weiter
Setup für eine Windows-Anwendung erstellen - Weiter
Primäre Ausgabe aus 5.2_1
Weiter - Weiter - Fertig stellen
Erstellen - VS_Test erstellen
```

Der Projektmappen-Explorer zeigt sowohl das Projekt 5.2_1 als auch das Setup-Projekt VS_Test in der Projektmappe 5.2_1.

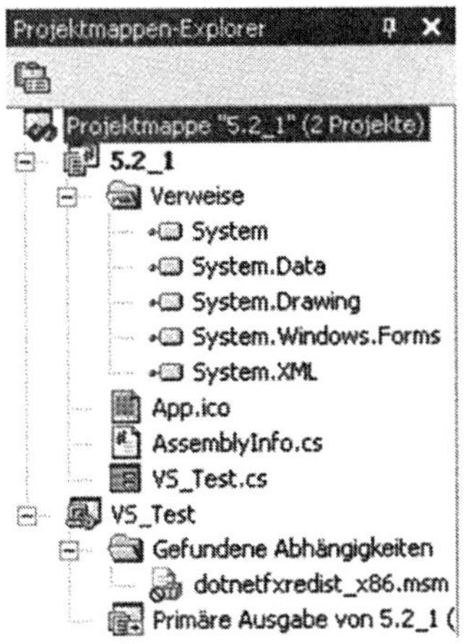

Abbildung 5_3: Projektmappen-Explorer

Je nach Einstellung befinden sich jetzt im Verzeichnis VS_Test - Debug oder
VS_Test - Release die Dateien Setup.exe, Setup.ini und VS_Test.msi. Diese Dateien werden weitergegeben. Durch Starten von Setup.exe wird, wie üblich,
das Programm installiert.

Setup-Projekte können, siehe Abbildung 5_4, von Hand erstellt oder nachgearbeitet werden.

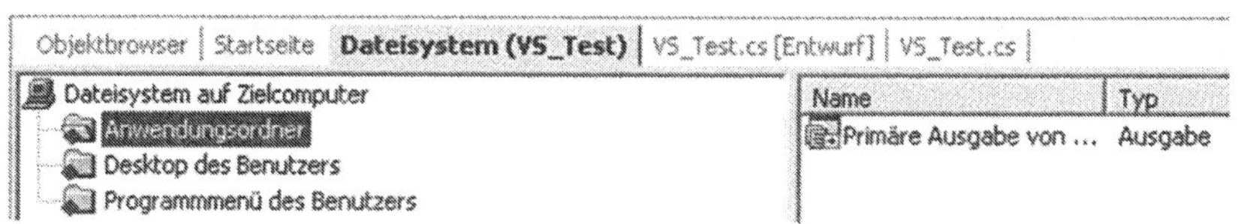

Abbildung 5_4: Setup-Projekt

Zum Anwendungsordner können Unterverzeichnisse erstellt werden. Es
können Dateien zum Projekt hinzugefügt werden. Die hinzugefügten Dateien können auf die erstellten Ordner verteilt werden, und darüber hinaus
können Links auf dem Desktop und im Programmmenü erzeugt werden.

6 Die Performance von .Net Programmen

Die Performance von gemanagten .NET Programmen wird mit voll durchkompiliertem C++ und Java verglichen. Es werden Gleitkommaberechnungen ausgeführt, Instanzen von Klassen gebildet, Strings verbunden, numerische Werte in Strings umgewandelt und Gleichungssysteme gelöst. Dazu werden C#, Visual Basic .NET, J#, JScript .NET, managed C++ .NET, durchkompiliertes C++ und Java verwendet. Es wird jeweils eine Version der Testprogramme abgebildet. Die Versionen in den anderen Programmiersprachen werden im Onlineservice `http://www.rottmann.de` zum Download angeboten. Um das Bild abzurunden, wird im Abschnitt 6.7 die Performance von 3D Grafiken mit Echtzeitrendering in C#, Visual Basic .NET und durchkompiliertem C++ verglichen.

6.1 Gleitkommaberechnungen

Die Testprogramme durchlaufen 40 Millionen mal eine For-Schleife, führen dabei einige Gleitkommaoperationen aus und weisen die Ergebnisse einem Array zu. Die Zeit wird vor den Schleifendurchläufen und danach gemessen. Die .NET Abfrage der Zeit liefert 10^7 Ticks pro Sekunde, und bei der C++ Abfrage `clock()` gibt die Konstante `CLOCKS_PER_SEC` die Zählimpulse pro Sekunde an.

Die C# Version:

```
// Double_cs.cs

using System;

class double_test
{
  static void Main()
  {
    int n = (int)4.0E7;
    long t0, t1;
    double[] a = new double[n];
    double b=44.34, c=0.123;
    t0 = DateTime.Now.Ticks;
    for(int i=0; i<n; i++)a[i] = (b*(double)i+c)/33.75-2.4;
    t1 = DateTime.Now.Ticks;
    Console.WriteLine("Zeit: {0} Sekunden", (t1-t0)*1.0E-7);
  }
}
```

Die .NET Programme werden mit den Kommandozeilencompilern des .NET Framework SDK übersetzt. Das hat den Vorteil, dass Compileroptionen, die das Ergebnis beeinflussen, nicht versehentlich gesetzt werden können. Nicht gemanagtes C++ kann mit der .NET oder der Visual C++ 6.0 Version von `cl.exe` kompiliert werden. Die Java Versionen werden mit dem JDK 1.4 zu `.class` Dateien kompiliert, die auf der JVM laufen. Alle Testbeispiele dieses Kapitels werden auf die gleiche Weise kompiliert. Lediglich die Dateinamen der Programme müssen in den Compileraufrufen geändert werden.

```
C#:                                  csc Double_cs.cs

Visual Basic .NET:                   vbc Double_vb.vb

J#:                                  vjc Double_js.jsl

JScript .NET                         jsc Double_jscr.js

Managed C++ .NET:                    cl /clr Double_cppm.cpp

C++ unmanaged (durchkompiliert):     cl Double_cppu.cpp

Java (original)                      javac Double_j.java
```

Falls beim Kompilieren des gemanagten C++ .NET die Fehlermeldung

```
"Nichtaufgelöstes externes Symbol __check_commonlanguageruntime_version"
```

erscheint, so erwartet die verwendete Version des C++ Compilers eine erweiterte `/clr` Option. Das C++ .NET Programm wird dann mit

```
cl /clr:initialAppDomain Double_cppm.cpp
```

kompiliert. Falls beim Starten der Java Version ein Speicherüberlauf gemeldet wird, so muss mit der Option `-Xmx` Speicher reserviert werden.

Der erste Test benötigt einheitlich bei allen oben genannten Sprachen rund 0,7 Sekunden Rechenzeit. Es gibt zwar zufällige, weit in den Nachkommastellen liegende, aber in keinem Fall nennenswerte Unterschiede der Rechenzeiten zwischen den Testprogrammen. Der Grund liegt darin, dass Gleitkommaberechnungen vom Coprozessor ausgeführt werden. Die Rechenzeit wird daher von der Leistungsfähigkeit des Coprozessors bestimmt. Das erzielte Ergebnis entspricht also genau dem, was zu erwarten war. Trotzdem wäre es denkbar, dass der Coprozessor von .NET Programmen nicht optimal bedient wird. .NET Code ist nun einmal Code in einer Zwischensprache, der von der Common Language Runtime gemanagt wird. Das könnte zu einem Overhead führen, der sich bemerkbar macht. Der Test schließt diesen Fall aber aus. Ganz offensichtlich werden .NET Programme so optimal gemanagt, dass dadurch keinerlei Einbußen hinsichtlich der Gleitkommaperformance entstehen.

6.2 Instanzen von Klassen

Das zweite Testprogramm bildet Instanzen der Klasse Knoten, die zu einer
Liste verkettet werden. Zu diesem Zweck enthält die Klasse Knoten eine Variable
vom Typ Knoten, die auf den Nachfolgeknoten verweist. Die Instanzen
werden in einer For-Schleife mit 10 Millionen Durchläufen gebildet.
Die Variable l0 zeigt auf den Anfang der verketteten Liste. Jeder Knoten
zeigt auf seinen Nachfolger, und der Nachfolger des letzten Knotens ist
Null bzw. Nothing.

Die Visual Basic .NET Version:

```
' Liste_vb.vb

Imports System
Imports Microsoft.VisualBasic

Class Knoten
   Public l As Knoten
End Class

Class Liste
   Shared Sub Main()
      Dim n As Integer = CInt(1.0E7)
      Dim i As Integer
      Dim l0, l As Knoten
      Dim t0, t1 As Long

      t0 = DateTime.Now.Ticks

      l0 = New Knoten()
      l = l0

      For i=0 To n-1
        l.l = New Knoten()
        l = l.l
      Next
      l = Nothing

      t1 = DateTime.Now.Ticks

      Console.WriteLine("Zeit: {0} Sekunden\n", (t1-t0)*1.0E-7)
   End Sub
End Class
```

Die Rechenzeiten:

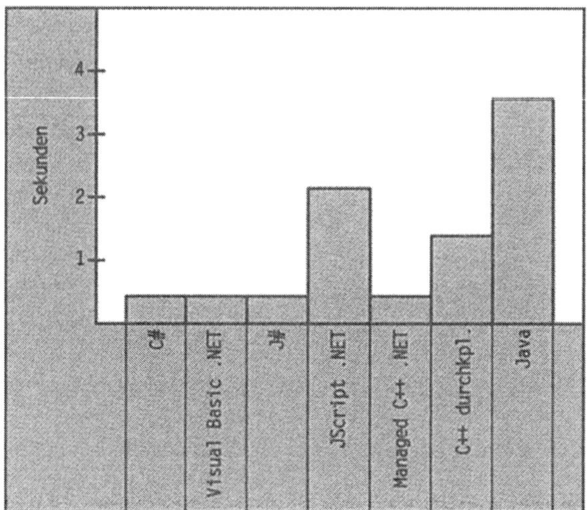

Abbildung 6_1: Rechenzeiten, Instanzen von Klassen

Die .NET Sprachen haben abgesehen von JScript deutlich die Nase vorn. Man könnte spekulativ behaupten, dass das Bilden der Instanzen von C++ Klassen, etwa wegen der Fähigkeit zur Mehrfachvererbung, mit einem erhöhten Aufwand verbunden ist. Abschnitt 6.3 bestätigt diese Ansicht jedoch nicht. Die kurze Rechenzeit von C++ .NET, das grundsätzlich für den Umgang mit Klassen die gleichen Möglichkeiten zur Verfügung stellt wie durchkompiliertes C++, hat in diesem Zusammenhang keine Aussagekraft, da es in verwaltetem Code keine Mehrfachvererbung gibt. Dem ersten Eindruck nach läuft die Instanzbildung bei Java nicht gerade optimal. Um den Zufälligkeiten, die ein einzelner Test in sich bergen kann, zu begegnen, testet der nächste Abschnitt ebenfalls die Instanzbildung.

6.3 Instanzen rekursiv bilden

Dieser Test generiert einen binären Baum. Die Klasse `Knoten` enthält die Variablen `l` und `r` vom Typ `Knoten` bzw. Zeiger auf `Knoten`, die auf den linken und rechten Nachfolger verweisen. Die Funktion `wachse` bildet einen Knoten und ruft sich selbst rekursiv auf, um den linken und rechten Nachfolgeknoten zu bilden. Die Variable `tiefe` begrenzt die Rekursionstiefe. Bei jedem rekursiven Aufruf der Funktion `wachse` wird der Parameter t um 1 verringert. Ist t < 0, so gibt `wachse` den Wert `Null` zurück. Auf diese Weise werden $2^{tiefe}-1$ Knoten gebildet, und die Nachfolgeknoten der Blätter erhalten den Wert `Null` bzw `Nothing`.

Die J# Version:

```
// Baum_js.jsl

import System.*;

class Knoten
{
  public Knoten l, r;
}

class Baum
{
  int nknoten;

  Knoten wachse(int t)
  {
    if(t<0)return null;
    Knoten k = new Knoten();
    nknoten++;
    k.l = wachse(t-1);
    k.r = wachse(t-1);
    return k;
  }

  public static void main()
  {
    long t0,t1;

    t0 = DateTime.get_Now().get_Ticks();

    int tiefe = 20;
    Knoten wurzel = new Knoten();
    Baum b = new Baum();
    b.nknoten = 1;

    wurzel.l = b.wachse(tiefe-2);
    wurzel.r = b.wachse(tiefe-2);

    t1 = DateTime.get_Now().get_Ticks();

    Console.Write(b.nknoten);
    Console.WriteLine(" Knoten");
    Console.Write("Zeit: ");
    Console.Write((double)(t1-t0)*1.0E-7);
    Console.WriteLine(" Sekunden\n");
  }
}
```

Die Rechenzeiten:

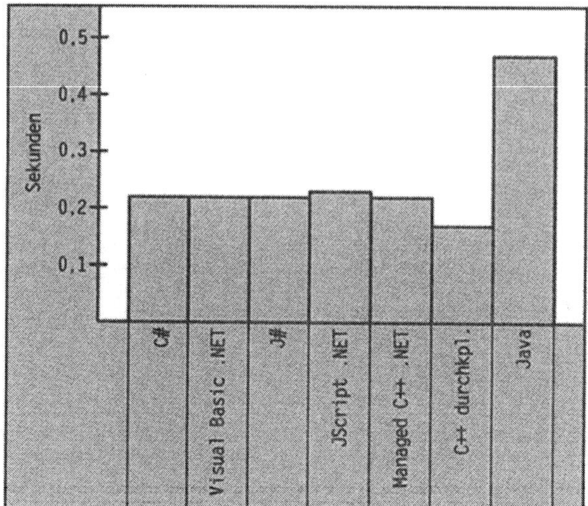

Abbildung 6_2: Rechenzeiten, Instanzen rekursiv bilden

Diesmal ist das durchkompilierte C++ Programm etwas schneller als die
.NET Sprachen. Die Unterschiede in den Rechenzeiten sind jedoch nicht
weltbewegend. Nur Java liegt auf einem abgeschlagenen Platz. Sowohl im
Abschnitt 6.2 als auch im Abschnitt 6.3 wird eine große Zahl von Knoten
gebildet. Dadurch werden etliche MB Hauptspeicher reserviert. Die Zeit,
die für das Belegen des Speichers und für Speicherzugriffe benötigt wird,
beeinflusst natürlich das Ergebnis. Das wird aus gutem Grund hier berück-
sichtigt, denn die isolierte Betrachtung der Instanzbildung ohne Berück-
sichtigung der Speicherbelegung hätte einen rein synthetischen Charakter
und wäre nicht praxisgerecht. Instanzen von Klassen werden nun einmal
im Speicher abgelegt, um anschließend darauf zugreifen zu können.

6.4 Strings kopieren und verbinden

.NET Programme kennen den Datentyp `String`. Die .NET Datentypen sind
durch Klassen oder Strukturen definiert. Der Datentyp `String` ist durch die
Klasse `System.String` definiert. Die .NET Versionen der Testprogramme verwenden die Methoden `Copy` und `Concat` dieser Klasse. Im Gegensatz dazu
werden bei C++ üblicherweise nullterminierte Strings in Character-Arrays
abgelegt. Die C++ Funktionen `strcpy` und `strcat` kopieren und verbinden
derartige Strings. Die Testprogramme kopieren und verbinden Strings in
einer Schleife mit 10^7 Durchläufen. Diesmal ist die JScript .NET Version ab-

gebildet, während die anderen Versionen zum Download zur Verfügung stehen. Die C++ .NET Version ist doppelt vorhanden, da man mit dieser Sprache sowohl die .NET Methoden als auch die C++ Funktionen benutzen kann. Die Datei String_cppm.cpp enthält die Version mit den .NET Methoden, und String_chr_cppm.cpp enthält die Version mit den C++ Funktionen. Beide Versionen werden mit der /clr Option übersetzt.

Die JScript .NET Version:

```js
// String_jscr.js

import System;

class string_test
{
  function string_test(n:int)
  {
    var t0:long, t1:long;
    var st:String, st1:String, st2:String;
    var st3:String, st4:String, st5:String;
    t0 = DateTime.Now.Ticks;
    st1 = "Dies ";
    st2 = "ist ";
    st3 = "ein ";
    st4 = "zusammengesetzter ";
    st5 = "String.";
    var i:int;
    for(i=0; i<n; i++)
    {
      st = String.Copy(st1);
      st = String.Concat(st, st2);
      st = String.Concat(st, st3);
      st = String.Concat(st, st4);
      st = String.Concat(st, st5);
    }
    t1 = DateTime.Now.Ticks;
    Console.Write("Zeit: ");
    Console.Write((double)(t1-t0)*1.0E-7);
    Console.WriteLine(" Sekunden\n");
  }
}

var t:string_test = new string_test(1E7);
```

Die Rechenzeiten:

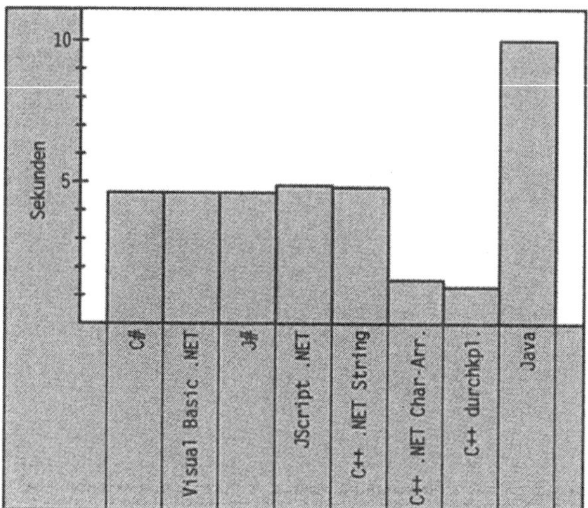

Abbildung 6_3: Rechenzeiten, Strings kopieren und verbinden

Das durchkompilierte C++ ist in diesem Test erheblich schneller, als die
.NET Sprachen. Nur C++ .NET kann in der Version mit Character-Arrays
und C++ Standardfunktionen in etwa gleichziehen. Java erhält endgültig
die rote Laterne. Genau genommen vergleicht der Test Äpfel mit Birnen.
Die Klasse System.String bietet Strings variabler Länge und zahlreiche Eigen-
schaften und Methoden die sich darauf anwenden lassen. Diesen Komfort
erkauft man mit etwas Performanceverlust. C++ Character-Arrays sind im
Vergleich dazu recht starre und in der Handhabung etwas umständliche
Gebilde. Nur in Fällen, in denen die Performance eine eminente Bedeutung besitzt, lohnt es sich daher, die zwar starren aber schnellen Character-
Arrays zu benutzen. Gemanagtes C++ .NET macht Character-Arrays und
C++ Funktionen allen .NET Sprachen zugänglich.

6.5 Umwandlung numerischer Werte in Strings

Bei den .NET Versionen der Testprogramme wird die Laufvariable i in 10^7
Schleifendurchläufen mit der Methode String.Format in einen String umge-
wandelt. Mit durchkompiliertem C++ wird ein Character-Array und die
Funktion sprintf verwendet. Es gibt auch diesmal wieder zwei Versionen
mit gemanagtem C++, die einerseits die .NET Variante und andererseits die
C++ Variante der Umwandlung benutzen.

Die gemischte C++ .NET Version mit Character-Array und sprintf:

```cpp
// Umwandel_chr_cppm.cpp
#include <stdio.h>
#using <mscorlib.dll>
using namespace System;

__gc class umwandel_test
{
public:
  umwandel_test(int n)
  {
    long t0, t1;
    char st[128];
    t0 = DateTime::get_Now().get_Ticks();
    for(int i=0; i<n; i++)
    {
      sprintf(st, "%d", i);
    }
    t1 = DateTime::get_Now().get_Ticks();
    Console::WriteLine("Zeit: {0} Sekunden", __box((t1-t0)*1.0E-7));
  }
};
void main()
{
  new umwandel_test((int)1E7);
}
```

Die Rechenzeiten:

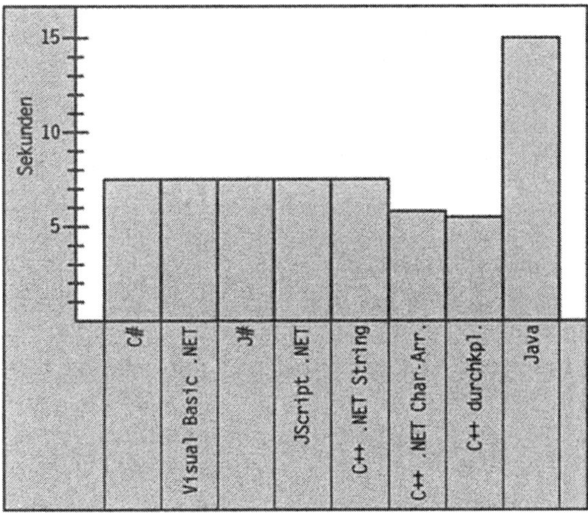

Abbildung 6_4: Rechenzeiten, Umwandlung numerischer Werte in Strings

Der von Abbildung 6_3 bekannte Effekt, dass Character-Arrays weniger Verwaltungsaufwand erfordern, als die Klasse String, ist in abgemilderter Form auch hier zu erkennen. C++ .NET ist auch diesmal in der Lage die Verbindung zwischen herkömmlichen C++ Datenstrukturen und gemanagtem .NET Code herzustellen.

6.6   Lösen großer Gleichungssysteme

Das Testprogramm löst Gleichungssysteme variabler Größe. Die Zahl der Unbekannten variiert in den Testläufen zwischen 10200 und 1,2 Millionen. Das klingt erstaunlich, denn bei einer Million Unbekannten hat die Koeffizientenmatrix $10^6*10^6=10^{12}$ Koeffizienten vom Typ double. Das sind $8*10^{12}$ Byte, und das entspricht 8000 Gigabyte. Ein PC kann eine derartige Menge von Daten nicht annähernd bewältigen. Die verwendeten Algorithmen müssen daher sehr rationell mit dem vorhandenen Speicherplatz umgehen. Ein weiteres Problem taucht in diesem Zusammenhang auf. Schon kleine Gleichungssysteme können numerisch instabil sein, und je größer die Zahl der Unbekannten wird, desto mehr wächst die Gefahr, dass sich Rundungsfehler addieren. Ein wahllos zusammengestelltes Gleichungssystem ist daher äußerst selten stabil. Das mathematische Modell eines regelmäßigen mechanischen Systems erlaubt es aber, mit geringem Aufwand ein gut konditioniertes Gleichungssystem aufzustellen.

Abbildung 6_5 stellt einen Rahmen dar. Die Verschiebungen und Verdrehungen der Knoten sind nummeriert. Diese globale Nummerierung stellt die Gleichungsnummern bzw. die Nummern der Unbekannten dar. Durch das Variieren der Anzahl der Felder und der Stockwerke, kann die Zahl der Unbekannten in weiten Grenzen verändert werden.

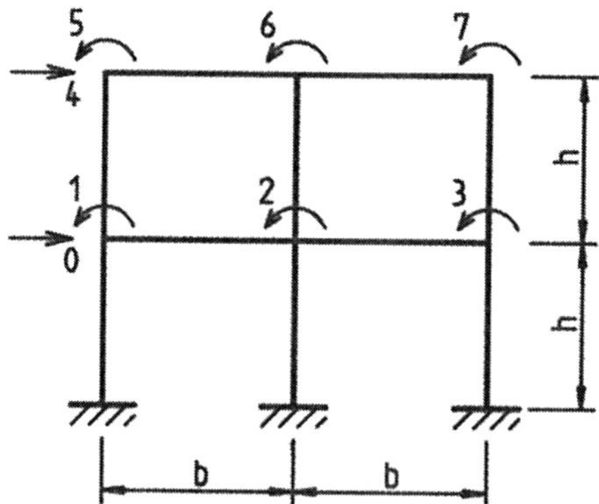

Abbildung 6_5: Systemskizze eines Rahmens

Der Rahmen besteht aus den Riegeln nach Abbildung 6_6 und den Stielen nach Abbildung 6_7

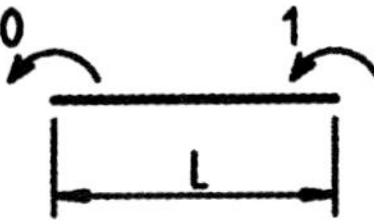

Abbildung 6_6: Riegel eines Rahmens

Abbildung 6_7: Stiel eines Rahmens

Beim Zusammenbau des Gleichungssystems wird die lokale Nummerierung der Knotengrößen der Riegel und Stiele in eine Beziehung zur globalen Nummerierung der Knotengrößen des Gesamtsystems gesetzt. Das so entstehende Gleichungssystem hat spezielle Eigenschaften. Es ist symmetrisch und besitzt Bereiche oberhalb der Hauptdiagonalen, in denen sich nur Nullen befinden. Die verwendeten Algorithmen nutzen diese Eigenschaften. Abbildung 6_8 stellt die Gleichungsstruktur eines unregelmäßigen Systems dar. Die Gleichungsstruktur des hier zu Grunde gelegten regelmäßigen Rahmens ist treppenförmig.

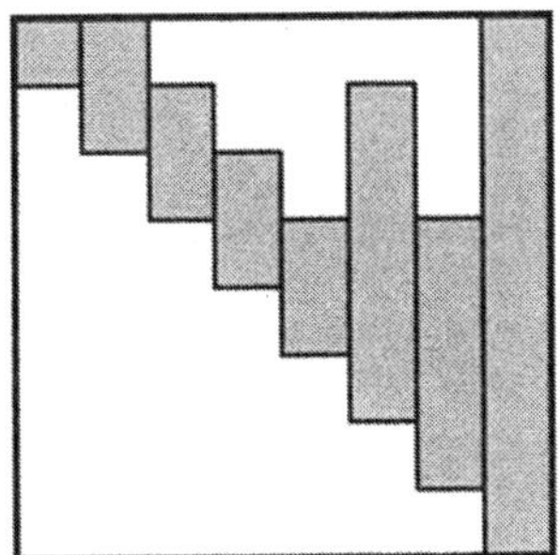

Abbildung 6_8: Die Struktur symmetrischer Gleichungssysteme

Nur die in Abbildung 6_8 grau angelegten Säulen werden abgespeichert und vom Gleichungslöser behandelt. Der Gleichungslöser ist eine spezielle Form des Gaußalgorithmus.

Die Funktionen des Testprogramms:

Strukturanalyse	Die Säulenhöhen werden berechnet, und die Instanz der Koeffizientenmatrix wird gebildet.
Riegel	Eine Matrix mit den mechanischen Eigenschaften der Riegel wird berechneet.
Stiel	Eine Matrix mit den mechanischen Eigenschaften der Stiele wird berechneet.
KoeffMatrix	Das Gleichungssystem wird zusammengebaut.
rechteSeite	Die rechte Seite des Gleichungssystems wird ausgefüllt.
Dreieck	Die Dreieckzerlegung ($L^{-1}LDL^{T} = DL^{T}$) der Koeffizientenmatrix wird nach Gauß berechnet.
Loese	Die rechte Seite wird vorbehandelt ($L^{-1}S$), und die Unbekannten werden mit der Rückwärtsauflösung berechnet.

Die gemanagte C++ .NET Version:

```
// Rahmen_cppm.cpp

#using <mscorlib.dll>
using namespace System;

__gc class Rahmen
{
  double h, b, EI, FH;
  double **K;
  int *LK;
  double *S;
  int m, n, nGleich;
  long t0, t1, t2, t3;
  double **kr, **ks;
public:
  Rahmen(int pm, int pn, double pFH)
  {
    m = pm;
    n = pn;
    FH = pFH;
    // Höhe der Stockwerke
    h  = 4.0;
    // Weite der Felder
    b  = 8.0;
    // Elatizitätsmodul * Flächenträgheitsmoment
    EI = 64000.0;
    // Anzahl der Gleichungen
```

```
nGleich = (n+2)*m;
// Die Struktur des Gleichungssystems
Strukturanalyse();

Console::WriteLine(
  "{0} Unbekannte", nGleich.ToString());
int nk = 0, maxh =0, i;
for(i=0; i<nGleich; i++)
{
  nk += LK[i];
  if(maxh<LK[i])maxh = LK[i];
}
Console::WriteLine(
  "{0} Koeffizienten", nk.ToString());
Console::WriteLine(
  "Groesste Bandbreite: {0}", maxh.ToString());
Console::WriteLine(
  "Mittlere Bandbreite: {0}", (nk/nGleich).ToString());
Console::WriteLine("\nBitte warten!");

// 1. Zeitnahme
t0 = (long)DateTime::Now.Ticks;
// Die Steifigkeitszahlen der Riegel
kr = Riegel(EI, b);
if(kr == 0)return;
// Die Steifigkeitszahlen der Stiele
ks = Stiel(EI, h);
if(ks == 0)return;
// Die Koeffizientenmatrix wird aufgestellt
KoeffMatrix();
// Die rechte Seite wird aufgestellt
rechteSeite();
// Das Gleichungssystem wird aufgelöst
// 2. Zeitnahme
t1 = (long)DateTime::Now.Ticks;
bool singulaer = true;
if(Dreieck())
{
  // 3. Zeitnahme
  t2 = (long)DateTime::Now.Ticks;
  if(Loese())singulaer = false;
}
if(singulaer)
{
  Console::WriteLine(
    "Das Gleichungssystem ist singulär.");
  return;
}
// 4. Zeitnahme
t3 = (long)DateTime::Now.Ticks;
Console::WriteLine(
```

```
    "Zusammenbau: {0} Sekunden". ((t1-t0)*1.0E-7).ToString());
  Console::WriteLine(
    "Dreieck:     {0} Sekunden". ((t2-t1)*1.0E-7).ToString());
  Console::WriteLine(
    "Loese:       {0} Sekunden". ((t3-t2)*1.0E-7).ToString());
  Console::WriteLine(
    "Gesamt:      {0} Sekunden". ((t3-t0)*1.0E-7).ToString());

  // Nach Entfernen der Kommentarstriche
  // wird der Verschiebungsvektor protokolliert.
  // for(i=0; i<nGleich; i++)
  //   Console::WriteLine("V{0} = {1}". __box(i). __box(S[i]));
}

// Die Struktur des Gleichungssystems
void Strukturanalyse()
{
  S = new double[nGleich];
  K = new double* [nGleich];
  LK = new int[nGleich];
  // Berechnung der Säulenhöhen
  int mod, hs;
  for(int i=0; i<nGleich; i++)
  {
    mod = i%(n+2);
    if(mod == 0)
    {
      if(i < ((n+2)*(m-1)))hs = 2*(n+2);
      else hs = n+3;
    }else
    {
      hs = n+3;
      if(i > (n+1))hs += mod;
    }
    if(hs > (i+1))hs = i+1;
    K[i] = new double[hs];
    LK[i] = hs;
  }
}

// Die Steifigkeitszahlen der Riegel
double **Riegel(double EI. double L)
{
  if(L <= 0.0) return 0;
  double c2 = 2.0*EI/L;
  double c4 = 2.0*c2;
  double **k;
  k = new double* [2];
  for(int i=0; i<2; i++)k[i] = new double[2];
  k[0][0] = c4; k[0][1] = c2;
  k[1][0] = c2; k[1][1] = c4;
```

```cpp
    return k;
}

// Die Steifigkeitszahlen der Stiele
double **Stiel(double EI, double L)
{
  if(L <= 0.0) return 0;
  double c2  = 2.0*EI/L;
  double c4  = 2.0*c2;
  double c6  = 3.0*c2/L;
  double c12 = 2.0*c6/L;
  double **k;
  k = new double* [4];
  for(int i=0; i<4; i++)k[i] = new double[4];

  k[0][0] =  c4; k[0][1] = -c6;
  k[0][2] =  c2; k[0][3] =  c6;
  k[1][0] = -c6; k[1][1] =  c12;
  k[1][2] = -c6; k[1][3] = -c12;
  k[2][0] =  c2; k[2][1] = -c6;
  k[2][2] =  c4; k[2][3] =  c6;
  k[3][0] =  c6; k[3][1] = -c12;
  k[3][2] =  c6; k[3][3] =  c12;
  return k;
}

// Der Zusammenbau des Systems
void KoeffMatrix()
{
  int i, j, k, l, i1, i2;

  for(i=0; i<nGleich; i++)
    for(j=0; j<LK[i]; j++)
      K[i][j] = 0.0;

  // Die Riegel werden eingebaut
  int fr[2];
  for(i=0; i<m; i++)
  {
    fr[0] = (n+2)*i+1;
    fr[1] = (n+2)*i+2;
    for(j=0; j<n; j++)
    {
      for(k=0; k<2; k++)
      {
        i1 = fr[k];
        for(l=0; l<2; l++)
        {
          i2 = i1-fr[l];
          if(i2>=0 && i2<LK[i1])
            K[i1][i2] += kr[l][k];
```

```
        }
      }
      fr[0]++; fr[1]++;
    }
  }

  // Die Stiele werden eingebaut
  int fs[4];
  for(i=0; i<m; i++)
  {
    fs[0] = (n+2)*(i-1)+1;
    fs[1] = (n+2)*(i-1);
    fs[2] = (n+2)*i+1;
    fs[3] = (n+2)*i;
    for(j=0; j<=n; j++)
    {
      for(k=0; k<4; k++)
      {
        i1 = fs[k];
        if(i1>=0)for(l=0; l<4; l++)
        {
          i2 = i1-fs[l];
          if(i2>=0 && i2<LK[i1])
            K[i1][i2] += ks[l][k];
        }
      }
      fs[0]++; fs[2]++;
    }
  }
}

// Die horizontale Einzellast
// wird in die rechte Seite des
// Gleichungssystems eingesetzt
void rechteSeite()
{
  for(int i=0; i<nGleich; i++)
    S[i] = 0.0;
  S[(n+2)*(m-1)] = FH;
}

// Die Dreieckzerlegung der Koeffizientenmatrix
bool Dreieck()
{
  int i, j, k, ober, iober;
  double c;

  for(i=1; i<nGleich; i++)
  {
    iober = i-LK[i]+1;
    for(j=iober; j<=i; j++)
```

```cpp
      {
        c = K[j][0];
        if(c < 0.0)c = -c;
        if(c <= 0.0)return false;
        ober = j-LK[j]+1;
        if(ober < iober)ober = iober;
        c = 0.0;
        for(k=ober; k<j; k++)
          c += K[k][0]*K[i][i-k]*K[j][j-k];
        K[i][i-j] -= c;
        if(j<i)K[i][i-j] /= K[j][0];
      }
    }
    return true;
  }

  // Die Unbekannten werden berechnet
  bool Loese()
  {
    int i, j, iober;
    double c;

    // L hoch -1 * S
    for(i=1; i<nGleich; i++)
    {
      iober = i-LK[i]+1;
      c = 0.0;
      for(j=iober; j<i; j++)
        c += K[i][i-j]*S[j];
      S[i] -= c;
    }

    // Rückwärtsauflösung
    for(i=0; i<nGleich; i++)
    {
      c = K[i][0];
      if(c < 0.0)c = -c;
      if(c <= 0.0)return false;
      S[i] /= K[i][0];
    }
    for(i=nGleich-1; i>0; i--)
    {
      iober = i-LK[i]+1;
      c = S[i];
      for(j=iober; j<i; j++)
        S[j] -= K[i][i-j]*c;
    }
    return true;
  }
};
```

```
// Das Hauptprogramm
void main()
{
  // Anzahl der Stockwerke
  int m = 1000;
  // Anzahl der Felder
  int n = 100;
  // Horizontallast
  double FH = 1000.0;
  new Rahmen(m, n, FH);
}
```

		C#	C# unsafe	VB .NET	J#	C++ .NET	C++ dkpl.	Java
	Rechenzeiten in Sekunden							
m=100 n=100	Zusammenbau	0,02	0,02	0,03	0,02	0,02	0,02	0,17
	Dreieck	0,80	0,41	1,00	1,01	0,40	1,14	1,31
	Loese	0,03	0,02	0,03	0,02	0,02	0,03	0,05
	Gesamt	0,85	0,45	1,06	1,05	0,44	1,19	1,53
m=300 n=300	Zusammenbau	0,39	0,41	0,42	0,42	0,40	0,44	3,92
	Dreieck	125,13	77,42	142,66	142,63	75,41	138,23	148,22
	Loese	0,45	0,36	0,47	0,50	0,38	0,72	0,69
	Gesamt	125,97	78,19	143,55	143,55	76,19	139,39	152,83
m=604 n=148	Zusammenbau	0,23	0,23	0,25	0,23	0,22	0,24	2,03
	Dreieck	22,14	11,58	26,25	26,13	11,19	26,64	29,80
	Loese	0,25	0,19	0,27	0,27	0,19	0,36	0,36
	Gesamt	22,62	12,00	26,77	26,63	11,60	27,24	32,19
m=1000 n=100	Zusammenbau	0,19	0,20	0,20	0,20	0,19	0,22	1,63
	Dreieck	9,27	3,95	11,66	11,53	4,01	11,38	13,39
	Loese	0,20	0,16	0,22	0,22	0,16	0,28	0,31
	Gesamt	9,65	4,31	12,08	11,95	4,36	11,88	15,33
m= 100000 n=10	Zusammenbau	0,64	0,75	0,78	0,67	0,76	0,80	3,89
	Dreieck	2,06	1,27	2,70	2,63	1,33	2,75	5,22
	Loese	0,38	0,31	0,41	0,42	0,34	0,51	0,72
	Gesamt	3,08	2,33	3,89	3,72	2,44	4,06	9,83

Tabelle 6_1: Rechenzeiten, Lösen großer Gleichungssysteme

Die rund 20 Zeilen der Funktion Dreieck verursachen den Löwenanteil der Rechenzeit. Eine sinnvolle Optimierung konzentriert sich daher auf diese Funktion. Wie entscheidend beim vorliegenden Test die Wahl des Gleichungslösers ist, wird anhand einiger Zahlen belegt.

Der erste Testlauf löst ein Gleichungssystem mit 10200 Unbekannten. Würde eine voll besetzte Koeffizientenmatrix verwendet, so hätte diese 10200*10200 = 104040000 Koeffizienten. Der Speicherbedarf läge dann bei gut 800 MB. Unter diesen Voraussetzungen wäre der Testlauf auf einem PC mit großem Arbeitsspeicher bei deftiger Rechenzeit noch gerade eben möglich. Der verwendete Algorithmus kommt mit 1565093 Koeffizienten aus. Er benötigt daher nur gut 12 MB und löst das Gleichungssystem in ungefähr einer Sekunde. Die Testläufe 2 und 3 berechnen 90600 Unbekannte, und danach folgt noch eine Steigerung auf 102000 und 1,2 Millionen. Diese Testläufe würden bei Verwendung einer voll besetzten Koeffizientenmatrix selbst Großrechner überfordern.

Beim Betrachten der Tabelle 6_1 erkennt man, dass C# gegenüber durchkompiliertem C++ etwas geringere Rechenzeiten aufweist, während Visual Basic .NET und J# in etwa gleich ziehen und Java die rote Laterne behält. Bei C#, Visual Basic .NET, J# und natürlich auch bei Java werden die Arraygrenzen überprüft. Die Programmversionen mit gemanagtem C++ .NET, durchkompiliertem C++ und C# mit unsafe Code benutzen dagegen Pointer, bei denen keine Bereichsüberprüfung stattfindet. Diese Programmversionen sollten daher eigentlich die schnellsten sein. Gemanagtes C++ .NET und C# bestätigen diese These. Durchkompiliertes C++ ist aber im Vergleich dazu einfach zu langsam. Da der größte Teil der Rechenzeit durch Array- bzw. Pointerzugriffe entsteht, ist das Testergebnis ein Indiz dafür, dass sich das Speichermanagement der Common Language Runtime und eine recht optimale Codegenerierung vorteilhaft auswirken. Bei numerisch aufwändigen Programmen, die große Datenfelder bearbeiten, lohnt sich daher der Einsatz von C++ Pointern mit gemanagtem C++ .NET oder C#.

Tabelle 6_1 enthält keine Rechenzeiten für JScript .NET, denn Skriptsprachen sind generell bei numerisch aufwändigen Berechnungen keine gute Wahl. Das gilt auch für JScript .NET. Trotzdem ist, um das geschriebene nachvollziehbar zu machen, eine JScript .NET Version erarbeitet worden, die zusammen mit den anderen Beispielprogrammen vom Online-Service zum Buch per Download bezogen werden kann. Die Datei Rahmen_jscr.js enthält die JScript .NET Version dieses Tests.

6.7   Die Performance von Direct3D Grafiken

Die Testbeispiele dieses Abschnitts sind nur auf einem PC lauffähig, auf dem DirectX 9.0 installiert ist. Die im DirectX 9.0 SDK, der von Microsoft frei per Download bezogen werden kann, enthaltenen Beispiele in C#, Visual Basic .NET und durchkompiliertem C++ werden hier zu Testzwecken herangezogen. Die Beispiele sind nach der Installation des DirectX 9.0 SDK auf dem Laufwerk C: in den Verzeichnissen

```
C:\DXSDK\Samples\C#\Direct3D\Bin
```

```
C:\DXSDK\Samples\VB.Net\Direct3D\Bin
```

und

```
C:\DXSDK\Samples\C++\Direct3D\Bin
```

zu finden.

Die Zeit, die für den Bildaufbau benötigt wird, hängt von der Leistungsfähigkeit der Grafikkarte und des Prozessors ab, und sie hängt von der Zahl der Figuren, die gerendert werden und der Art des Renderns ab. Tabelle 6_2 gibt die Zahl der Bilder bzw. Frames pro Sekunde an, die bei einer Auflösung von 1280 x 960 Punkten im Vollbildmodus auftreten. Diese Frame-Raten sind nur mit einer leistungsfähigen 3D Grafikkarte zu erreichen. Derartige Grafikkarten stellen normalerweise mehrere Hardware Devices zur Verfügung. Die benutzte Grafikkarte stellt die Hardware Devices X8R8G8B8 und R5G6B5 zur Verfügung. Tabelle 6_2 enthält durch einen Schrägstrich getrennt die Frame-Raten, die mit diesen beiden Device Einstellungen erzielt wurden. Die gemessenen Frame-Raten stimmen fast vollständig überein. Nur bei zwei Testprogrammen sind unterschiedliche Frame-Raten aufgetreten.

Beim Billboard Beispiel erreichen C# und Visual Basic .NET in Abhängigkeit von der Device Einstellung 50 bzw. 100 Frames pro Sekunde, während C++ immer 100 Frames pro Sekunde erreicht.

Beim StencilDepth Beispiel erreichen C# und Visual Basic .NET ebenfalls 50 bzw. 100 Frames pro Sekunde, während C++ bei beiden Einstellungen nur 50 Frames pro Sekunde erreicht.

C#, Visual Basic .NET und durchkompiliertes C++ reagieren also im wesentlichen gleichwertig. Testläufe mit anderen Auflösungen im Vollbildmodus und auch im Fenstermodus bestätigen das Testergebnis.

	C# und VB.NET	C++
Billboard, BumpLens, BumpUnderwater, BumpWaves, ClipMirror, ClipVolume	50 / 100	100 / 100
CubeMap	70 / 90	70 / 90
DolphinVS, DotProduct3, Emboss, EnhancedMesh, FishEye, Lighting, MotionBlur	100 / 100	100 / 100
PointSprites	25 / 25	25 / 25
ProgressiveMesh	100 / 100	100 / 100
ShadowVolume	50 / 50	50 / 50
SphereMap	100 / 100	100 / 100
StencilDepth	50 / 100	50 / 50
StencilMirror	50 / 100	50 / 100
Text3d, VertexBlend, VertexShader, VolumeTexture	100 / 100	100 / 100

Tabelle 6_2

Auf Grund der guten Performance-Eigenschaften sind .NET Sprachen daher auch zur Programmierung animierter 3D Grafiken mit Echtzeitrendering hervorragend geeignet.

6.8 Abschließende Bemerkungen zur Performance

Vergleicht man die Abbildungen 6_1 bis 6_4 und die Tabelle 6_1 miteinander, so kommt man zu dem Schluss, dass sich die .NET Sprachen untereinander weitgehend gleichwertig verhalten und auf breiter Front auch gleichwertig zu durchkompiliertem C++, während Java einen deutlich abgeschlagenen Platz einnimmt. Damit soll nicht bewiesen werden, dass Java eine Sprache mit schlechter Performance ist. Java ist eine Sprache mit guter Performance und einigen leichten Schwächen. Java hat jedoch in keinem der Tests vollständig versagt.

Im Gegensatz zu allen anderen beteiligten Sprachen versagt JScript .NET, das als Skriptsprache mit flexiblen Datentypen ausgestattet ist, beim Lösen großer Gleichungssysteme. Der durch die Flexibilität bedingte Verwaltungs- und Speicheraufwand macht sich in mangelnder Performance und mangelnder Speichereffizienz gleichzeitig bemerkbar. Es ist jedoch erfreulich, dass JScript .NET eine immerhin so rasante Skriptsprache ist, dass sie bei den anderen Tests dieses Kapitels in Erscheinung treten kann.

Ein weiterer Gesichtspunkt ist im Vergleich zu Perl, PHP und anderen Skriptsprachen von Bedeutung. ASP .NET erlaubt es, jede .NET Sprache als Skriptsprache zu verwenden, und Skripten in CIL Code zu kompilieren. Dadurch können Skripten geschrieben werden, die hohen Anforderungen an die Performance gerecht werden.

Eine außerordentlich interessante Sprache, die zwei Welten in sich vereinigt, ist C++ .NET. Sowohl bei den Stringoperationen, Abbildungen 6_3 und 6_4, als auch beim Lösen großer Gleichungssysteme, Tabelle 6_1, hat sich die Verwendung von C++ Pointern als vorteilhaft erwiesen. Da C# mit unsafe Code ebenfalls C++ Pointer verwenden kann, sind, bei hohen Anforderungen an die Performance, die Sprachen C# und C++ .NET gleichermaßen erste Wahl.

Einen besonderen Reiz übt im Zusammenhang mit Performancebetrachtungen der Begriff der Interoperabilität aus. Es ist möglich die Vorzüge mehrerer .NET Sprachen in einem Programm zu vereinigen. So kann man die guten Eigenschaften aller .NET Sprachen mit den in diesem Kapitel herausgearbeiteten besonderen Performance-Eigenschaften von C# und C++ .NET verbinden.

Die .NET Plattform hat aber noch mehr zu bieten. Multithreading bietet die Möglichkeit zeitintensive Threads im Hintergrund laufen zu lassen, während man im Vordergrund interaktiv weiterarbeitet. Remoting bietet zusätzlich die Möglichkeit zeit- oder speicherintensive Programmteile auf einen oder mehrere andere Rechner auszulagern, um den Arbeitsplatzrechner zu entlasten. Beispiel 3.6_3 im Unterkapitel 3.6 erarbeitet in drei Schritten ein Programm, das durch Remoting in der Lage ist, die Prozessor und Speicherbelastung auf einen Server auszulagern, und den Arbeitsplatzrechner dadurch vollständig zu entlasten.

Bisher ist keine Aussage darüber gemacht worden, wie sich eine Geschwindigkeits-Optimierung durch Setzen der entsprechenden Compiler-Switches auswirkt. Den bisherigen Beobachtungen entsprechend hat eine Codeoptimierung per Compiler-Switch bei gemanagten Programmen keine Auswirkungen. Am CIL Code

```
ldc.i4.s 14
call void [mscorlib]System.Console::WriteLine(int32)
```

der kompilierten C# Zeile

```
Console.WriteLine(4+5*2);
```

erkennt man, dass der Ausdruck 4+5*2 im CIL Code durch das Ergebnis 14 ersetzt worden ist. Dieses Beispiel und einige weitere Beobachtungen liefern Indizien dafür, dass eine begrenzte Zahl einfacher Optimierungen implementiert ist, die zumindest bisher noch unabhängig von Compiler-Switches (z. B. /optimize +|- bei C#) sind. Es ist auch zu beachten, dass das Gesagte bzw. Geschriebene eine Momentaufnahme ist, da eine rege Weiterentwicklung der .NET Plattform und damit auch der .NET Compiler stattfindet. Der unter

```
http://msdn.microsoft.com/chats/vstudio/vstudio_062602.asp
```

gefundene Hinweis

```
Yes, there are lots of plans for better optimization in the future. ...
```

belegt, dass die Codeoptimierung Gegenstand der Weiterentwicklung der .NET Plattform ist. Ein zweiter unter

```
http://msdn.microsoft.com/chats/vstudio/vstudio_032703.asp
```

nachlesbarer Hinweis

```
No. Managed code will not be faster than unmanaged code. it will be close. ...
```

und die oben andeutungsweise erwähnten Optimierungen geben Grund zu der Annahme, dass die z. B. im Abschnitt 6.6 festgestellten Performancevorteile der .NET Programme auf eben diese Optimierungen zurück zu führen sind. Daher ist es nur fair auch das nicht gemanagte C++ einmal mit dem Codeoptimierer /02 zu kompilieren. Die Codeoptimierung greift bei diesem Beispiel sehr gut, und das voll durchkompilierte C++ geht gegenüber dem gemanagten C++ .NET knapp in Führung. Der dritte Hinweis

```
http://msdn.microsoft.com/chats/vstudio/vstudio_032703.asp
```

```
There are some overhead when doing transition between managed and
unmanaged. ...
```

ist als Warnung zu verstehen. Das wahllose Mischen von gemanagtem und nicht gemanagtem Code mit zahllosen Übertragungen zwischen managed und unmanaged bremst ein Programm aus.

Der Link

```
http://msdn.microsoft.com/library/default.asp?url=/library/en-us/
dv_vstechart/html/vctchOptimizingYourCodeWithVisualC.asp
```

gibt Hinweise zur Codeoptimierung mit Visual C++ .NET.

Eine große Zahl weiterer Performancetests könnte mühelos entwickelt werden. Dabei könnten weitere Stringoperationen, Typumwandlungen, Datenstrukturen, Kontrollstrukturen und sonstige Dinge und Gegebenheiten untersucht werden. Große Überraschungen im Vergleich zu dem hier erarbeiteten Bild wird man jedoch nicht erleben. Der Microsoft Visual C++ Compiler, ob in der Version 6.0 oder in der .NET Version, gehört hinsichtlich der Performance und auch in anderer Hinsicht in die Spitzengruppe der derzeit verfügbaren Compiler. Die .NET Plattform ist also mit einem der Spitzenreiter verglichen worden. Sollte es daher einen Grund geben, von .NET Abstand zu nehmen, so ist dieser Grund ganz sicher nicht die Performance von .NET Programmen.

7 .NET als Migrationsplattform

Es werden Hinweise auf Links, Tools und Stellen in der Dokumentation gegeben, die die Migration zu .NET behandeln. Die Weiterverwendung vorhandenen Codes hat einen hohen Stellenwert. Daher werden Lösungen grundlegender Migrationsprobleme mit Wrapper-Klassen erörtert. Auch zu API-Aufrufen und zur Verwendung von ActiveX- und COM-Controls sind Erläuterungen und Beispiele zu finden.

7.1 Dokumentationen und Links

Die Dokumentation zum .NET Framework SDK geht an mehreren Stellen auf das Thema Migration ein.

- Referenz zur Aktualisierung von Visual Basic 6.0

- Managed Extensions for C++ Migration Guide

- Managed Extensions for C++: Konzepte
  - Migration Ihrer Anwendungen
  - Portieren und Aktualisieren

- .NET Framework-Entwicklerhandbuch
  - Migrieren von ASP-Seiten zu ASP.NET

- Aktualisieren von Anwendungen, die in früheren Versionen von JScript erstellt wurden

- Referenz zum Konvertierungs-Assistenten für die Programmiersprache Java
  - Konvertieren von Projekten in Visual J++ oder der Programmiersprache Java in Visual C#

- Moving Java Applications to .NET

- Migrating Visual J++ COM+ Components to Visual J# and Enterprise Services

Links:

http://msdn.microsoft.com/asp.net/using/migrating/

http://msdn.microsoft.com/vstudio/using/migrate/

http://msdn.microsoft.com/vstudio/downloads/tools/

7.2   Migration zu Visual Basic .NET

Versucht man das Projekt einer älteren Visual Basic Version zu öffnen, so meldet sich der `Visual Basic-Aktualisierungs-Assistent`. Nachdem man den Projekttyp und den Speicherort für das neue Projekt festgelegt hat, bekommt man die Meldung, dass die Aktualisierung jetzt durchgeführt werden kann. Während der Aktualisierung entsteht, je nach Umfang des Projekts, eine kurze oder auch etwas längere Wartezeit. In vielen Fällen ist das Programm nach der Aktualisierung lauffähig. Ist dies nicht der Fall, so bekommt man eine Aufgabenliste, die Zeile für Zeile abgearbeitet werden muss. Die Unterschiede im sprachlichen Konzept von Visual Basic .NET im Vergleich zu früheren Visual Basic Versionen erzeugen regelmäßig Fehler in der Umsetzung, die nachgearbeitet werden müssen. In Visual Basic 6.0 wird z. B. eine Form mit einer Textbox durch

```
Begin VB.Form frmAB
    . . .
    Begin VB.TextBox txtCD
        . . .
    End
    . . .
End
```

definiert. Diese Form kann dann mit `Load(frmAB)` geladen und anschließend benutzt werden. Im objektorientierten Konzept von Visual Basic .NET ist jede Form eine Klasse. Die Form `frmAB` wird hier durch

```
Friend Class frmAB
    Inherits System.Windows.Forms.Form
    . . .
    Public WithEvents txtCD As System.Windows.Forms.TextBox
    . . .
    Private Sub InitializeComponent()
        . . .
      Me.txtCD = New System.Windows.Forms.TextBox
        . . .
    End Sub
    . . .
End Class
```

definiert. Um diese Form an anderer Stelle im Programm benutzen zu können, muss mit

```
Dim frmAB As New frmAB
```

eine Instanz gebildet werden. Der Aktualisierungs-Assistent lässt die Load Anweisung im Quelltext stehen, was natürlich beim Kompilieren einen Fehler verursacht. Der vom Aktualisierungs-Assistenten eingefügte Kommentar

```
'UPGRADE_ISSUE: Load Anweisung wird nicht unterstützt.
Klicken Sie hier für weitere Informationen:
'ms-help://MS.VSCC.2003/commoner/redir/redirect.htm?keyword="vbup1039"'
```

gibt eine Hilfestellung beim Nacharbeiten. Klickt man den Kommentar mit
der rechten Maustaste an, so erscheint ein Kontextmenü, in dem man URL
öffnen anklicken kann. Dadurch wird die Referenz zur Aktualisierung von
Visual Basic 6.0 geöffnet. Diese Referenz gibt einerseits Tipps für die Umsetzung und enthält andererseits eine Fehlerliste. Im obigen Fall wird die
Seite Eigenschaft oder Anweisung wird nicht unterstützt geöffnet. Die Fehlerliste
ist recht lang. Daher folgt jetzt nur eine kleine Auswahl weiterer Seiten der
Fehlerliste.

- Arrayvariablen können nicht mit "New" deklariert werden
- "Null" hat ein neues Verhalten
- Steuerelement wurde nicht aktualisiert
- Datenbindung für ComboBox oder ListBox ist schreibgeschützt
- Deklaration wurde von Konstante in Variable geändert
- Ereignis wird nicht unterstützt
- IsMissing-Funktion wurde zu "IsNothing" geändert
- Objekte des Typs "vbDataObject" werden nicht unterstützt
- Eigenschaft oder Methode zeigt neues Verhalten
- Unload-Methode kann nicht aktualisiert werden

Visual Basic .NET kann nicht verwaltete Dlls einbinden. Beispiel 7.2_1
verwendet die Funktion GetSystemTime aus der Kernel32.dll, um Datum und
Uhrzeit abzufragen.

```
' 7.2_1.vb

Imports System
Imports System.Runtime.InteropServices

<StructLayout(LayoutKind.Sequential)> _
Structure SystemTime
   Public wYear As UInt16
   Public wMonth As UInt16
   Public wDayOfWeek As UInt16
   Public wDay As UInt16
   Public wHour As UInt16
   Public wMinute As UInt16
   Public wSecond As UInt16
   Public wMilliseconds As UInt16
End Structure

Class test
   <DllImport("Kernel32")> _
   Public Shared Sub GetSystemTime(ByRef s As SystemTime)
```

```
End Sub
'Declare Sub GetSystemTime Lib "Kernel32.dll" (ByRef s As SystemTime)

Sub New()
  Dim t As SystemTime
  GetSystemTime(t)
  Console.WriteLine( _
    "Es ist der {0:D2}.{1:D2}.{2:D2} {3:D2}:{4:D2}", _
    t.wDay, t.wMonth, t.wYear, t.wHour, t.wMinute)
End Sub
Shared Sub Main()
  Dim t As New test()
End Sub
End Class
```

Erläuterungen zu den verwendeten Attributen sind im Abschnitt 7.3 zu finden.

7.3 Migration zu C++ .NET

Versucht man ein Projekt zu öffnen, das mit einer früheren Visual C++ Version erzeugt wurde, so erscheint eine Messagebox.

```
Das Projekt 'abc.dsp' muss in das aktuelle Visual C++-Format
konvertiert werden. Nach dem Konvertieren können Sie dieses Projekt
nicht mehr in früheren Versionen von Visual Studio bearbeiten.

Soll das Projekt konvertiert und geöffnet werden?
```

Bestätigt man mit Ja, so ist das bestehende Projekt nach kurzer Wartezeit in ein Visual C++ .NET Projekt umgewandelt. Der nicht verwaltete Code bleibt das, was er ist, und die bisherigen Bibliotheken stehen weiterhin zur Verfügung. Daher entstehen bei der Umsetzung prinzipiell die gleichen Schwierigkeiten, wie bei einem Versionswechsel zwischen früheren Versionen. Sollen nicht verwaltete Klassen in verwaltetem Code verwendet werden, so empfiehlt sich das Schreiben von Wrapper-Klassen. Die nicht verwaltete Klasse

```
class UKlasse
{
public:
  UKlasse(){}
  ~UKlasse(){}
  void u_printf(){printf("Hallo\n");}
};
```

wird durch die verwaltete Wrapper-Klasse

```
__gc class MKlasse
{
public:
```

```
  MKlasse(){u = new UKlasse();}
  ~MKlasse(){delete u;}
  void m_printf(){u->u_printf();}
private:
  UKlasse *u;
};
```

einer verwalteten Verwendung zugänglich gemacht.

```
MKlasse *m = new MKlasse();
m->m_printf();
```

Verliert die Referenz m ihre Gültigkeit, so wird die Instanz von MKlasse bei der nächsten Garbage Collection vom Heap entfernt. Dabei wird automatisch der Destruktor ~MKlasse aufgerufen, der die Instanz der nicht verwalteten Klasse UKlasse bereinigt. Es folgen zwei Beispiele, die die Verwendung von Wrapper-Klassen veranschaulichen.

In nicht verwaltetem Code werden häufig Get- und Set-Methoden für den Zugriff auf private Variablen verwendet. Es bietet sich an, derartige Methoden in der Wrapper-Klasse als Eigenschaften zu implementieren. Beispiel 7.3_1 enthält die nicht verwaltete Klasse UclassX mit den Methoden get_X und set_X für den Zugriff auf die private Membervariable x. Die verwaltete Wrapper-Klasse MclassX definiert Eigenschaften (_property), die die Get- und Set-Methoden der nicht verwalteten Klasse aufrufen. Dadurch ist, über die Instanz a, ein Zugriff mit a->X auf die Variable x möglich.

```
// 7.3_1.cpp

#using <mscorlib.dll>
using namespace System;

class UclassX
{
public:
  UclassX(double w){x = w;}
  double get_X(){return x;}
  void set_X(double value){x = value;}
private:
  double x;
};

__gc class MclassX
{
public:
  MclassX(double w){cx = new UclassX(w);}
  ~MclassX(){delete cx; Console::WriteLine("Destruktor");}
  __property double get_X(){return cx->get_X();}
  __property void set_X(double value){cx->set_X(value);}
```

```
private:
  UclassX *cx;
};

__gc class test
{
public:
  test()
  {
    MclassX *a = new MclassX(45.23);
    Console::WriteLine("x = {0}", __box(a->X));
    a->X = 88.4;
    Console::WriteLine("x = {0}", __box(a->X));
    a=0; System::GC::Collect();
  }
};
void main(){new test();}
```

Ausgabe:

```
x = 45.23
x = 88.4
Destruktor
```

Beim Beenden eines verwalteten Programms wird immer eine Garbage
Collection ausgelöst. Dabei wird der Destruktor der verwalteten Klasse
MclassX automatisch aufgerufen. Die Ausgabe Destruktor beweist, dass die
Anweisung delete cx; ausgeführt worden ist.

Beispiel 7.3_2 enthält die nicht verwaltete Klasse UKomplex, die, durch das
Überladen des binären Operators +, die Addition komplexer Zahlen definiert. Die Wrapper-Klasse MKomplex enthält die verwaltete Überladung des
Operators + (op_Addition), welche auf die nicht verwaltete Überladung zu-
rückgreift und damit die verwaltete komlexe Addition definiert. Damit die
Methode rechne lokale Variablen vom Typ MKomplex vereinbaren und verwenden kann, muss MKomplex ein Werttyp (__value) sein. Daraus ergibt sich
ein ganz neuer Gesichtspunkt. Werttypen können zwar einen Konstruktor
aber keinen Destruktor haben. Da die verwaltete Wrapper-Klasse MKomplex
eine Instanz der nicht verwalteten Klasse UKomplex auf dem Heap ablegt,
wird die Methode Finalize benötigt, die diese Instanz vom Heap entfernt.

```
// 7.3_2.cpp

#using <mscorlib.dll>
using namespace System;

class UKomplex
{
```

```cpp
public:
  UKomplex(double r, double i){re=r; im=i;}
  UKomplex operator+(UKomplex &a)
  {
    return UKomplex(re + a.re, im + a.im);
  }
  double get_R(){return re;}
  double get_I(){return im;}
private:
  double re, im;
};
__value class MKomplex
{
public:
  MKomplex(double r, double i){u = new UKomplex(r, i);}
  void Finalize(){if(u!=0)delete u; u=0;}
  static MKomplex op_Addition(MKomplex a, MKomplex b)
  {
    UKomplex c = UKomplex(a.R, a.I) + UKomplex(b.R, b.I);
    return MKomplex(c.get_R(), c.get_I());
  }
  __property double get_R(){return u->get_R();}
  __property double get_I(){return u->get_I();}
private:
  UKomplex *u;
};

__gc class test
{
public:
  void rechne()
  {
    MKomplex a = MKomplex(5, 6);
    MKomplex b = MKomplex(7, 8);
    MKomplex c = a + b;
    Console::WriteLine("{0} + {1}i", __box(c.R), __box(c.I));
    a.Finalize(); b.Finalize(); c.Finalize();
  }
  test(){rechne();}
};
void main(){new test();}
```

Ausgabe: 12 + 14i

Ein weiteres Thema ist das Einbinden globaler Funktionen und der dazu-
gehörigen Datenstrukturen in verwalteten Code. Alle .NET Sprachen können Dlls importieren. C++ kann darüber hinaus auch Header-Dateien einbinden. Beispiel 7.3_3 fragt, wie Beispiel 7.2_1, Datum und Uhrzeit ab. Das
Programm 7.3_3a bindet die Header-Datei Windows.h ein. Dadurch stehen

die Struktur SYSTEMTIME, der Pointer LPSYSTEMTIME und die Funktion GetSystem-
Time zur Verfügung, die in der verwalteten Klasse test benutzt werden.

```
// 7.3_3a.cpp

#include <Windows.h>

#using <mscorlib.dll>
using namespace System;

__gc class test
{
public:
  test()
  {
    LPSYSTEMTIME t = new SYSTEMTIME();
    GetSystemTime(t);
    Console::WriteLine(
      "Es ist der {0:D2}.{1:D2}.{2:D2} {3:D2}:{4:D2}",
      __box(t->wDay), __box(t->wMonth), __box(t->wYear),
      __box(t->wHour), __box(t->wMinute));
  }
};
void main(){new test();}
```

Das Programm 7.3_3b bindet die Header-Datei nicht ein. Die Struktur
SYSTEMTIME steht daher auch nicht zur Verfügung. Stattdessen wird die
verwaltete Struktur __gc struct SystemTime definiert. Da die CLR eigenmächtig
das Layout von Datenfeldern und damit die Reihenfolge der Membervariablen ändert, muss durch das StructLayout Attribut dieser Zugriff der CLR
verhindert werden. Ist LayoutKind::Sequential gesetzt, so werden die Membervariablen in der Reihenfolge auf dem Heap abgelegt, in der sie im
Quelltext stehen. Das ermöglicht die Verwendung mit der importierten und
nicht verwalteten Funktion GetSystemTime. Wird eine nicht verwaltete Struktur struct SystemTime{ . . . }; verwendet, so erübrigt sich das StructLayout
Attribut. Falls man weiß, in welcher Dll sich die Funktion GetSystemTime befindet, so ist das Importieren dieser Funktion denkbar einfach. Wird die
Definition einer Funktion mit dem Attribut [DllImport("Kernel32")] versehen,
so wird sie aus der Kernel32.dll importiert. Die Dll darf mit und ohne Endung (.dll) angegeben werden.

```
// 7.3_3b.cpp

#using <mscorlib.dll>
using namespace System;
using namespace System::Runtime::InteropServices;
```

```cpp
[StructLayout(LayoutKind::Sequential)]
__gc struct SystemTime
{
  unsigned short wYear;
  unsigned short wMonth;
  unsigned short wDayOfWeek;
  unsigned short wDay;
  unsigned short wHour;
  unsigned short wMinute;
  unsigned short wSecond;
  unsigned short wMilliseconds;
};

__gc class test
{
public:
  [DllImport("Kernel32")]
  static void GetSystemTime(SystemTime * s);

  test()
  {
    SystemTime *t = new SystemTime();
    GetSystemTime(t);
    Console::WriteLine(
      "Es ist der {0:D2}.{1:D2}.{2:D2} {3:D2}:{4:D2}",
      __box(t->wDay), __box(t->wMonth), __box(t->wYear),
      __box(t->wHour), __box(t->wMinute));
  }
};
void main(){new test();}
```

Wie das Programm 7.3_3c zeigt, kann die Struktur SystemTime auch als Werttyp vereinbart werden. In diesem Fall wird der Funktion GetSystemTime kein Pointer sondern die Adresse der Variablen t übergeben.

```cpp
// 7.3_3c.cpp

#using <mscorlib.dll>
using namespace System;
using namespace System::Runtime::InteropServices;

__value struct SystemTime
{
  unsigned short wYear;
  unsigned short wMonth;
  unsigned short wDayOfWeek;
  unsigned short wDay;
  unsigned short wHour;
  unsigned short wMinute;
  unsigned short wSecond;
```

```
  unsigned short wMilliseconds;
};

__gc class test
{
public:
  [DllImport("Kernel32")]
  static void GetSystemTime(SystemTime *s);

  test()
  {
    SystemTime t;
    GetSystemTime(&t);
    Console::WriteLine(
      "Es ist der {0:D2}.{1:D2}.{2:D2} {3:D2}:{4:D2}",
      __box(t.wDay), __box(t.wMonth), __box(t.wYear),
      __box(t.wHour), __box(t.wMinute));
  }
};
void main(){new test();}
```

Die Ausgabe ist bei allen Versionen:

```
Es ist der 29.03.2004 17:50
```

Es ist auch möglich, einen Referenzparameter zu benutzen.

```
[DllImport("Kernel32")]
static void GetSystemTime(SystemTime &s);
```

Der Aufruf lautet dann:

```
GetSystemTime(t);
```

7.4   Migration zu C#

Da C# eine neu entwickelte Sprache ist, wird C# Code in der Regel neu
geschrieben bzw. durch Übersetzen von einer anderen Sprache in C# übertragen. Eine automatisierte Übersetzung bietet der Konvertierungs-Assistent
für die Programmiersprache Java, der von Java oder J++ in C# übersetzt.
Zu beschreiben, was beim Übertragen von einer Sprache in eine andere zu
beachten ist, würde hier zu weit gehen. Einen recht ordentlichen Anhalt
gibt jedoch die Beschreibung der .NET Sprachen im Kapitel 2. Aus termin-
lichen und finanziellen Gründen ist es vorteilhaft, vorhandenen Code un-
verändert zu verwenden oder mit möglichst geringem Aufwand zugänglich
zu machen. Es besteht die Möglichkeit, Sprachen mit einer gewissen Tradi-
tion, wie Visual Basic und C++, zu verwenden, um Dlls zu schreiben, die
den Zugang zu bestehendem Code öffnen. Es gibt die Möglichkeit, Funktionen aus nicht verwalteten Dlls zu importieren, und es gibt die Möglich-

keit ActiveX Controls und COM Komponenten einzubinden. Diese Möglichkeiten werden anhand einiger Beispiele beschrieben.

Beispiel 7.4_1 übernimmt die nicht verwaltete Klasse UclassX und die verwaltete Wrapper-Klasse MclassX aus Beispiel 7.3_1. Die Datei MclassX.cpp wird zur Dll MclassX.dll kompiliert.

```
// MclassX.cpp
// Kompilieren: cl /LD /clr:initialAppDomain MclassX.cpp

#using <mscorlib.dll>
using namespace System;

class UclassX
{
public:
  UclassX(double w){x = w;}
  double get_X(){return x;}
  void set_X(double value){x = value;}
private:
  double x;
};

public __gc class MclassX
{
public:
  MclassX(double w){cx = new UclassX(w);}
  ~MclassX(){delete cx; Console::WriteLine("Destruktor");}
  __property double get_X(){return cx->get_X();}
  __property void set_X(double value){cx->set_X(value);}
private:
  UclassX *cx;
};
```

Beim Kompilieren von 7.4_1.cs wird MclassX.dll eingebunden.

```
// 7.4_1.cs
// Kompilieren: csc /r:MclassX.dll 7.4_1.cs

using System;

class test
{
  public test()
  {
    MclassX a = new MclassX(45.23);
    Console.WriteLine("x = {0}", a.X);
    a.X = 88.4;
    Console.WriteLine("x = {0}", a.X);
```

```
    a=null; System.GC.Collect();
  }
  static void Main(){new test();}
}
```

Der Ablauf des Beispiels 7.4_1 entspricht genau dem Ablauf des Beispiels
7.3_1. Das Testprogramm für die Wrapper-Klasse ist jedoch diesmal in C#
und nicht in C++ geschrieben. C++ Wrapper-Klassen können auf Grund
der Interoperabilität, unabhängig von der verwendeten Sprache, in alle
.NET Programme eingebunden werden.

Beispiel 7.4_2, die C# Version des inzwischen gut bekannten Datum-
Uhrzeit-Beispiels, demonstriert das Importieren von Funktionen aus nicht
verwalteten Dlls.

```
// 7.4_2.cs

using System;
using System.Runtime.InteropServices;

[StructLayout(LayoutKind.Sequential)]
struct SystemTime
{
  public ushort wYear;
  public ushort wMonth;
  public ushort wDayOfWeek;
  public ushort wDay;
  public ushort wHour;
  public ushort wMinute;
  public ushort wSecond;
  public ushort wMilliseconds;
}

class test
{
  [DllImport("Kernel32")]
  public static extern void GetSystemTime(ref SystemTime s);

  public test()
  {
    SystemTime t = new SystemTime();
    GetSystemTime(ref t);
    Console.WriteLine(
      "Es ist der {0:D2}.{1:D2}.{2:D2} {3:D2}:{4:D2}",
      t.wDay, t.wMonth, t.wYear, t.wHour, t.wMinute);
  }
  static void Main(){new test();}
}
```

Das nächste Thema ist das Einbinden von ActiveX Controls. Der Einfachheit halber wird ein ActiveX Control mit Visual Basic 6.0 erstellt.

Visual Basic 6.0 starten - Neues Projekt - ActiveX-Steuerelement

Das Projekt wird in `HalloControl` umbenannt, und das Control `UserControl1` wird in `HalloCtl` umbenannt. Anschließend wird gespeichert. Dann wird eine `TextBox` und ein `CommandButton` auf das Control gesetzt.

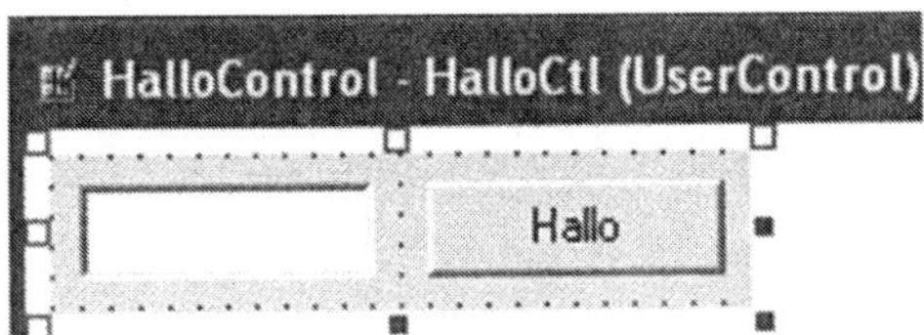

Abbildung 7_1: ActiveX Control

Nach einem Doppelclick auf den Button wird der Eventhandler

```
Private Sub Command1_Click()
  Text1.Text = "Hallo"
End Sub
```

vervollständigt. Mit `Datei - HalloControl.ocx erstellen ...` wird übersetzt. Das so gewonnene AxtiveX Control muss mit `regsvr32 HalloControl.ocx` registriert werden. Der wiederum einfachste Weg, das Control zu testen, besteht darin, mit Visual Studio .NET eine Windows-Anwendung zu generieren, und `HalloControl.ocx` mit

`Extras - Tollboxelemente hinzufügen/entfernen ...`

in die Toolbox einzufügen. Jetzt muss nur noch das Control von der Toolbox ins Anwendungsfenster gezogen und die Anwendung kompiliert werden. Nach dem Start der Anwendung und dem Anklicken des Buttons erscheint `Hallo` in der Textbox.

Arbeitet man mit dem Kommandozeilen-Compiler, so werden zunächst mit `aximp HalloControl.ocx` die Dlls `HalloControl.dll` und `AxHalloControl.dll` generiert. Das C# Beispiel 7.4_3.cs bildet mit

`AxHalloControl.AxHalloCtl c = new AxHalloControl.AxHalloCtl();`

eine Instanz des Controls, die dann mit

`Controls.Add(c);`

in das Anwendungsfenster eingebaut wird.

```
// 7.4_3.cs
// Kopilieren: csc /t:winexe /r:AxHalloControl.dll 7.4_3.cs

using System;
using System.Drawing;
using System.Windows.Forms;

class hallo : Form
{
  AxHalloControl.AxHalloCtl c = new AxHalloControl.AxHalloCtl();

  public hallo()
  {
    ClientSize = new Size(210, 60);
    Text = "Beispiel 7.4_3";
    c.Location = new Point(10,10);
    Controls.Add(c);
  }

  static void Main()
  {
    Application.Run(new hallo());
  }
}
```

Die Windows-Anwendung nach Anklicken des Buttons:

Abbildung 7_2: ActiveX Control in .NET Anwendung

Nun wird eine COM Komponente [1] mit Visual Basic 6.0 erstellt.

```
Visual Basic 6.0 starten - Neues Projekt - AxtiveX-Dll
```

Das Projekt wird in `HalloDll` umbenannt, und `Class1` wird in `HalloClass` umbenannt. Der folgende Quelltext wird eingegeben:

```
Public Function Hallo() As String
  Hallo = "Hallo"
End Function
```

Das Programm wird mit `Datei - HalloDll.dll erstellen ...` kompiliert und mit `regsvr32 HalloDll.dll` registriert. Jetzt wird zunächst mit Visual Studio .NET eine Windows-Anwendung mit einer `TextBox` und einem `Button` generiert. Dann wird im Projektmappen-Explorer der Verweis auf die `HalloDll` hinzugefügt und der Eventhandler des Buttons ergänzt.

```
private void button1_Click(object sender, System.EventArgs e)
{
  HalloDll.HalloClass c = new HalloDll.HalloClass();
  textBox1.Text = c.Hallo();
}
```

Die Windows-Anwendung kann jetzt kompiliert und gestartet werden. Auch in diesem Fall kann man ohne Visual Studio .NET zum Ziel kommen. Mit `tlbimp HalloDll.dll /out:NetHallo.dll` wird die Proxy-Dll `NetHallo.dll` erzeugt. Es handelt sich dabei um eine .NET Dll mit den Wrapper-Klassen des COM-Objekts. Diese Dll wird in der Windows-Anwendung 7.4_4.cs verwendet. Mit `using NetHallo;` und den Anweisungen

```
HalloClass c = new HalloClass();
t.Text = c.Hallo();
```

ist die Aufgabe bereits erfüllt.

```
// 7.4_4.cs
// Kompilieren: csc /t:winexe /r:NetHallo.dll 7.4_4.cs

using System;
using System.Drawing;
using System.Windows.Forms;
using NetHallo;

class hallo : Form
{
  TextBox t = new TextBox();
  Button b = new Button();

  public hallo()
  {
    ClientSize = new Size(210, 60);
    Text = "Beispiel 7.4_4";

    t.Location = new Point(10, 10);
    b.Location = new Point(130,10);
    b.Text = "Hallo";
    b.Click += new EventHandler(b_click);
    Controls.AddRange(new Control[]{t, b});
  }
```

```
void b_click(object o. EventArgs e)
{
  HalloClass c = new HalloClass();
  t.Text = c.Hallo();
}

static void Main()
{
  Application.Run(new hallo());
}
}
```

Das Erscheinungsbild des Beispiels 7.4_4 ähnelt auffallend dem des Beispiels 7.4_3.

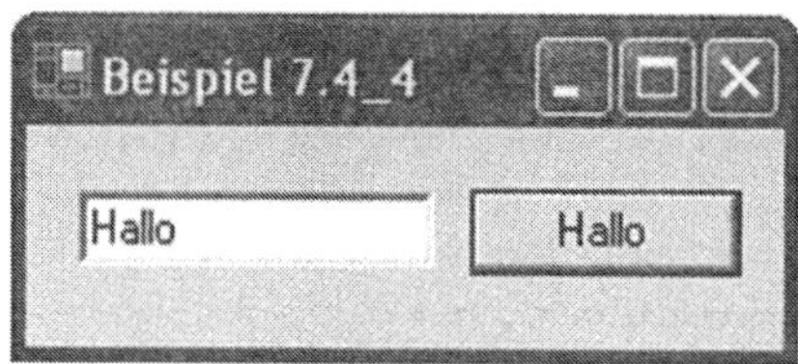

Abbildung 7_3: COM Komponente in .NET Anwendung

Der Ablauf der beiden Beispiele ist jedoch unterschiedlich. Im Beispiel 7.4_3 gehören die Textbox, der Button und der Eventhandler zum ActiveX-Control. Im Beispiel 7.4_4 gehören diese Elemente dagegen zur Windows-Anwendung, währen die Funktion Hallo der COM-Komponente nur den String Hallo anliefert.

7.5 Abschließende Bemerkungen zur Migration

So umfangreich und vielfältig wie die .NET Plattform ist auch das Thema der Migration zu .NET. Das Thema kann auf die .NET Sprachen, die Klassenbibliothek, auf ASP.NET, ADO.NET usw. bezogen werden, wobei der Ausgangspunkt der Migration ebenfalls hinsichtlich Sprachen, Bibliotheken, Plattformen und weiterer Gegebenheiten variieren kann. Notgedrungen konzentriert sich dieses Kapitel auf einige wesentliche Gesichtspunkte. Dabei steht die Weiterverwendung vorhandenen Codes im Vordergrund. Abgesehen von sprachspezifischen Tools und Quellcode-Dateien (z. B. C++ Header) lassen sich die hier dargestellten Migrationstechniken auf alle .NET Sprachen ausdehnen. Nicht zuletzt durch die Fähigkeit zur Interoperation mit nicht verwalteten Dlls, mit ActiveX-Controls und anderen COM-Komponenten führt .NET kein einsames Einsiedlerleben, sondern es unterstützt in hohem Maße die Integration vorhandenen Codes.

8 Fortgeschrittene Mulitmediatechniken mit DirectX nutzen

Anhand einiger Beispiele wird das Abspielen von Audio- und Videodateien, der direkte oder gepufferte Zugriff auf Eingabegeräte, das Ausstatten von Anwendungen mit 3D Sound, das Generieren animierter 2D Grafiken, das Rendern von 3D-Modellen in Echtzeit und die Kommunikation im Netzwerk mit DirectX erläutert.

8.1 Vorbereiten der .NET Plattform und der DirectX Schnittstelle

8.1.1 Download und Installation des DirectX 9.0 SDK

Es wird vorausgesetzt, dass der Microsoft .NET Framework SDK Version 1.1 oder Visual Studio .NET 2003 installiert ist. Zusätzlich wird der Microsoft DirectX 9.0 SDK, der auch die aktuelle .NET Anbindung enthält, benötigt. Die per Download von `http://msdn.microsoft.com/` bezogene ausführbare Datei entpackt zunächst den SDK in ein Verzeichnis. Mit dem Start von `Install.exe` beginnt dann die Installation. Folgt man den Installationsanweisungen, so steht der SDK nach wenigen Minuten zur Verfügung. Vorausgesetzt, dass `C:` das Installationslaufwerk ist, gibt es jetzt ein Verzeichnis `C:\DXSDK`. Und im Verzeichnis `C:\WINDOws\Microsoft.NET` existiert neben dem Unterverzeichnis `Framework` jetzt auch das Unterverzeichnis `Managed DirectX`. Darüber hinaus ist die DirectX Klassenbibliothek im Global Assembly Cache, `C:\WINDOWS\assembly`, registriert. Die zur Laufzeit benötigten DirectX Bibliotheken werden dadurch von der CLR automatisch gefunden und bei Bedarf geladen.

8.1.2 Die Datei csc.rsp anpassen

DirectX 9.0 Programme können mit Visual Studio .NET oder einem der Kommandozeilencompiler übersetzt werden. Einem Kommandozeilencompiler müssen die DirectX-Bibliotheken mit `/r:` *Bibliothek* angegeben werden. Da der Kommandostring lang und unbequem ist, lohnt es sich, ein Makefile anzulegen oder den Kommandostring in ein Batchfile zu schreiben. Verwendet man C#, so gibt es eine dritte Möglichkeit. Der Compiler befindet sich bei der Version 1.1 des .NET Framework SDK im Verzeichnis `C:\WINDOWS\Microsoft.NET\Framework\v1.1.4322`. In dem gleichen Verzeichnis befindet sich auch die Datei `csc.rsp`, die dem Compiler mit der Option `/r` die einzubindenden Bibliotheken angibt.

Dieser Datei werden folgende Eintragungen hinzugefügt:

```
/r:"C:\WINDOWS\Microsoft.NET\Managed DirectX\v4.09.00.0900\Microsoft.DirectX.dll"
/r:"C:\WINDOWS\ . . . \v4.09.00.0900\Microsoft.DirectX.AudioVideoPlayback.dll"
/r:"C:\WINDOWS\ . . . \v4.09.00.0900\Microsoft.DirectX.Diagnostics.dll"
/r:"C:\WINDOWS\ . . . \v4.09.00.0900\Microsoft.DirectX.Direct3D.dll"
/r:"C:\WINDOWS\ . . . \v4.09.00.0900\Microsoft.DirectX.Direct3DX.dll"
/r:"C:\WINDOWS\ . . . \v4.09.00.0900\Microsoft.DirectX.DirectDraw.dll"
/r:"C:\WINDOWS\ . . . \v4.09.00.0900\Microsoft.DirectX.DirectInput.dll"
/r:"C:\WINDOWS\ . . . \v4.09.00.0900\Microsoft.DirectX.DirectPlay.dll"
/r:"C:\WINDOWS\ . . . \v4.09.00.0900\Microsoft.DirectX.DirectSound.dll"
```

an Stelle der Abkürzungspunkte muss natürlich in jeder Zeile der vollständige Dateipfad angegeben werden. Durch die Ergänzung der Datei `csc.rsp` vermeidet man, dass die Bibliotheken bei jedem Kompilieren von Hand angegeben werden müssen. Man hat aber trotzdem die Möglichkeit, weitere Bibliotheken in der Kommandozeile anzugeben.

8.1.3   Das Tool WinCV.exe

Das bereits erwähnte Tool `WinCV.exe` ermöglicht eine Stichwortsuche in der .NET Klassenbibliothek. Es wird durch die Datei `WinCV.exe.config` konfiguriert. Beide Dateien sind im Verzeichnis

```
C:\Programme\Microsoft.NET\SDK\v1.1\Bin
```

oder bei Verwendung von Visual Studio .NET 2003 im Verzeichnis

```
C:\Programme\Microsoft Visual Studio .NET 2003\SDK\v1.1\Bin
```

zu finden. Die Datei `WinCV.exe.config` wird um die folgenden Zeilen ergänzt:

```
<assembly name="Microsoft.DirectX, Version=1.0.900.0, Culture=neutral,
PublicKeyToken=31bf3856ad364e35" />

<assembly name="Microsoft.DirectX.AudioVideoPlayback, Version=1.0.900.0,
Culture=neutral, PublicKeyToken=31bf3856ad364e35" />

<assembly name="Microsoft.DirectX.Diagnostics, Version=1.0.900.0,
Culture=neutral, PublicKeyToken=31bf3856ad364e35" />

<assembly name="Microsoft.DirectX.Direct3D, Version=1.0.900.0, Culture=neutral,
PublicKeyToken=31bf3856ad364e35" />

<assembly name="Microsoft.DirectX.Direct3DX, Version=1.0.900.0, Culture=neutral,
PublicKeyToken=31bf3856ad364e35" />

<assembly name="Microsoft.DirectX.DirectDraw, Version=1.0.900.0, Culture=neutral,
PublicKeyToken=31bf3856ad364e35" />
```

```
<assembly name="Microsoft.DirectX.DirectInput, Version=1.0.900.0,
Culture=neutral, PublicKeyToken=31bf3856ad364e35" />

<assembly name="Microsoft.DirectX.DirectPlay, Version=1.0.900.0, Culture=neutral,
PublicKeyToken=31bf3856ad364e35" />

<assembly name="Microsoft.DirectX.DirectSound, Version=1.0.900.0,
Culture=neutral, PublicKeyToken=31bf3856ad364e35" />
```

Der in Anführungszeichen stehende String muss in der Datei `WinCV.exe.config` jeweils in einer Zeile stehen. Durch diese Ergänzung der Konfiguration ist `WinCV` in der Lage, die DirectX-Klassenbibliothek anzuzeigen.

8.2 Überblick über DirectX 9.0 for Managed Code

Warum ausgerechnet DirectX und nicht OpenGL? OpenGL ist eine reine 3D-Grafikschnittstelle. Weiterführende Projekte wie OpenML, die offene Multimediaschnittstelle, kommen seit Jahren nicht recht voran. DirectX ist im Vergleich dazu eine voll ausgebaute Multimediaschnittstelle, die das Bedienen von Eingabegeräten, Audio, Video, 3D-Sound und 2D- und 3D-Grafik unterstützt und darüber hinaus auch Netzwerkfunktionalität enthält. Seit der Version 9.0 gibt es die .NET Anbindung DirectX 9.0 for Managed Code, die .NET Programmen ergänzende Klassenbibliotheken zur Verfügung stellt.

Die DirectX Bibliotheken befinden sich im Namensraum `Microsoft.DirectX`, welcher wiederum die Namensräume

```
Microsoft.DirectX.AudioVideoPlayback
Microsoft.DirectX.DirectInput
Microsoft.DirectX.DirectSound
Microsoft.DirectX.DirectDraw
Microsoft.DirectX.Direct3D
Microsoft.DirectX.DirectPlay
```

enthält.

8.2.1 AudioVideoPlayback - Audio- und Videodateien abspielen

Der Namensraum `Microsoft.DirectX.AudioVideoPlayback` enthält die Klassen `Audio` und `Video`, die das Abspielen von Audiodateien und Videos auf denkbar einfache Weise ermöglichen.

In Beispiel 8.2_1 werden ganz offensichtlich nur zwei Programmzeilen benötigt, um eine Audiodatei abzuspielen. Die Zeile

```
Audio a = new Audio(@"C:\DXSDK\Samples\Media\Piano.mp3");
```

bildet eine Instanz der Klasse Audio und lädt die Datei

```
C:\DXSDK\Samples\Media\Piano.mp3
```

aus einem Verzeichnis des DirectX 9.0 SDK. Anschließend wird mit

```
a.Play();
```

das Abspielen der Audiodatei gestartet.

```
// 8.2_1.cs

using System;
using System.Drawing;
using System.Windows.Forms;
using Microsoft.DirectX;
using Microsoft.DirectX.AudioVideoPlayback;

class Audio1 : Form
{
  public Audio1()
  {
    Text = "Beispiel 8.2_1";
    ClientSize = new Size(190, 60);

    Audio a = new Audio(@"C:\DXSDK\Samples\Media\Piano.mp3");
    a.Play();
  }

  static void Main()
  {
    Application.Run(new Audio1());
  }
}
```

Genauso einfach ist das Abspielen von Videos. Die Zeile

```
Video v = new Video(@"C:\DXSDK\Samples\Media\butterfly.mpg");
```

bildet eine Instanz der Klasse Video und lädt die Datei

```
C:\DXSDK\Samples\Media\butterfly.mpg
```

aus einem Verzeichnis des DirectX 9.0 SDK. Die Anweisung

```
v.Owner = this;
```

sorgt dafür, dass das Video im Anwendungsfenster abgespielt wird. Lässt man diese Anweisung weg, so wird das Video in einem gesonderten Fenster abgespielt. Mit

```
v.Play();
```

beginnt das Abspielen.

```
// 8.2_2.cs

using System;
using System.Drawing;
using System.Windows.Forms;
using Microsoft.DirectX;
using Microsoft.DirectX.AudioVideoPlayback;

class Video1 : Form
{
  public Video1()
  {
    Video v = new Video(@"C:\DXSDK\Samples\Media\butterfly.mpg");
    v.Owner = this;
    v.Play();
  }

  static void Main()
  {
    Application.Run(new Video1());
  }
}
```

Die Beispiele lassen sich mit dem in der oben beschriebenen Weise vorbereiteten Kommandozeilencompiler übersetzen.

Mit

```
csc /t:winexe 8.2_1.cs
```

wird das erste Beispiel übersetzt, und mit

```
csc /t:winexe 8.2_2.cs
```

wird das zweite Beispiel übersetzt.

8.2.2   DirectInput - Eingabegeräte direkt und gepuffert abfragen

DirectInput unterstützt eine Vielzahl von Eingabegeräten. Dabei kann man auf verschiedene Typen vordefinierter Eingabegeräte zurückgreifen und eigene Eingabegeräte definieren. Ferner können Eingabegeräte gezielt direkt oder gepuffert mittels Eventhandler abgefragt werden.

Beispiel 8.2_3 fragt Mauskoordinaten gepuffert ab und stellt sie im Fenster dar. Der Konstruktor der Klasse Maus1 nimmt einige notwendige Initialisierungen vor und startet einen Thread mit der Startroutine eingabeHandler. Der eingabeHandler wartet auf den eingabeEvent, fragt die Mauskoordinaten ab und frischt mit Invalidate die Anzeige der Koordinaten auf. Der dadurch ausgelöste Paint Event ruft OnPaint auf, das die Koordinaten in das Fenster schreibt.

```
// 8.2_3.cs

using System;
using System.ComponentModel;
using System.Drawing;
using System.Windows.Forms;
using Microsoft.DirectX;
using Microsoft.DirectX.DirectInput;
using System.Threading;

class Maus1 : Form
{
  Device dev;
  Thread eingabe;
  AutoResetEvent eingabeEvent;
  BufferedDataCollection col = null;
  Point curs = new Point();

  public Maus1()
  {
    Text = "Beispiel 8.2_3";
    ClientSize = new Size(190, 80);

    dev = new Device(SystemGuid.Mouse);
    dev.SetCooperativeLevel(this,
      CooperativeLevelFlags.Foreground |
      CooperativeLevelFlags.NonExclusive);
    eingabeEvent = new AutoResetEvent(false);
    dev.SetEventNotification(eingabeEvent);
    dev.Properties.BufferSize = 16;
    eingabe = new Thread(new ThreadStart(eingabeHandler));
    eingabe.Start();
  }
```

```
private void eingabeHandler()
{
  while (Created)
  {
    eingabeEvent.WaitOne();
    try
    {
      col = dev.GetBufferedData();
    }
    catch(InputException e)
    {
      if(e is InputLostException ||
         e is AcquiredException)dev.Acquire();
    }
    if(col != null)
    {
      foreach(BufferedData d in col)
      {
        switch(d.Offset)
        {
          case (int)MouseOffset.X:
            curs.X += d.Data;
            Cursor.Position = curs;
            break;
          case (int)MouseOffset.Y:
            curs.Y += d.Data;
            Cursor.Position = curs;
            break;
        }
      }
      Invalidate();
    }
  }
}

protected override void OnPaint(PaintEventArgs e)
{
  Graphics g = e.Graphics;
  Font f = new Font("Courier New", 8);
  Brush b = Brushes.Black;
  g.DrawString("X:", f, b, 10, 4);
  g.DrawString("Y:", f, b, 10, 14);
  g.DrawString(PointToClient(curs).X.ToString(), f, b, 50, 4);
  g.DrawString(PointToClient(curs).Y.ToString(), f, b, 50, 14);
}

protected override void OnActivated(EventArgs e)
{
  try{dev.Acquire();}catch(Exception){}
  curs = Cursor.Position;
```

```
    }

    protected override void OnDeactivate(EventArgs e)
    {
      try{dev.Unacquire();}catch(Exception){}
    }

    protected override void OnClosing(CancelEventArgs e)
    {
      try{dev.Unacquire();}catch(Exception){}
      if(dev != null)dev.Dispose();
      if(eingabe != null)
      {
        try{eingabe.Resume();}catch(Exception){}
        eingabe.Abort();
        eingabe.Join();
      }
    }

    static void Main()
    {
      Application.Run(new Maus1());
    }
}
```

Die Bedienung von Eingabegeräten ist mit etwas Aufwand verbunden. Trotzdem lohnt sich die Beschäftigung mit DirectInput wegen der vielfältigen Möglichkeiten, die diese etwas aufwändigere Art der Abfrage von Eingabegeräten in sich birgt. Es kann so gut wie jedes Eingabegerät bedient werden, ob es die Tastatur, die Maus, ein Joystick, ein Lenkrad oder ein Gamepad ist. Es können nahezu alle Zustände dieser Geräte abgefragt werden. Es kann sogar eine Force Feedback genannte Rückkopplung auf den Benutzer ausgeübt werden.

8.2.3 DirectSound - Anwendungen mit 3D Sound ausstatten

Mit DirectSound können Sounds aufgenommen und wiedergegeben werden. Beispiel 8.2_4 spielt eine WAV-Datei wiederholt ab.

```
// 8.2_4.cs

using System;
using System.Drawing;
using System.Windows.Forms;
using Microsoft.DirectX;
using Microsoft.DirectX.DirectSound;

class Haupt : Form
```

```
{
  Device dev;
  SecondaryBuffer buf = null;

  public Haupt()
  {
    Text = "Beispiel 8.2_4";
    ClientSize = new Size(190, 50);

    dev = new Device();
    dev.SetCooperativeLevel(this, CooperativeLevel.Priority);
    try
    {
      buf = new SecondaryBuffer(@"C:\DXSDK\Samples\Media\sound2.wav", dev);
      buf.Play(0, BufferPlayFlags.Looping);
    }
    catch(Exception){}
  }

  static void Main()
  {
    Application.Run(new Haupt());
  }
}
```

Die Soundquelle kann im dreidimensionalen Raum positioniert und bewegt werden. Der Sound kann mit Dopplereffekt, Echo und zahlreichen weiteren Effekten und Filtern versehen werden. Das `DirectDraw` Beispiel im nächsten Abschnitt vermittelt einen ersten Eindruck des Zusammenspiels von Grafik und 3D-Sound.

8.2.4 DirectDraw - Animierte 2D Grafik mit direktem Hardwarezugriff generieren

`DirectDraw` ermöglicht einen direkten und schnellen Zugriff auf den Bildspeicher. Es unterstützt Hardware Blitter, Flipping zwischen Vordergrund- und Hintergrundspeicher und Overlayeffekte.

Beispiel 8.2_5 setzt fünf Bälle in Bewegung und reflektiert sie an den Grenzen des Klientbereichs. Bei jedem Aufprall wird die Datei `bum.wav` als 3D-Sound abgespielt. Die Position der Soundquelle wird der Position des Aufpralls entsprechend verändert. Auf diese Weise kann man am Klang des Aufpralls unterscheiden, ob der jeweilige Ball links, rechts, vorne oder hinten aufprallt. Der obere Rand des Klientbereichs ist vorne und der untere hinten. Sind vier oder mehr Lautsprecher vorhanden, so kann man den Ort des Aufpralls in etwa akustisch erkennen. Mit zwei Lautsprechern kann man nur noch unterscheiden, ob ein Ball weiter links oder weiter rechts auftrifft.

Die Datei 8.2_5.cs enthält zwei Klassen. Die Klasse Haupt initialisiert, startet und verwaltet die Anwendung. Sie startet einen Thread, der alle 10 Millisekunden die Position der Bälle verändert. Die Methode draw der Klasse Haupt stellt die Bälle im Fenster dar, in dem sie den Inhalt eines Hintergrundspeichers in den Vordergrundspeicher überträgt. Die Klasse Ball regelt das Erscheinungsbild und das Verhalten der Bälle. Sie zeichnet die Bälle in den Hintergrundspeicher, und sie spielt bei einem Aufprall den 3D-Sound ab. Vorder- und Hintergrundspeicher sind als DirectX.DirectDraw.Surface definiert.

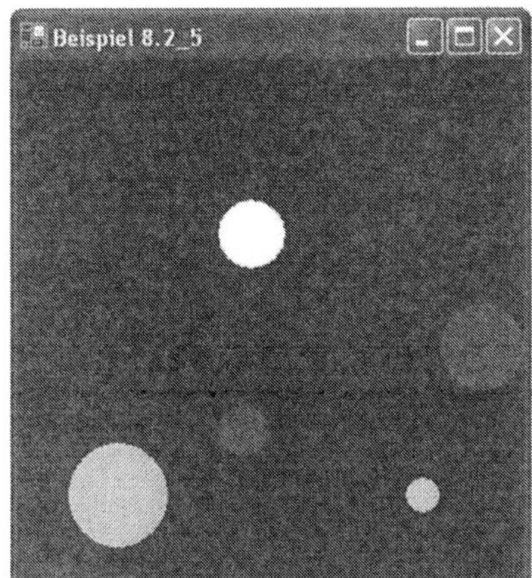

Abbildung 8_1: 2D Grafik mit DirectDraw

```
// 8.2_5.cs

using System;
using System.Drawing;
using System.Threading;
using System.Windows.Forms;
using Microsoft.DirectX;
using Microsoft.DirectX.DirectSound;
using Microsoft.DirectX.DirectDraw;
using SoundDevice = Microsoft.DirectX.DirectSound.Device;
using SoundBuffer = Microsoft.DirectX.DirectSound.Buffer;
using DrawDevice = Microsoft.DirectX.DirectDraw.Device;
using DrawSurface = Microsoft.DirectX.DirectDraw.Surface;

class Haupt : Form
{
  int nBall, b, h;
  Ball[] baelle;
  Thread thread;
```

```csharp
static bool ende = false;
DrawDevice drawDevice;
DrawSurface front = null;
DrawSurface back = null;
Clipper clip=null;
bool stop = false;

public Haupt()
{
  Text = "Beispiel 8.2_5";
  ClientSize = new Size(300, 300);
  BackColor = Color.Black;
  h = 300; b = 300;

  drawDevice = new DrawDevice();
  drawDevice.SetCooperativeLevel(this, CooperativeLevelFlags.Normal);
  SurfaceDescription description = new SurfaceDescription();
  description.SurfaceCaps.PrimarySurface = true;
  front = new Surface(description, drawDevice);
  clip = new Clipper(drawDevice);
  clip.Window = this;
  front.Clipper = clip;
  description.Clear();
  description.Width = ClientSize.Width;
  description.Height = ClientSize.Height;
  back = new Surface(description, drawDevice);

  nBall = 5;
  baelle = new Ball[nBall];
  baelle[0]=new Ball(this, 20, Color.LightBlue, 1, 5, 110, 20, b, h);
  baelle[1]=new Ball(this, 50, Color.Red, 2, 4, 75, 55, b, h);
  baelle[2]=new Ball(this, 30, Color.Green, 3, 3, 165, 215, b, h);
  baelle[3]=new Ball(this, 40, Color.White, 4, 2, 220, 100, b, h);
  baelle[4]=new Ball(this, 60, Color.LightGreen, 5, 1, 31, 100, b, h);

  thread = new Thread(new ThreadStart(run));
  thread.Start();
}

void draw()
{
  if(drawDevice == null || stop)return;
  if(WindowState == FormWindowState.Minimized)return;
  try
  {
    back.ColorFill(Color.Black);
    for(int i=0; i< nBall; i++)baelle[i].draw(back);
    Rectangle r = new Rectangle(PointToScreen(new Point(0,0)), ClientSize);
    front.Draw(r, back, DrawFlags.DoNotWait);
  }
  catch(Exception){}
```

```csharp
    }

    protected void run()
    {
      while(!ende)
      {
        if(!stop)for(int i=0; i<nBall; i++)baelle[i].update();
        Thread.Sleep(10);
      }
    }

    protected override void OnResize(EventArgs e)
    {
      stop = (!Visible || WindowState == FormWindowState.Minimized);
      if(drawDevice == null || stop)return;
      SurfaceDescription description = new SurfaceDescription();
      int w = ClientSize.Width;
      int h = ClientSize.Height;
      description.Width = w;
      description.Height = h;
      for(int i=0; i<nBall; i++)baelle[i].resize(w, h);
      back = new Surface(description, drawDevice);
    }

    protected override void OnVisibleChanged(EventArgs e)
    {
      stop = false;
    }

    static void Main()
    {
      Haupt h = new Haupt();
      h.Show();
      while(h.Created)
      {
        h.draw();
        Application.DoEvents();
      }
      ende = true;
    }
}

class Ball
{
  protected int d, vx, vz, px, pz, b, h;
  protected Color c;
  Haupt parent;
  SoundDevice soundDev;
  Speakers speak;
  SecondaryBuffer buf = null;
  Buffer3D buf3 = null;
```

```
SoundBuffer primBuf = null;
BufferDescription dsc, desc;
Listener3D listener = null;

public Ball(Haupt parent, int d, Color c,
  int vx, int vz, int px, int pz, int b, int h)
{
  this.parent = parent;
  this.d = d;
  this.c = c;
  this.vx = vx;
  this.vz = vz;
  this.px = px;
  this.pz = pz;
  this.b = b;
  this.h = h;
  soundDev = new SoundDevice();
  soundDev.SetCooperativeLevel(parent, CooperativeLevel.Priority);
  speak = new Speakers();
  speak.Quad = true;
  soundDev.SpeakerConfig = speak;
  WaveFormat wf = new WaveFormat();
  dsc = new BufferDescription(wf);
  dsc.Control3D = true;
  try
  {
    buf = new SecondaryBuffer("bum.wav", dsc, soundDev);
  }
  catch(Exception){}
  buf3 = new Buffer3D(buf);
  buf3.MinDistance = 1000;
  buf3.MaxDistance = 10000;

  desc = new BufferDescription();
  desc.PrimaryBuffer = true;
  desc.Control3D = true;
  primBuf = new SoundBuffer(desc, soundDev);
  listener = new Listener3D(primBuf);
  listener.Position = new Vector3(b/2, 0, h/2);
}

public void resize(int b, int h)
{
  this.b = b; this.h = h;
  listener.Position = new Vector3(b/2, 0, h/2);
  update();
}

public void update()
{
  if(px <= d/2)
```

```
    {
      px = d/2; vx = -vx;
      try{buf.Play(0, BufferPlayFlags.Default);}catch(Exception){}
    }
    else
    if(px >= b-d/2)
    {
      px = b-d/2; vx = -vx;
      try{buf.Play(0, BufferPlayFlags.Default);}catch(Exception){}
    }
    if(pz <= d/2)
    {
      pz = d/2; vz = -vz;
      try{buf.Play(0, BufferPlayFlags.Default);}catch(Exception){}
    }
    else
    if(pz >= h-d/2)
    {
      pz = h-d/2; vz = -vz;
      try{buf.Play(0, BufferPlayFlags.Default);}catch(Exception){}
    }
    px += vx; pz += vz;
    buf3.Position = new Vector3(px, 0, pz);
  }

  public void draw(DrawSurface s)
  {
    s.ForeColor = c;
    s.FillColor = c;
    int x1 = px-d/2;    int x2 = x1+d;
    int y1 = h-pz-d/2; int y2 = y1+d;
    s.DrawEllipse(x1, y1, x2, y2);
  }
}
```

8.2.5 Direct3D - Dreidimensionale Modelle in Echtzeit rendern

Direct3D ermöglicht das Erstellen komplexer 3D-Grafiken mit Schattierungen, Materialien, Lichteffekten, Schattenkonstruktionen, Spiegelungen, Nebel und diversen Filtern und Effekten. Beispiel 8.2_6 stellt ein einfaches Dreieck, eine der Grundfiguren, mit einem Farbverlauf dar. Das Dreieck dreht sich um die vertikale Achse. Die Methode draw zeichnet das Dreieck mit vorgegebenem Drehwinkel. Ein Timer ändert alle 5 Millisekunden den Drehwinkel um 1°. Das Anwendungsfenster kann hinter einem anderen Fenster verschwinden. Es kann vergrößert, verkleinert, minimiert oder maximiert werden. Eine Reihe von Eventhandlern reagiert auf die dabei auftretenden Ereignisse.

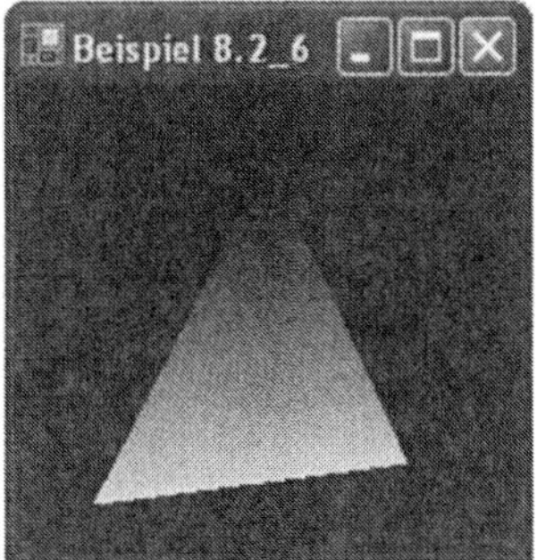

Abbildung 8_2: 3D Modell mit Direct3D

```csharp
// 8.2_6.cs

using System;
using System.Timers;
using System.Drawing;
using System.Windows.Forms;
using Microsoft.DirectX;
using Microsoft.DirectX.Direct3D;
using D3dDevice = Microsoft.DirectX.Direct3D.Device;

class Bei8_2_6 : Form
{
  D3dDevice dev = null;
  VertexBuffer vb = null;
  PresentParameters par = new PresentParameters();
  float winkel = 0f;
  bool stop = false;
  System.Timers.Timer timer = new System.Timers.Timer();

  public Bei8_2_6()
  {
    Text = "Beispiel 8.2_6";
    ClientSize = new Size(170, 170);
    timer.Interval = 5;
    timer.Elapsed += new ElapsedEventHandler(timer_elapsed);
    timer.Start();

    par.Windowed=true;
    par.SwapEffect = SwapEffect.Discard;
    dev = new Device(
      0, DeviceType.Hardware, this,
      CreateFlags.SoftwareVertexProcessing, par);
    dev.DeviceCreated += new EventHandler(device_created);
    dev.DeviceReset += new EventHandler(device_reset);
    device_created(dev, null);
    device_reset(dev, null);
```

```
    stop = false;
}

public void device_created(object o, EventArgs e)
{
  D3dDevice d = (D3dDevice)o;
  vb = new VertexBuffer(
    typeof(CustomVertex.PositionColored), 3, d,
    0, CustomVertex.PositionColored.Format, Pool.Default);
  vb.Created += new EventHandler(buffer_created);
  buffer_created(vb, null);
}

public void device_reset(object o, EventArgs e)
{
  D3dDevice d = (D3dDevice)o;
  d.RenderState.CullMode = Cull.None;
  d.RenderState.Lighting = false;
}

public void buffer_created(object o, EventArgs e)
{
  VertexBuffer b = (VertexBuffer)o;
  CustomVertex.PositionColored[] v =
    (CustomVertex.PositionColored[])b.Lock(0,0);
  v[0].X=-1.0f; v[0].Y=-1.0f; v[0].Z=0.0f;
  v[0].Color = 0xffff00;
  v[1].X=1.0f; v[1].Y=-1.0f ; v[1].Z=0.0f;
  v[1].Color = 0xffff00;
  v[2].X=0.0f; v[2].Y=1.0f; v[2].Z = 0.0f;
  v[2].Color = 0x0000ff;
  b.Unlock();
}

void draw()
{
  if(dev == null || stop)return;
  dev.Clear(ClearFlags.Target, 0, 1.0f, 0);
  dev.BeginScene();
  dev.Transform.World = Matrix.RotationY( winkel );

  dev.Transform.View =
    Matrix.LookAtLH(
      new Vector3( 0.0f, 0.0f, -3.5f ),
      new Vector3( 0.0f, 0.0f, 0.0f ),
      new Vector3( 0.0f, 1.0f, 0.0f ) );

  dev.Transform.Projection =
    Matrix.PerspectiveFovLH(
      (float)Math.PI / 4, 1.0f, 1.0f, 100.0f );
```

```
      dev.SetStreamSource(0, vb, 0);
      dev.VertexFormat = CustomVertex.PositionColored.Format;
      dev.DrawPrimitives(PrimitiveType.TriangleList, 0, 1);
      dev.EndScene();
      dev.Present();
    }

    protected void timer_elapsed(object o, ElapsedEventArgs e)
    {
      winkel += (float)(Math.PI/180.0);
      if(winkel > Math.PI)winkel = 0f;
    }

    protected override void OnPaint(PaintEventArgs e)
    {
      draw();
    }

    protected override void OnResize(System.EventArgs e)
    {
      stop = (!Visible || WindowState == FormWindowState.Minimized);
    }

    static void Main()
    {
      Bei8_2_6 bei = new Bei8_2_6();
      bei.Show();
      while(bei.Created)
      {
        bei.draw();
        Application.DoEvents();
      }

    }
}
```

8.2.6   DirectPlay - Mit Netzwerk-Sessions kommunizieren

Die Bezeichnung DirectPlay suggeriert, dass es sich um eine Infrastruktur für Netzwerkspiele handelt. Das täuscht aber etwas. DirectPlay stellt eine universell verwendbare Netzwerkfunktionalität zur Verfügung. Die DirectPlay Architektur ist denkbar einfach. Ein oder mehrere Spieler im Netzwerk nehmen an einer Session teil. Die Spieler bzw. Teilnehmer können Daten beliebiger Art austauschen. Es können Peer to Peer und Client-Server Anwendungen generiert werden. Beispiel 8.2_7 baut eine Peer to Peer Session auf. Der erste Teilnehmer, der das unten abgebildete Programm startet, ist der Session-Host. Alle weiteren Teilnehmer verbinden sich mit der laufenden Session. Beendet der Session-Host die Verbindung, so übernimmt ein anderer Teilnehmer das Hosting. Die Abbildung zeigt zwei Anwendungsfenster einer Session mit vier Teilnehmern. Jede im Fenster abgebildete Maus kann von einem Teilnehmer bewegt werden. Die zentrale Aktion dieses Programms besteht darin, dass jeder Teilnehmer von allen Teilnehmern Mauskoordinaten übermittelt bekommt und daraufhin den Inhalt des Fensters auffrischt.

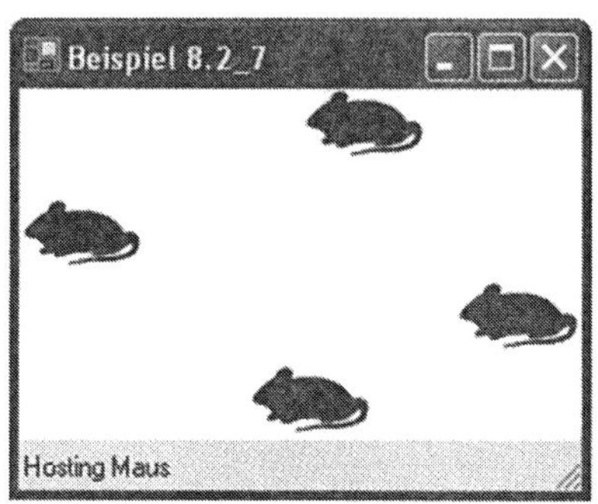

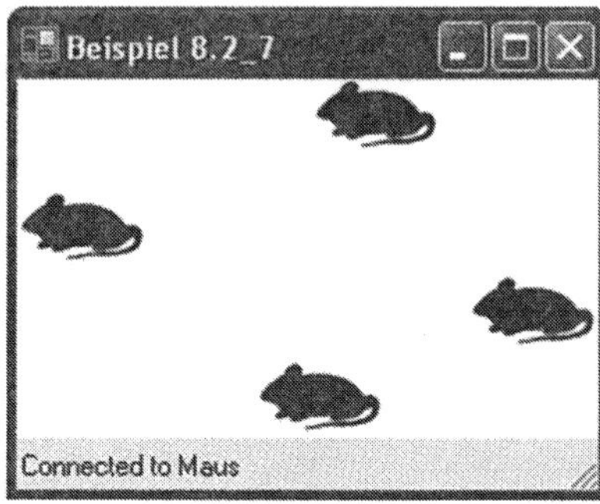

Abbildung 8_3: DirectPlay Session

```csharp
// 8.2_7.cs

using System;
using System.IO;
using System.Collections;
using System.Threading;
using System.Drawing;
using System.Windows.Forms;
using Microsoft.DirectX;
using Microsoft.DirectX.DirectPlay;

class HostInfo
{
  public Guid    GuidInstance;
  public Address hostAdr;
  public string  SessionName;
}

class MausInfo
{
  public int id, x, y;
}

class Bei8_2_7 : Form
{
  Guid guid = new Guid("eef533b3-223d-4df4-aacd-b932ac8907c4");
  int port = 2600;
  Peer peer = new Peer();
```

```csharp
Address localAdr = new Address();
HostInfo foundHost = new HostInfo();
string sName = "Maus";
bool active = false;
StatusBar sbar = new StatusBar();
int mausx = 0, mausy = 0;
Bitmap maus;
ArrayList maeuse = new ArrayList();

public Bei8_2_7()
{
  Text = "Beispiel 8.2_7";

  BackColor = Color.White;
  Controls.Add(sbar);
  ClientSize = new Size(250, 150+sbar.Height);
  maus = new Bitmap(Image.FromFile("Maus.bmp"));
  maus.MakeTransparent(Color.White);

  peer.FindHostResponse += new FindHostResponseEventHandler(enumResponse);
  peer.Receive += new ReceiveEventHandler(receive);
  peer.PlayerCreated += new PlayerCreatedEventHandler(created);
  peer.PlayerDestroyed += new PlayerDestroyedEventHandler(destroyed);
  peer.HostMigrated += new HostMigratedEventHandler(migrated);
  localAdr.ServiceProvider = Address.ServiceProviderTcpIp;
  enumSession("", port);
  if(foundHost.SessionName.Length > 0)
  {
    connect();
  }
  else
    host();
}

protected override void OnPaint(PaintEventArgs e)
{
  Graphics g = e.Graphics;
  Monitor.Enter(maeuse);
  foreach(object ob in maeuse)
  {
    int x = ((MausInfo)ob).x;
    int y = ((MausInfo)ob).y;
    g.DrawImage(maus, x, y);
  }
  Monitor.Exit(maeuse);
}

protected override void OnMouseMove(MouseEventArgs e)
{
  mausx = e.X-28; mausy = e.Y-16;
  if(mausx < 0)mausx = 0;
```

```
    if(mausy < 0)mausy = 0;
    if(mausx > 194)mausx = 194;
    if(mausy > 118)mausy = 118;
    Invalidate();
    if(active)
    {
      int[] a = new int[2];
      a[0] = mausx; a[1] = mausy;
      NetworkPacket packet = new NetworkPacket();
      packet.Write(a);
      peer.SendTo((int) PlayerID.AllPlayers,
        packet, 0, SendFlags.Sync);
    }
}

public void host()
{
  localAdr.AddComponent("port", port);
  ApplicationDescription desc = new ApplicationDescription();
  desc.GuidApplication = guid;
  desc.SessionName = sName;
  desc.Flags |= SessionFlags.MigrateHost;
  try
  {
    peer.Host(desc, localAdr);
    sbar.Text = "Hosting Maus";
    active = true;
  }
  catch(Exception){}
}

public void enumSession(string hostname, int port)
{
  Address hostAdr = new Address();
  hostAdr.ServiceProvider = Address.ServiceProviderTcpIp;
  foundHost.SessionName = "";

  if(hostname.Length > 0)
    hostAdr.AddComponent("hostname", hostname);
  hostAdr.AddComponent("port", port);

  ApplicationDescription desc = new ApplicationDescription();
  desc.GuidApplication = guid;

  try
  {
    peer.FindHosts(desc, hostAdr, localAdr,
      null, 0, 0, 0, FindHostsFlags.Sync);
  }
  catch(Exception){}
}
```

```
public void enumResponse(object o, FindHostResponseEventArgs e)
{
  foundHost.GuidInstance = e.Message.ApplicationDescription.GuidInstance;
  foundHost.hostAdr = (Address)e.Message.AddressSender.Clone();
  foundHost.SessionName = e.Message.ApplicationDescription.SessionName;
}

public void connect()
{
  ApplicationDescription desc = new ApplicationDescription();
  desc.GuidInstance = foundHost.GuidInstance;
  try
  {
    peer.Connect(desc, foundHost.hostAdr,
      localAdr, null, ConnectFlags.Sync);
    sName = foundHost.SessionName;
    sbar.Text = "Connected to " + sName;
    active = true;
  }
  catch(Exception){}
}

public void receive(object o, ReceiveEventArgs e)
{
  NetworkPacket packet = e.Message.ReceiveData;
  int[] a = (int[])packet.Read(typeof(int), 2);
  MausInfo info = new MausInfo();
  info.x = a[0];
  info.y = a[1];
  info.id = e.Message.SenderID;
  int index = -1;
  for(int i=0; i<maeuse.Count; i++)
  {
    if(((MausInfo)maeuse[i]).id == info.id)index = i;
  }
  if(index >= 0)
  {
    Monitor.Enter(maeuse);
    maeuse[index] = info;
    Monitor.Exit(maeuse);
  }
  Invalidate();
}

public void created(object o, PlayerCreatedEventArgs e)
{
  MausInfo info = new MausInfo();
  info.id = e.Message.PlayerID;
  info.x = 0;
  info.y = 0;
```

```csharp
      bool f = false;
      foreach(object ob in maeuse)
        if(info.id == ((MausInfo)ob).id)f = true;
      if(!f)maeuse.Add(info);
      Invalidate();
    }

    public void destroyed(object o, PlayerDestroyedEventArgs e)
    {
      int id = e.Message.PlayerID;
      int index = -1;
      for(int i=0; i<maeuse.Count; i++)
      {
        if(((MausInfo)maeuse[i]).id == id)index = i;
      }
      if(index >= 0)
      {
        Monitor.Enter(maeuse);
        maeuse.RemoveAt(index);
        Monitor.Exit(maeuse);
      }
      Invalidate();
    }

    public void migrated(object o, HostMigratedEventArgs e)
    {
      PlayerInformation info =
        peer.GetPeerInformation(e.Message.NewHostID);
      if(info.Local)sbar.Text = "Hosting Maus";
    }

    static void Main()
    {
      Application.Run(new Bei8_2_7());
    }
}
```

Das dargestellte Beispiel macht einen spielerischen Eindruck. Die vorgestellten Techniken sind jedoch in der Lage, die Daten eines Grafiktabletts mit integriertem LC-Display, die Daten einer Videokamera, Musik, Sprache usw. im Netzwerk zu übertragen. DirectPlay erlaubt es, Netzwerkspiele, Chatrunden, mulimediale Konferenzen und vieles andere mehr mit einfachen Mitteln zu realisieren.

Hinweise zu neuen Versionen und Fazit

Der Ausblick auf .NET Whidbey sowie Yukon und Longhorn vermittelt einen Eindruck von der Weiterentwicklung des .NET Frameworks. Das anschließende Fazit untersucht die Frage, ob und wann man auf .NET umsteigen soll.

9.1 Hinweise zu .NET Whidbey, Yukon und Longhorn

Die Weiterentwicklung der .NET Plattform findet unter dem Codenamen Whidbey statt. Ursprünglich sollte daraus die Version 1.2 der .NET Plattform entstehen. Der Stand der Informationen zur Zeit der Drucklegung besagt aber, dass die neue .NET Version wahrscheinlich die Zahl 2.0 tragen und im Laufe des Jahres 2005 erscheinen wird. Annähernd alle Bereiche der .NET Plattform werden von Neuerungen betroffen sein. Die Klassenbibliothek wird um einige Namensräume und etliche Klassen erweitert. Visual Studio .NET macht den nächsten Schritt auf dem Weg zum Programmieren per Mausklick. Die .NET Sprachen werden um einige Elemente erweitert. Auch ASP.NET und ADO.NET werden ergänzt. Parallel dazu wird der SQL-Server unter dem Codenamen Yukon weiterentwickelt. ADO.NET Whidbey wird daher auch auf die Belange des SQL-Servers Yukon zugeschnitten. Der Dritte im Bunde ist das neue Windows-Betriebssystem Longhorn. Die .NET Plattform wird so vollständig in Longhorn integriert, dass im Zusammenhang mit Longhorn nicht einmal mehr die Rede von .NET ist. Es gibt ein Longhorn Software Development Kit, und die Klassenbibliothek wird als WinFX managed classes bezeichnet.

C# wird durch Generics genannte Parametrisierungselemente ergänzt. Generics besitzen Ähnlichkeit mit C++ Templates. Es wird partielle Klassen geben, die über mehrere Dateien verteilt werden können. Es kommen einige neue Schlüsselwörter hinzu, und die Verwendbarkeit von Delegates wird ebenfalls erweitert.

Visual Studio .NET kann markierten In-Line Code per Mausklick in Methoden auslagern und auch direkt den benötigten Methodenaufruf einfügen, und es kann auf die gleiche Art und Weise Felder mit Eigenschaften versehen. Dieses Umstrukturieren des Codes wird als Refactoring bezeichnet. Edit and Continue wird es bei Visual Basic .NET geben. Das ist eigentlich das Hervorholen eines alten Hutes. Beim Auftreten einer Exception zur Laufzeit wird die betroffene Stelle im Quellcode angezeigt. Der Code kann dann direkt geändert werden, und unter gewissen Voraussetzungen kann das Programm auch von dieser Stelle aus weiterlaufen. Das `ClickOnce Deployment Model` eröffnet erweiterte und verbesserte Möglichkeiten der Bereitstellung von Anwendungen auf Webseiten. Abhängigkeiten, Zugriffsrechte und einige weitere Dinge werden im Application Manifest und im Deployment Manifest geregelt. Smart Tags erlauben das Beeinflussen von Steuerelementen ohne Wechsel zum Eigenschaftenfenster. Vorbereitete Code-Stücke (Code Snippets) können per Kontextmenü in den Quelltext eingefügt werden. IDE-Einstellungen können importiert, exportiert und zurückgesetzt werden. Line Revision Marks kennzeichnen Code, der nach dem letzten Absichern geändert oder ergänzt worden ist, durch farbige Streifen am linken Rand. Das Erstellen von Webanwendungen wird durch einen integrierten Webserver und weitere Neuerungen einfacher und rationeller.

Microsoft behandelt im `ASP.NET "Whidbey" Overview` die drei Hauptthemen `Developer Productivity`, `Administration and Management` und `Speed and Performance`. Zur Steigerung der Produktivität gibt es über 45 neue Webcontrols. Der Funktionsumfang vorhandener Steuerelemente wird erweitert. `ContentPlaceHolder` unterstützen ein wieder verwendbares Layout. Eine große Zahl von Standards, wie WAP und XHTML Mobile, werden unterstützt. Es gibt ein Benutzer-Mebership-System, das Name/Passwort und rollenbasierte Authentifizierung "out of the box" ermöglicht. Die Serveradministration wird durch `configuration management APIs` übersichtlicher. XML Konfigurationsdateien können dann per Administrations-GUI geändert werden. 64-Bit ASP.NET Server werden unterstützt, und es gibt eine neue Funktionalität, `automatic database server cache invalidation`, für das Übertragen, Cachen und Auffrischen größerer Datenmengen von Datenbankservern.

ADO.NET wird um einige Klassen erweitert. Der, aus dem Abschnitt 3.3 bekannte, `SQLDataReader` ermöglicht nur eine Vorwärtsnavigation. In Ergänzung dazu wird es das `SqlResultSet` geben, in dem die Daten in Feldern untergebracht sind. Dadurch ist eine beliebige Navigation möglich. Neu ist auch der `SqlDataTable`, der sowohl Table als auch Adapter ist.

```
SqlDataTable table = new SqlDataTable(query, connection);
table.Fill();
```

Daneben gibt es einerseits weitere Klassen, die durch einen zusammenfassenden Charakter die Zahl der Codezeilen im Quelltext verringern. Andererseits gibt es Klassen, die an die Geflogenheiten bestimmter Gruppen von Programmierern angepasst sind. Dazu gehören die Klassen im Namensraum `System.Data.ObjectSpaces`, die die `Java Data Objects` zum Vorbild haben. Asynchrone Datenbankzugriffe wird es ebenfalls geben. Diese Ergänzung steht ins Haus, da die asynchrone Datenübertragung in den .NET Versionen 1.0 und 1.1 bei Streams und Sockets bereits implementiert ist.

9.2   Fazit

Den Inhalt des Buches noch einmal zusammenfassend durchzugehen ist müßig. .NET hat viel zu bieten. Das darf am Ende dieses Buches wohl mit Fug und Recht festgestellt werden. Trotzdem ist die Frage, ob man es wagen kann, .NET professionell einzusetzen, durchaus legitim, denn gerade der professionelle Einsatz eines neuen Systems ist mit Risiken, nicht zuletzt auch finanzieller Art, behaftet. Wer möchte schon mit einem neuen System arbeiten, das zwar gute Ideen enthält und umsetzt, aber noch unausgegoren ist. Das .NET Framework ist „ausgegoren". Die Entwicklungswerkzeuge sind zuverlässig, komfortabel und einfach in der Handhabung. Mit dem frei verfügbaren .NET Framework SDK und erst recht mit Visual Studio .NET können stabil laufende Programme mit hervorragender Performance in Rekordzeit entwickelt werden. Selbst schwierige Problemstellungen, die bisher tief greifende Systemkenntnisse erforderten, werden durch die Unterstützung der Klassenbibliothek häufig zum Kinderspiel. Das Zusammenwirken von Klassenbibliothek und Visual Studio .NET löst einen regelrechten Produktivitätsschub aus. Man sollte in diesem Zusammenhang auch bedenken, dass kaum etwas auf dieser Welt von einer großen Schar an Benutzern so schonungslos getestet wird, wie die Produkte von Microsoft. Man hört zwar immer wieder von der einen oder anderen Seite die Äußerung: „Wir sind besser." Doch keiner derjenigen, die das behaupten, hat Härtetests in dem Ausmaß zu bestehen wie Microsoft.

Einige weitere Gesichtspunkte sollten nicht außer Acht gelassen werden. Der verbreitetste Computertyp ist der PC. Das verbreitetste Betriebssystem ist Microsoft Windows. Das .NET Framework wird in absehbarer Zeit ein integraler Bestandteil neuer Windows Versionen sein. Bisherige Windows APIs werden dann durch verwaltete APIs ersetzt. Microsoft sagt im Zusammenhang mit Longhorn: "Unmanaged interfaces are still available, ..." Dieser Satz sagt nur, dass die bisherigen nicht verwalteten APIs vorerst noch zur Verfügung stehen. Er sagt aber nicht, wie lange. Kaum jemand, der sich mit .NET, der Entstehungsgeschichte und den Zukunftsperspektiven dieser Plattform ernsthaft auseinandersetzt, zweifelt daran, dass der Tag nicht mehr fern ist, an dem der Umstieg auf .NET zwingend notwendig wird, da die einzige Alternative bedeuteten würde, nicht mehr am Geschehen teilzunehmen.

Trotzdem stellt sich auch derjenige, der von der Notwendigkeit des Umstiegs auf .NET überzeugt ist, die Frage nach dem richtigen Zeitpunkt. Java-Entwickler werden sich an leidvolle Zeiten erinnern, in denen Java-Programme von JDK zu JDK mit großem Aufwand angepasst werden mussten, bis endlich die Java Platform 2 etwas Ruhe ins Geschehen brachte. Derartige Erfahrungen haben eine stark konditionierende Wirkung. Daher sind auch dazu noch einige Worte erforderlich. Microsoft steckt sehr viel Energie in die Weiterentwicklung des .NET Frameworks. Trotz der großen Schritte wird durch .NET 2.0 nichts auf den Kopf gestellt. Das .NET Framework wird zwar kräftig ergänzt. Es wird aber eben nur ergänzt. .NET 2.0 ist ein Schritt in die richtige Richtung, dem noch viele weitere Schritte folgen werden. An dieser Stelle ist es angebracht, auf das Kapitel 4 zurück-zuschauen. Das .NET Versioning ist die Antwort auf negative Erfahrungen mit Versionsinkompatibilitäten der Java-Plattform. Es verhindert wirkungs-voll das Auftreten gleichartiger Inkompatibilitäten bei .NET.

Es ist nicht zu früh, in .NET einzusteigen. Die Gefahr, den richtigen Zeit-punkt zu verpassen, ist dagegen groß. Fujitsu, Borland, IBM, SAP und an-dere haben das erkannt. Sie entwickeln mit großem Einsatz .NET Produkte und .NET Anbindungen.

Wie werden Sie sich entscheiden?

Literaturverzeichnis

[1]   Vasters, Oellers, Javidi, Jung, Freiberger, DePetrillo: Microsoft .net Crashkurs, Microsoft Press 2001

[2]   Aupperle, M.: Die Kunst der Programmierung mit C++, Vieweg Braunschweig/Wiesbaden 2002

[3]   Theobald P.: SAP R/3 Kommunikation mit RFC und Visual Basic, Vieweg Braunschweig/Wiesbaden 2004

[4]   Standard Ecma-334, C# Language Specification, 2nd edition (December 2002), Ecma International - European association for standardizing information and communication systems

[5]   Standard ECMA-335, Common Language Infrastructure (CLI), 2nd edition - December 2002, Ecma International - European association for standardizing information and communication systems

[6]   Rottmann H.: C# .NET mit Methode, Vieweg Braunschweig/Wiesbaden 2003

[7]   Rottmann H.: Visual Basic .NET mit Methode, Vieweg Braunschweig/ Wiesbaden 2003

Schlagwortverzeichnis